安全健康新知丛书

ANQUAN JIANKANG XINZHI CONGSHU

第三版

企业本质安全

理论·模式·方法·范例

◎ 罗云 主编

◎ 展宝卫 彭吉银 刘三江 副主编

QIYE BENZHI ANQUAN
LILUN MOSHI
FANGFA FANLI

化学工业出版社

·北京·

《企业本质安全　理论·模式·方法·范例》以危险源辨识为基础，以风险预控为核心，以管理员工不安全行为为重点，以切断事故发生的因果链为手段，经过多周期的不断循环建设，通过闭环管理，逐渐完善提高的全面、系统、可持续改进的现代企业安全管理体系。主要内容包括：本质安全总论、本质安全的基础理论、人因的本质安全化、管理的本质安全化、技术本质安全化、环境的本质安全化、本质安全绩效的测量、本质安全型企业创建实践范例、地区本质安全实践范例等。

《企业本质安全　理论·模式·方法·范例》具有知识性、科学性、通俗性的特点，可供政府安全监管部门的工作人员、企业安全管理人员、注册安全工程师阅读，也是生产经营单位负责人安全培训和高校、科研单位安全科技人员以及安全工程专业大学生的重要参考书。

图书在版编目（CIP）数据

企业本质安全　理论·模式·方法·范例/罗云主编．北京：化学工业出版社，2018.2（2024.6重印）
（安全健康新知丛书）
ISBN 978-7-122-30999-0

Ⅰ．①企…　Ⅱ．①罗…　Ⅲ．①企业管理-安全管理　Ⅳ．①X931

中国版本图书馆CIP数据核字（2017）第278738号

责任编辑：杜进祥　　文字编辑：孙凤英
责任校对：边　涛　　装帧设计：韩　飞

出版发行：化学工业出版社（北京市东城区青年湖南街13号　邮政编码100011）
印　　装：北京科印技术咨询服务有限公司数码印刷分部
710mm×1000mm　1/16　印张18¾　字数368千字　2024年6月北京第1版第2次印刷

购书咨询：010-64518888　　售后服务：010-64518899
网　　址：http://www.cip.com.cn
凡购买本书，如有缺损质量问题，本社销售中心负责调换。

定　　价：79.00元　

本书编写人员

主　　编： 罗　云

副 主 编： 展宝卫　彭吉银　刘三江

参编人员： 袁久党　仇元青　丁克勤　李　峰
李　华　宋绪国　李　显　裴晶晶
许　铭　樊运晓　黄西菲　王新浩
王冠滔　龙　爽　戴　英　高聿德
李佳妮　王禹哲　罗斯达　常嘉曦
王　阳　王博雅　张茂鑫　李　平

前言

早期，由于事故致因理论和安全科学理论发展的有限，对本质安全的认知是局限的，其概念仅仅是指从技术根源上消除或减少危险，即通过对技术或设备的本质安全设计，消除和减轻技术设备本身的固有危险性，从而提高设备、工艺的安全可靠性，在技术因素层面保障安全，减少由于技术致因导致事故发生的可能性。显然，早期的本质安全思想推进了人类安全科学和工程实践的进步，对提高安全科学技术水平发挥了重要的作用。但随着对事故致因规律研究的不断深入，人们发现导致事故发生的因素不仅仅是技术因素，甚至现实和宏观层面主要还不是技术因素，人的因素、环境因素（技术的外在条件），甚或管理因素成为各行业、各类事故产生的主因。因而，系统安全的思想和安全系统理论应运而生。随之，本质安全的理论与实践得到了丰富和发展，本质安全的含义得到了深化和扩展。

今天，基于现代安全科学原理与理论，结合企业安全生产工程技术的实践，对本质安全需要有3种不同层面的理解：一是原始的“设备本质安全”，二是基于系统思想的“系统本质安全”，三是面向组织或企业全面安全管控的“企业本质安全”。显然，本质安全的范畴、视野、格局不断扩展，这是安全规律及安全理论发展以及安全工程实践进步的必然。

从企业“大安全系统”出发，本质安全就是通过追求组织生产过程中人、物、系统、制度（管理）等诸多要素的安全可靠、和谐统一，使各种事故风险因素始终处于受控制状态，进而逐步趋近本质型、预防型、恒久型安全目标的系统或体系。企业进行本质安全体系的构建，其基本目标就是不断提升企业预防型的安全保障水平，使其从根源和本质上具备预防事故发生的能力，实现本质化安全生产（设备设施、工艺过程、作业岗位、人员操作、组织管理等）。本质安全型企业，追求生产系统过程的本质安全，实现全面的安全最大化，事故风险最小化；本质安全型企业要求从“大系统、全要素”的角度构建安全生产保障体系。“大系统”就是指企业安全生产保障体系的“技术、管理、文化”大策略和大机制；“全要素”就是指安全系统的“人因、物因、环境因素、管理因素”全面的安全要素本质安全化，即人员的本质安全化、设备的本质安全化、环境的本质安全化、管理的本质安全化。通过本质安全型企业的创建，实现企业生产过程的人员无三违、无差错，设备无隐患、无故障，环境无危害、无缺陷，管理无缺项、无宽容。

本质安全型企业的创建就是运用先进的系统思想和科学的治理模式，使企业生产系统涉及的人员、技术、环境和管理达到根本性安全，从而使各类事故发生概率降到最低程度，最终实现企业零事故目标。本质安全型企业创建的系统工程中，“人本”靠文化，“物本”“环本”靠科技，“管本”靠体系。创建本质安全型企业需要从如下维度入手。

(1) 人员的本质安全化。人的本质安全化主要是通过安全文化建设，强化决策层的安全领导力，提高管理层的安全管制力，提升执行层的安全执行力，培塑企业全员成为“本质安全型人”。“本质安全型人”的标准是想安全、要安全、学安全、会安全、能安全、做安全、成安全，即具有自主能动的安全理念，具备充分有效的安全能力，具有自觉、自主、能动、团队特质的生产企业领导者、管理者和作业人员。人的本质安全相对于物、系统、制度等三方面的本质安全而言，具有先决性、引导性、基础性地位。人的本质安全是一个可以不断趋近的目标，人的本质安全既是过程中的目标，也是诸多目标构成的过程。

(2) 技术的本质安全化。技术的本质安全化就是通过设计、制造、检验、施工、安装、监测等科技手段和工程措施，使技术系统的全生命周期的功能安全、固有安全性能最大化，使生产系统在任何时候、任何场所、任何过程、任何环节，其“物态”始终处在安全运行的状态，即设备达标，无危险、无故障；原料保质，无失效、无危害；工具良好，无缺陷、无风险。相对非本质安全，技术的本质安全化优势及特点在于变被动技术为主动技术、变数据技术为信息技术、变冗余技术为容错技术、变危险报警为风险预警、变故障检测为健康监测、变事故预警为事故预控、变能级控制为失效监控、变人工测控为自动测控、变单元模式为系统模式。技术的本质安全为人-机-环系统的安全协调提供“物本”的基础和条件。

(3) 环境的本质安全化。环境本质安全包括空间与时间、自然与人工、物理与化学等环境因素的本质安全。环境本质安全化就是通过附加的安全监测、安全防护、安全警示等环境和技术外在条件，建立安全防护设施齐全、安全监测监控有效，人-境系统和谐，并具自愈能力的安全生产环境条件。空间环境的本质安全要求企业生产区域、平面布置、安全距离、道路设施等环境条件符合安全规范及标准；时间本质安全要求基于人体工程学的作业时间设计科学合理、设备的运行时态达标；物理化学环境因素的本质安全，就要以科学的标准为据，实现采光、通风、温湿、噪声、粉尘及有害物质控制达标，实现劳动者的生命安全、健康保障、身心舒适、作业高效。

(4) 管理的本质安全化。通过安全标准体系、制度体系的全面、科学建立，实施合理、系统、超前、动态、闭环的本质预防型安全管控模式，并能够长期有效运行，持续改进提升，有效控制事故的发生。能够改变传统的非本质安全管理方式，即变经验管理为科学管理、变结果管理为过程管理、变事后追责为事前管控、变静态管理为动态管理、变成本管理为价值管理、变效率管理为效益管理、变因素管理为系统管理、变管理的对象为管理的动力、变约束管制为激励管理、变人治管理为法治管理。本质安全管理做到管控的超前预防、系统全面、科学合理、能动有效，使自律、自责、自我规管成为普遍和自然，最终实现安全管理的零缺项、零宽容、零追责。

建立在“人本”“物本”“环本”“管本”和谐统一基础上的本质安全型企业能够有效提升安全生产保障水平，促进企业安全发展战略目标的顺利实现。因此，构建科学合理的本质安全型企业是企业安全生产长效的治本策略，也是当今现代企业安全生产工作创新、提升、优化的新思路、新模式、新对策。以系统安全思想和安全系统理论指导下的本质安全型企业创建，具有如下现实的意义。

(1) 创建本质安全型企业是一项可持续的治本之策。国际工业安全和国内安全生产的发展潮流表明，实现系统安全必须坚持“标本兼治、重在治本”的方针和策略。依赖于审核、验收的形式安全，只管一时；根据检查、评价的表面安全，只管一事；通过查处、追责的结果安全，只管一阵。通过科学、系统、源头、根本、长远的本质安全建设才能使企业安全生产可持续。

(2) 打造本质安全型企业是企业安全生产工作的最高境界。企业的成败在安全，发展的基础在安全，没有安全，生产、效益、利润一切无从谈起。企业要实现生产过程中的零事故、零伤亡、零损失、零污染结果性指标，必须通过零隐患、零三违、零故障、零缺陷、零风险等本质安全性目标来实现。实现企业生产“全要素”“全过程”的本质安全，是全面预防各类生产安全事故、根本保障安全生产的科学性、有效性措施，因此，任何企业如果能够做到真正的本质安全，是企业安全生产工作的最高境界。

(3) 追求企业本质安全是实现企业长治久安的必然选择。安全生产的基本公理告诫我们：危险是客观、永恒的，安全是相对的、可及的，事故是可防的、可控的。因此，仅仅立足企业外部的评级、认证，以及发生事故后的发文件、突击式、运动式、临时性的被动作为，显然是不够的，至少是暂时的、短效的。企业只有朝着本质安全的目标和方向去谋划、去努力，通过长期不懈、持续追求科学的本质安全体系建设，安全生产的根本好转形势和长治久安的局面才有可能实现，也一定能够实现。

(4) 通过企业本质安全途径是实现“安全发展”和“以人为本”的理想法宝。社会、企业的安全发展需要本质安全的强力支撑；“以人为本”既是本质安全目标，也是本质安全的手段。本质安全重视内涵发展，追求安全的科学性、事故防范对策的系统性、安全方法的有效性，因而，与科学发展一脉相承；本质安全突出安全本质要素，除了技术因素、环境因素，更重视人的因素，因此，与“以人为本”(为了人、依靠人) 殊途同归。

我们期望通过本书介绍的本质安全理论、方法和范例，能够使我国的工业企业安全生产工作方法论逐步从传统的事后型、经验型、制度型向科学型、系统型、本质型的方向转变，最终为实现我国安全生产治理体系和治理能力现代化，以及实现中华民族伟大复兴的中国梦奠定稳固可靠的安全生产基础并发挥应有的作用。

编写本书一是得益于我们团队数十年的安全科学理论研究基础，二是受益于国家、部门、行业诸多的科技项目赞助与支持，三是来源于诸多行业企业长期安全科学管理工程的应用实践。具体的素材、资料和案例取自于近年国家科技支撑项目“基于风险的特种设备科学监管关键技术”、国家科技专项“承压类重大危害源宏观安全风险理论及预警模型研究”、质检公益性行业科技专项“综合标准化在公共安全领域的应用研究”、特种设备安全科技平台项目“战略-系统方法在国内外安全生产领域中的应用研究”、国家安全生产监督管理总局“安如泰山的安全生产科学预防体系”等政府科技项目，以及国家电网、某集团、北京地铁总公司、中石油、中石化、中航油等央企的“本质安全型企业创建”“企业安全文化建设”“风险预警预控关键技术”等诸多科研项目的成果。在此，对给予我们信任和支持的部门、组织、企业表示衷心的感谢。

本书相关的研究成果和思想智慧，还得到山东泰安市展宝卫常务副市长、分管安全生产的袁久党副市长，国家电网新源公司彭吉银副总，国家特种设备检测研究院刘三江副院长等，以及参考书资料中涉及的领导、专家、同仁的引导和启发，对此表示诚挚的谢意。

化学工业出版社对本著作的选题表现出的信心和理解，并为全书的编辑付出了辛勤劳动，在此深表谢意。

参加本书编写、研究和贡献的团队成员有山东省泰安市、国家电网新源公司、中国特种设备检测研究院等政府和组织的领导专家展宝卫、彭吉银、刘三江、袁久党、仇元青、丁克勤、李峰、李华、宋绪国、李显等同志，还有中国地质大学（北京）安全研究中心的同事和学生裴晶晶、许铭、樊运晓、黄西菲、王新浩、王冠滔、龙爽、戴英、高聿德、李佳妮、王禹哲、罗斯达、常嘉曦、王阳、王博雅、张茂鑫、李平等。有了团队长期的协作、努力和积累，才有今天本书的成果和智慧的展现。

由于本质安全的理论和实践还处于发展的过程，本质安全型企业的创建还处于探索之中。书中错漏在所难免，谬误不可避免，期望指正。

我们坚信，十年后企业本质安全的理论和实践将会大行其道、大放异彩，将为我国安全生产事业的系统化（系统性）、科学化（科学性）、现代化（先进性）、国际化（普适性）、精准化（经济性）、合理化（持续性）发挥重要的作用。

罗　云

2017年盛夏于北京

目录

第1章 本质安全总论 /1

第2章 本质安全的基础理论 /25

第5章 技术本质安全化 /135

第6章 环境的本质安全化 /166

第7章 本质安全绩效的测量 /183

第8章 本质安全型企业创建实践范例 /210

第1章 本质安全总论

1.1 本质安全是安全发展的潮流及必然选择

1.1.1 本质安全是国家安全发展的基本战略和策略

安全生产以保护人的生命安全和健康作为基本目标，是“以人为本”的本质内涵，是人民群众和社会家庭的最基本需求，是人民生活幸福的最根本要求。安全生产作为保护和发展社会生产力、促进社会和经济持续健康发展的基本条件，关系到国民经济健康、持续、快速的发展，是党和政府对人民利益高度负责的要求，是社会经济协调健康发展的标志，是生产经营单位实现经济效益的前提和保障。总之，重视和加强安全生产工作，无论从政治、经济、文化的角度，还是针对国家、社会和家庭，都是事关重大的问题。

党中央、国务院历来高度重视安全生产工作，党的十八大以来对安全生产工作作出了一系列重大决策部署，提出“科学发展、安全发展”的战略部署，特别是 2016 年 12 月《中共中央、国务院关于推进安全生产领域改革发展的意见》，在“指导思想”中明确“牢固树立新发展理念，坚持安全发展，坚守发展决不能以牺牲安全为代价这条不可逾越的红线”；在“基本原则”中明确“坚持安全发展，贯彻以人民为中心的发展思想，始终把人的生命安全放在首位，正确处理安全与发展的关系，大力实施安全发展战略，为经济社会发展提供强有力的安全保障。”安全发展已从一个科学理念进而明确为我国社会经济发展的重大战略，这是我国对经济社会发展客观规律的高度总结。

实施安全发展战略，必须切实做到以安全发展作为社会经济发展的前提和基础。安全发展首先是在谋划发展思路时，要把保障安全作为衡量经济发展方式转变到位的重要标准；二是在制订发展目标时，把安全生产作为考核一个地区经济发展、社会管理、文明建设成效的硬性指标；三是在推进发展进程中，自觉调整和改革经济运行的管理模式和工作机制。

国家安全生产改革和发展的战略中，提出如下具体要求。

一是坚持五项基本原则：坚持安全发展，坚持改革创新，坚持依法监管，坚持源头防范，坚持系统治理。贯彻以人民为中心的发展思想，始终把人的生命安全放在首位，正确处理安全与发展的关系，大力实施安全发展战略，为经济社会发展提供强有力的安全保障。

二是不断推进五大创新：大力推进安全生产的理论创新、制度创新、体制机制创新、科技创新和文化创新。增强企业内生动力，激发全社会创新活力，破解安全生产难题，推动安全生产与经济社会协调发展。

三是实现两个阶段战略目标：2020年实现安全生产监管体制机制基本成熟，法律制度基本完善，全国生产安全事故总量明显减少，职业病危害防治取得积极进展，重特大生产安全事故频发势头得到有效遏制，安全生产整体水平与全面建成小康社会目标相适应；2030年实现安全生产治理体系和治理能力现代化，全民安全文明素质全面提升，安全生产保障能力显著增强，为实现中华民族伟大复兴的中国梦奠定稳固可靠的安全生产基础。

四是实施三大治理模式：首先是依法治理，运用法治思维和法治方式，深化安全监管体制改革，提高安全生产法治化水平；第二是源头治理，把安全生产贯穿城乡规划布局、设计、建设、管理和企业生产经营活动的全过程，构建风险分级管控和隐患排查治理双重预防工作机制；第三是系统治理，科学运用法律、行政、经济、市场等手段，织密齐抓共管、系统治理的安全生产保障网。

国家安全发展战略体系中，理论创新、机制创新、文化创新、系统治理、源头防范等战略策略，都是本质安全的体现和要求，因此，打造本质安全型企业是安全发展的基本战略目标和最重要的战略举措。我国安全生产领域各地区、各部门、各行业推进本质安全战略和建立本质安全体系，创建本质安全型企业正当时。

1.1.2 本质安全是安全生产创新发展的必然趋势

安全生产是复杂、艰巨的重大社会问题，安全科学是新兴的交叉复杂科学，综合治理是我国安全生产的基本方略。要实现我国安全发展和长治久安的战略目标，不仅需要法制化、规范化、标准化的对策，还需要系统化、科学化、精细化、智能化的策略举措；不仅需要问题导向（事后型、经验型方法论）和目标导向（制度型、指挥型方法论），还需要科学导向、规律导向，在安全生产领域实现本质型、系统型的方法论。

安全生产是一个系统工程，要将安全寓于生产、管理和科技进步之中，需要打非治违、事故查处、责任追究治标之策，以及监督检查、审核认证、行政许可等形式安全，更需要风险防控、超前预防、源头治理、标本兼治等本质安全。

应用SWOT势态分析方法，是国际公认研究和分析社会发展战略的基本方法。SWOT分析法可以对研究对象所处的情景、形势进行全面、系统、准确的研究，从而根据研究结果制订相应的发展战略、计划以及对策等。SWOT的涵义分别是：S——优势分析（Strength）、W——劣势分析（Weakness）、O——机会分析（Opportunity）、T——挑战分析（Threat）。S（优势）和W（劣势）

是针对系统内部的分析，而 O（机会）和 T（挑战）是针对系统外部的分析。应用 SWOT 势态分析方法，总结归纳我国改革开放中后期的安全生产战略策略，我们可得到如图 1-1 所示的我国安全生产战略发展脉络。

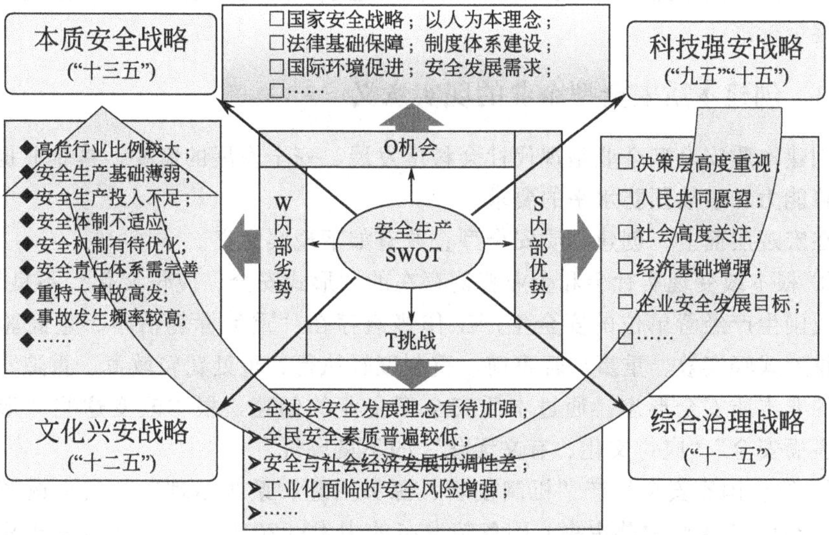

图 1-1　我国安全生产 SWOT 分析及发展趋势

图 1-1 应用 SWOT 分析方法首先科学揭示和展现了我国安全生产的进步及发展势态。

安全生产发展的内部劣势（W）：国家整体高危行业比例较大；安全生产保障基础还较薄弱；安全生产投入不足、不到位；安全生产体制不适应社会经济发展的要求；安全保障机制科学性、有效性较差，还有待优化；全面安全责任体系还不完善，需要科学、合理构建；一些行业的重特大事故高发；各行业事故发生频率与国际发达国家相比处于较高水平等。

安全生产发展的内部优势（S）：党和国家各级政府的决策层高度重视，安全生产已提高到国家发展战略地位；民众对安全生产具有共同愿望和迫切要求；社会高度关注安全发展，人民群众对事故高度敏感；社会整体经济基础不断增强，生产力水平不断提高；企业普遍逐步认识到安全生产的重要性，安全逐步成为企业核心价值等。

安全生产发展的外部机会（O）：国家确立安全发展战略；提出以人为本的根本理念；建立了全面的安全法律基础保障；推进了系统的安全制度体系建设；良好的国际促进环境；全社会的安全发展需求等。

安全生产发展的外部挑战（T）：全社会的安全发展理念有待加强；全民安全素质有待提高；安全与社会经济发展协调性较差；工业化、城镇化面临的安全风险源在不断增多、增强等。

其次，图 1-1 的 SWOT 分析还指出了我国改革开放中后期的安全生产战略演变历程及发展趋势："九五""十五"时期的"科技强安"战略的兴起；"十一五"综合治理战略的提出；"十二五"文化兴安战略的确立；"十三五"和未来一段时期，我们看到了"本质安全"战略的曙光。本质安全是我国全社会安全发展的战略方向，是企业或组织安全生产永恒的追求，是一个生产或技术系统安全发展的终极标准。

1.1.3 创建本质安全型企业的现实意义

创建本质安全型企业是现代社会科学发展、安全发展的需要，是企业提升安全保障能力和事故预防水平的要求。

在宏观层面上，创建本质安全型企业有如下现实意义。

① 根本改变现实社会和企业普遍存在的"形式安全、应付文化"不良风气。目前我国生产经营单位的安全生产工作普遍存在"重治标轻治本、重经验轻科学、重形式轻实效、重事后轻事前、重制度轻执行、重处罚轻教育、重追责轻担责"的非本质安全形态。通过本质安全型企业的创建，根本改变这些"形式安全、表面安全""应付文化、有文无化"的不良风气。

② 符合国家安全生产"机制创新、源头治理、系统治理"的安全改革发展战略。2017 年年底中共中央、国务院发布的中发〔2016〕32 号文《关于推进安全生产领域改革发展的意见》提出了"坚持理论创新、制度创新、体制机制创新、科技创新和文化创新"的战略原则，明确了"依法治理、源头防范、系统治理"的战略任务，其中，"机制创新、源头治理、系统治理"的目的和实质就是系统、全面的"本质安全"。

在微观层面上，创建本质安全型企业有如下现实意义。

① 是落实科学发展观促进企业安全发展的重要保证。实践证明，企业要安全发展、持续安全，仅仅采用事故教训的经验型管理方法，以及停留有落实法律法规的制度型或监督型管理方式上，是不理想和不够的。只有通过确立本质安全理念、掌握本质安全理论、推行本质型安全管控模式，从根源、根本上落实安全生产法规，实现超前、系统、全面的安全管控，形成无灾可救、无险可抢、无事故发生的格局，才能为企业安全发展和持续安全提供科学、有效的支撑和保障。

② 是企业提升安全生产保障能力和事故预防水平的重要途径和有效手段。本质安全强调从根本上、源头上控制危险源、管控风险因素、消除事故隐患，是一种超前式、预防型的管理模式，是科学、先进、有效的安全系统工程方法。它把安全管控的重点放在功能安全、系统安全，实行全要素、全过程、全方位的系统管控，使企业安全生产保持在最有效、最合理、最理想的运行状态。

③ 是企业实现安全生产长治久安的必由之路。本质安全型企业，是指与安全生产系统有关的基本要素，如人员队伍、技术设备、生产环境、制度流程（即人因、物因、环境、管理）等，能够从根本上保证企业生产安全可靠。相对于本质安全，长期以来，企业安全生产工作更关注于形式（审核、验收、检查）、外

部（政府、中介、社会）、结果（事故、追责、查处），缺乏根源的、内在的、本质的控制和防范，因此，企业安全生产的持续性、稳定性较差。通过本质安全型企业的创建，实现人员无三违、设备无故障、环境无缺陷、管理无漏洞，从而达到长治久安、持续安全的现代安全管理目标。

1.1.4 本质安全型企业的科学性与先进性

本质安全型企业的科学性和先进性特征体现在如下方面。

① 以人为本、系统治理。企业保障安全生产，首先要做到“综合治理”“系统工程”。综合治理体现在事前预防、事中应急、事后保障的综合对策措施方面；系统工程的涵义是从人的因素、技术因素、环境因素、管理因素入手控制事故致因，保障系统安全。在综合治理、系统工程的基础上，本质安全强调超前预防、事前控制，这就提出需要“变事后管理为事前管理、变就事论事为系统防范、变成本观念为价值理念、变效率观念为效益理念、变应付文化为预防文化、变事故治标为安全治本、变他律他责为自律自责”。其中，首要和关键的对策是人因的本质安全，要“以人为本”。“以人为本”首先是依靠人，要“人因为上”，就是要“人人有责，全员参与”。人、机、环、管各安全要素具有非线性的关系，其中，员工（人因）既是安全生产的主体（保护者），又是安全生产的客体（被保护者），人因是技术、环境、管理的变量或影响因素。人因不仅是根本的安全因素，同时，还是技术和管理效能的决定因素，所以，人因既是安全生产工作的归宿，更是安全生产命运的根本性、决定性因素。通过对大量事故资料的统计分析，得到的结论是80%以上的事故是人的因素所致。因此，本质安全企业的创建，其重点是人的本质安全，这是企业安全生产保障的根本，是本质安全企业的关键特征。

② 从形式安全到本质安全。国家安全生产战略规划中强调了安全生产的“预防治本”要求。本质安全要体现出安全生产系统中人、机、环境、制度等要素从根本上防范事故、保障安全的能力及功能。本质安全一是要求提升生产力水平，从生产系统自身固有安全、功能安全出发，打造物本；二是从人因事故预防的要求出发，强化安全意识、提高人的安全根本能力，实现人本；三是从安全监管的机制、体制出发，推行治本与长效方略，提高安全监督管理过程中安全生产保障的效能和水平。为此，一是需要强化事故隐患排查治理制度，推行安全生产标准化制度，实施“超前治本、源头控制”的风险管控策略，实现系统的本质安全；二是强化全社会安全发展理念，加强安全生产领导力和管理力建设，提高全员安全意识，推进企业安全文化建设，提升公众安全素质，实现人因本质安全要求；三是强化安全生产基础，推行 RBS（基于风险的监管），实施全面、全员、全过程监管策略，创新监管本质安全保障。

③ 从技术制胜到文化强基。我国改革开放的初期，由于生产力水平的低下，各行业普遍存有生产技术工艺、装备设施等科技水平较低的状况，因此，初期强

调技术制胜的战略策略。随着安全科技的发展，经济能力的增强，以及生产技术的发展，各行业、企业的安全科技水平得到大大提升，甚至在国际范围处于领先的水平，同时，随着改革开放的深入，安全生产领域在20世纪90年代引入的安全管理体系模式和方法，对我国的安全生产管理水平的提升发挥了积极作用，安全管理的国际接轨也达到了较高的水平。反之表现出的事故主因、安全的薄弱环节是人的因素。基于理论的分析与实证的研究，表现出安全工程技术、安全监督管理对安全生产系统保障的贡献率发挥到了极致，而安全文化的作用远远不够，人因素质成为安全生产的最“短板”。因此，在人本、物本、管本的体系中，人的本质安全成为最突出和关键的问题，由此，提出了“从技术制胜到文化强基”战略策略。在新版的《安全生产法》中将原第17条对于生产经营单位负责人的法律责任从6项增加到7项，增加的内容是“组织制定并实施本单位安全生产教育和培训计划”。第25条新增了全员安全培训的规定，表明安全法律强调了对安全文化和人的素质的重视。同时，2016年年底，中共中央、国务院发布的《推进安全生产领域改革发展的指导意见》的文件，新一轮《安全生产法》修改建议稿（2017）中也首次提出了安全文化建设的要求。这些法规、文件有关人因管控、文化创新的新突破，符合科学的“事故主因论”（事故的主要原因是人的因素）和“人为因素决定论”。人的安全素质是安全生产的基础，安全教育培训是文化强基的重要手段。我国在经济基础和生产力水平发展到一定程度的今天，很多行业已经从技术制胜时代转变为“文化引领”的时代，因此，以人的本质安全化为目的的安全文化建设已经成为潮流和未来提升安全生产保障能力和水平的前沿及制高点，同时，也是十八大报告提出的“强化安全生产基础”的重要组成部分。

④ 班组为基、强基固本。安全生产状况是企业安全工作的综合反映，是一项复杂的系统工程，只有决策层的重视和热情不行，仅有部分员工的参与和能力也不行，因为个别员工、个别工作环节上的缺陷和失误，就会破坏安全生产保障系统的整体。事故统计分析表明，企业90%的事故发生在生产一线，98%的生产过程的事故与班组有关，可以说班组现场是企业事故发生的根源，这种根源是通过班组员工的安全素质、岗位安全作业程序和现场的安全状态表现出来的。因此，本质安全企业的创建，重心必须放在班组，功夫下在作业现场，措施落实在岗位和具体操作员工的每一个作业细节。通过“基本、基础、基层”的“三基”本质安全体系建设，夯实企业安全生产基础，遏制事故发生的源头。安全科学理论揭示，生产的最基本单元是班组，班组是安全系统的基本细胞，只有细胞健康，肌体才能健康。

1.1.5 创建本质安全型企业的主要目的和作用

创建本质安全型企业有以下主要目的和作用。

① 提高企业安全生产超前预防的能力和水平。预防为主是安全生产的基本方针，坚持突出预防、防范在先是安全生产的根本策略。通过本质安全型企业的

创建，使企业建立起科学的、系统的、主动的、超前的、全面的安全保障体系，实现对生产安全事故的超前预防，从而提升企业安全生产的保障能力，提高企业的事故防范水平。

② 实现企业安全生产源头治理和系统保障。本质安全的内涵是事故风险 $R \to 0$，安全保障 $S \to 1$ 的过程和状态，即实现风险最小化、安全最大化的目标。本质安全讲求科学防范、综合治理，本质安全致力于系统视野、实质改进。本质安全型企业的安全管控强调以固有危险、现实风险为治理对象，以“人-机-环境-管理”要素为体系，透过复杂的现象，通过优化安全的资源配置和提高其安全要素的整体性，追求诸要素功能安全可靠、和谐统一，使各种事故风险因素始终处于受控制状态，找准影响安全系统的根本和要害，实现安全最大化、风险最小化，实现源头治理、标本兼治、系统保障。

③ 提高企业安全生产工作的合理性和有效性。通过本安体系的构建，转变企业安全生产管理的方法方式：变经验管理为科学管理，变结果管理为过程管理，变事后管理为事前管理，变静态管理为动态管理，变成本管理为价值管理，变效率管理为效益管理，变管理对象为管理动力，变约束管理为激励管理，变人治管理为法治管理，从而提高安全生产工作的科学性、合理性、有效性和持续性。

④ 遏制重特大事故，实现安全生产根本好转。我国一方面正处在工业化、城镇化持续推进过程中，各行业生产经营规模不断扩大，传统和新型生产经营方式并存，各类事故隐患和安全风险交织叠加；另一方面，安全生产基础薄弱、监管体制机制和法律制度不完善、企业安全生产保障能力差。因此，各类生产安全事故易发多发，重特大安全事故频发势头尚未得到有效遏制，生产安全事故不仅直接危及企业生产安全，而且对社会公共安全带来重大影响。显然传统的举措和方法有待调整和优化。而面对社会与经济发展的新挑战，策略何在？措施何为？本质安全的战略策略是当前最优的选择。

1.2 本质安全的起源与发展

1.2.1 古代的本质安全观

观念，是指人们认识事物的基本理念，观念是思想的基础、行为的准则。古老的中华民族有着悠久的历史，流动于民族文明长河中的安全观念，具有两面性，即负面消极性和正面积极性。显然，归纳和总结古代安全观念，对现代人有着重要的指导和借鉴作用。

古代积极的安全观念具有本质安全的特征。墨子“重备防患”的国家安全观就是一个例子。墨子军事思想主要针对大国进攻小国、强国欺凌弱国而设计的，他认为小国和弱国必须积极地防御，打败敌人的进攻，保卫国家的独立与安全，他提出了“有备无患”的防御策略。墨子认为，一个国家的安全和防御是一个长远的全局性的国策问题，国君在和平年代就要在粮食、武器装备、城防、防御计划、内政、外交等各方面做好准备。墨子在《七患》一文中对“有备无患”作了详尽的分析：第一患是“城郭沟池不可守而治宫室”，强调了军事建设的重要性；第二患“边国至境，四邻莫救”，说明了外交结盟在战乱时期的重要作用；“先尽民力无用之功，赏赐无能之人，民力尽用于无，财宝虚于待客，三患也”，提出储备国力，积攒力量，应付战争；第四患“仕者持禄，游者爱佼，君修法讨臣，臣慑而不敢拂”，指做官的人只想保住自己的俸禄，游学的人只注重交游，国君修订法律讨伐大臣，大臣害怕不敢违背君主之命，揭示了国家在公共管理、教育、立法方面存在的隐患；“君自以为圣智而不问事，自以为安强而无守备，四邻谋之不知戒，五患也”，国家领导人的无能也是国家安全的大患；第六患是“所信不忠，所忠者不信”，国君信任的人对他不忠诚，忠诚的人他又不信任，不会用人，小人当道，贤才不尽其用也是国家安全的危害；最后一患是“畜种菽粟不足以食之，大臣不足以事之，赏赐不能喜，诛伐不能威”，养的牲畜和种的粮食不够吃，大臣对国事不能胜任，奖赏了也不喜欢，责罚也不能让人畏惧，说明了粮食储备是国家的生命线，要用贤能之人理政，也强调了统治权威的重要性和人心的向背。墨子最后说道：“以七患居国，必无社稷；以七患守城，敌至国倾。七患之所当，国必有殃。”《七患》一文不仅是墨子军事思想的浓缩概括，也是墨子国家本质安全观的基本体现。墨子重视防守，重视储备，强调全方位的备战。著名的“止楚攻宋”便是墨子以守为攻的成功战例。墨子还在《备城门》等文中提出了十四个守城的条件，除了军事备战外，强调了内政、外交、经济和财力在防御中的重要作用，这种防御的国家安全观不仅在古代战争中是行之有效的，在现代战争中也是必不可少的。因为战争的胜败取决于国家综合实力的强弱。此外，墨子还提出要建立有效的防御指挥系统，军队要有严明的组织纪律性和奖惩制度。

在我国的悠久历史源流中，很多成语、谚语中反映了古人诸家的本质安全观念。

- “千里之堤，溃于蚁穴”：语出先秦韩非的《韩非子·喻老》：“千丈之堤，溃于蚁穴，以蝼蚁之穴溃；百尺之室，以突隙之烟焚。”一个小小的蚂蚁洞，可以使千里长堤溃决。比喻小事不慎将酿成大祸。在安全生产中同样如此，有时候忘戴一次安全帽，少拧一个小螺丝，都可能酿成大的事故。所以，凡事要从大处着眼，小处入手，不能放过任何一个细节。当发现不安全的隐患后，必须迅速进行整改，避免问题积累，浅水沟里翻船。
- “螳螂捕蝉，黄雀在后”：语出《庄子·山木》：“睹一蝉，方得美荫而忘其身，螳螂执翳而搏之，见得而忘其形；异鹊从而利之，见利而忘其真。”螳螂正想要捕捉蝉，却不知道黄雀在它后面正要吃它。指人目光短浅，没有远见，只顾追求眼前的利益，而不顾身后隐藏的祸患。在现代的安全生产中，人们在追求眼前利益时，往往容易忽视后面隐藏着的危险；在生产经营过程中，往往容易追求生产速度，而忽视生产的运行状态；在生产投入和安全投入上，往往容易考虑生产上加大投入去追逐效益最大化，而忽视安全投入。

●“差之毫厘，谬以千里”：语出《礼记·经解》：“《易》曰：‘君子慎始，差若毫厘，谬以千里’。”形容开始时虽然相差很微小，结果会造成很大的错误。在生产中，若做好应有的安全防护、安全教育，在生产中发生事故的可能性就会降低。

●“前车之覆，后车之鉴”：语出《荀子·成相》：“前车已覆，后未知更何觉时。”《大戴礼记·保傅》：“鄙语曰：……前车覆，后车诫。”汉代刘向《说苑·善说》：“《周书》曰：‘前车覆，后车戒。’盖言其危。”后以“前车之鉴”“前车可鉴”或“前辙可鉴”比喻以往的失败，后来可以当作教训。这是事故预防的有效对策。

千百年来，中华民族总结出了许多优秀的本质安全观念。

观念之一：居安思危，有备无患——出于《左传·襄公十一年》：“居安思危，有备无患。”“安不忘危，预防为主。”孔子说：“凡事预则立，不预则废。”即安全工作预防为主的方针。

观念之二：防微杜渐——源于《元史·张桢传》：“有不尽者亦宜防微杜渐而禁于未然。”这就是我们常说的从小事抓起，重视事故苗头，事故或灾害刚一冒出就能及时被制止，把事故消灭在萌芽状态。

观念之三：未雨绸缪——出于《诗·幽风·鸮》：“适天之未阴雨，遮彼桑土，绸缪牖户。”尽管天未下雨，也需要修好窗户，以防雨患。这也体现了安全的本质论重于预防的基本策略。

观念之四：长治能久安——出自《汉书、贾谊传》：“建久安之势，成长治之业。”只有发展长治之业，才能实现久安之势。国家的安定，生活与生产的安全都需要这一重要的安全策略。

观念之五：有备才无患——出于《左传、襄公十一年》：“居安思危，思则有备，有备无患。”只有防患未然时，才能遇事安然，成竹在胸，泰然处之。

观念之六：亡羊须补牢——出自《战国策、楚策四》：“亡羊而补牢，未为迟也。”尽管已受损失，也需想办法进行补救，以免再受更大的损失。古人云：“遭一蹶者得一便，经一事者长一智。”故曰：“吃一堑，长一智。”“前车已覆，后来知更何觉时。”谓之：“前车之鉴。”这些良言古训，虽是“马后炮”，但不失为事故后总结的良策。

观念之七：曲突且徙薪——源自《汉书、霍洌传》：“臣闻客有过主人者，见其灶直突，傍有积薪。客谓主人，更为曲突，远徙其薪，不者则有火患，主人嘿然不应。俄而家果失火，……”只有事先采取有效措施，才能防止灾祸。这是“预防为主”之体现，是防范事故的必遵之道。

1.2.2 工业本质安全的起源与发展

(1) 矿山本质安全的起源与发展

在公元7、8世纪，我们的祖先就认识了矿井毒气，并提出测知控制方法。公元610年，隋代巢元方著的《诸病源候论》中记载："……凡古井冢和深坑井中多有毒气，不可辄入……必入者，先下鸡毛试之，若毛旋转不下即有毒，便不可入。"公元752年，唐代王涛著的《外台秘要引小品方》中提出，在有毒物的处所，可用小动物测试，"若有毒，其物即死"。千百年来，我国劳动人民通过生产实践，积累了许多关于采矿防止灾害的知识与经验。

我国古代的青铜冶铸及其风险防范技术都已达到了相当高的水平。从湖北铜绿山出土的古矿冶遗址来看，当时在开采铜矿的作业中就采用了自然通风、排水、提升、照明以及框架式支护等一系列安全技术措施。在我国古代采矿业中，采煤时在井下用大竹杆凿去中节插入煤中进行通风，排除瓦斯气体，预防中毒，并用支板防止冒顶事故等。1637年，宋应星编著的《天工开物》一书中，详尽地记载了处理矿内瓦斯和顶板的"安全技术"："初见煤端时，毒气灼人，有将巨竹凿去中节，尖锐其末。插入炭中，其毒烟从竹中透上"。采煤时，"其上支板，以防压崩耳。凡煤炭去空，而后以土填实其井"。

公元989年，北宋木结构建筑匠师喻皓在建造开宝寺灵感塔时，每建一层都在塔的周围安设帷幕遮挡，既避免施工伤人，又易于操作。

1886年，德国亚琛工业大学受普鲁士矿井瓦斯委员会委托，开展了煤矿瓦斯环境下电气安全的基础试验研究，得出了"每一电火花都能够引起爆炸"的结论。

1926年德国电气工程技术人员协会颁布的标准VDE0107规定了设备中不能引起爆炸的火花的极限值，对本质安全电气防爆装置提出了要求。

在GB 3836.1—2000中，按照专供煤矿井下使用的防爆电器设备的分类，防爆电器分为隔爆型、增安型、本质安全型等种类。本质安全型电器设备的特征是其全部电路均为本质安全电路，即在正常工作或规定的故障状态下产生的电火花和热效应均不能点燃规定的爆炸性混合物的电路。也就是说该类电器不是靠外壳防爆和充填物防爆，而是其电路在正常使用或出现故障时产生的电火花或热效应的能量小于0.28mJ，即瓦斯浓度为8.5%（最易爆炸的浓度）最小点燃能量。

(2) 化工本质安全的起源与发展

19世纪60年代，英国化学家James Howden开发了一种制造硝化甘油炸药的工艺，可以在施工现场进行制造，消除了从制造地点到建设场地之间运输炸药的危险。

1974年，在英国Flixborough发生了一起重大爆炸事故，事故是由从高温高压工艺中泄漏出数吨的环已胺造成的。经过事故分析，帝国化学公司（ICI）的安全专家 Trevor Kletz，消除这类事故的最佳方法不是开发更加可靠的安全装置或设备，而是通过消除危险或大幅度降低危险程度的方式来取代这些安全装置或设备，从而降低事故后果的严重性。

1977 年 12 月 14 日，Trevor Kletz 在英格兰的 Widnes 召开的英国化学工业协会年会上所提出的工艺和设备本质安全的概念，1978 年，Trevor Kletz 发表了著名的文章《What you don't have，can't leak》(不存在的东西不会泄漏)，为本质安全的发展指明了方向。随之引起了学术界和企业界的强烈关注，美国、英国、加拿大、荷兰等工业发达国家迅速对其展开研究。

1984 年，印度博泊尔事故的发生进一步促使人们对重大事故预防和风险管理策略的重新思考。1990 年以后，本质安全研究进入了活跃期，美国化工安全中心（CCPS）多次举办本质安全设计会议，并出版了多部本质安全教材和著作。

石油化工等过程工业领域的主要危险源是易燃、易爆、有毒有害的危险物质，相应地涉及生产、加工、处理的工艺过程和生产装置。1985 年，克莱兹把工艺过程的本质安全设计归纳为消除、最小化、替代、缓和及简化 5 项技术原则：①消除（elimination）；②最小化（minimization）；③替代（substitution）；④缓和（moderation）；⑤简化（simplification）。

1993 年，美国化工安全中心（CCPS）出版了《生产安全工程设计导则》(Guidelines for Engineering Design for Process Safety)，该书介绍了本质安全设计方法，强调了实现生产安全的最佳方法是在设计的初始阶段考虑安全因素。1994 年，CCPS 成立了本质安全生产分委员会（Inherently Safer Processes Subcommittee，简称 ISSC)。20 世纪 90 年代中期，CCPS 在其年会（The International Conference and Workshop on Process Safety Management and Inherently Safer Processes）上，将本质安全作为重要议题进行了讨论。1996 年，密歇根科技大学的 Dan Crowl 教授出版了《本质安全化的化工生产：生命周期方法》(Inherently Safer Chemical Process：A Life Cycle Approach)。该书重点阐述了如何在整个化工生产过程的生命周期中使用本质安全设计的基本原理。

2000 年，CCPS 将本质安全列为重点研究课题之一，并在《2020 年展望》报告中指出："美国要维持化学工业未来的国际竞争力，必须重视化工本质安全的研究。"目前，对本质安全的研究包括本质安全理论、本质安全工艺、技术及应用方法、本质安全定量化评价工具等，从最初的设备、技术的本质安全向系统、管理层面的本质安全化发展。美国、欧盟等国家和地区十分重视本质安全的研究与应用，已取得一系列技术成果。

近年来，CCPS 还开展了安全与化学工程教育项目（Safety and Chemical Engineering Education，简称 SACHE)。SACHE 项目的主要内容包括为化工专业学生开发生产安全和本质安全方面的教材，资助本质安全研究。2001 年 10 月，美国 107 所、加拿大 10 所、其他国家 6 所研究机构或大学作为会员加入了 SACHE 项目中。除 CCPS 外，美国化学工程师协会（American Institute of

Chemical Engineers)、国家安全委员会(National Safety Council)、美国化工协会(American Chemical Society,简称 ACS)、环境保护署(Environmental Protection Agency,简称 EPA)等机构都积极促进本质安全理论研究和应用。

美国陶氏化学公司(Dow chemical)、埃克森化学公司(Exxon chemical)、联合碳化物公司(Union carbide)等公司也积极发展本质安全的工艺、产品和评价方法。

加拿大化工学会(Canadian Society for Chemical Engineering,简称 CSCHE)、加拿大化工生产商联合会(Canadian Chemical Producers' Association,简称 CCPA)及许多公司和组织也积极促进本质安全理论的研究、推广和应用。

欧盟为促进本质安全理论在化工工艺开发和设备设计中的应用,进一步改进化工企业在安全、健康、环境保护方面的绩效,于 1994—1997 年组织有关研究机构和企业,开展了化工厂本质安全设计方法研究(Inherently Safer Approaches to the Design of Chemical Process Plant,简称 INSIDE)项目。该项目主要目的是提高欧盟各成员国化工企业的本质安全、健康和环境保护绩效,通过开发一套化工生产本质安全健康环境绩效评价指标体系和化工工艺本质安全评价方法促进本质安全方法的推广应用。

(3)机电制造业本质安全的起源与发展

在机械安全领域,在欧盟标准基础上的国际标准 ISO 12100《机械类安全设计的一般原则》中贯穿了"人员误操作时机械不动作"等本质安全要求。在机械设计中要充分考虑人的特性,遵从人机学的设计原则。除了考虑人的生理、心理特征,减少操作者生理、精神方面的紧张等因素之外,还要"合理地预见可能的错误使用机械"的情况,必须考虑由于机械故障、运转不正常等情况发生时操作者的反射行为,操作中图快、怕麻烦而走捷径等造成的危险。为了防止机械的意外启动、失速、危险出现时不能停止运行、工件掉落或飞出等伤害人员,机械的控制系统也要进行本质安全设计。根据该国际标准,机械本体的本质安全设计思路为:①采取措施消除或消减危险源;②尽可能减少人体进入危险区域的可能性。

1994 年,欧盟开展了本质安全方法研究与应用项目,并于 1997 年出版了"本质安全健康环境评价工具包"(The INSET Toolkit)。为了使本质安全理论和方法得到广泛的推广使用,Edwards、Lawrence、Gupta 等研究人员先后提出了多种评价本质安全程度的方法和指标。

核电站在运用系统安全工程实现系统安全的过程中,逐渐形成了"纵深防御(defense-in-depth)"的理念。为了确保核电站的安全,在本质安全设计的基础上采用了多重安全防护策略,建立了 4 道屏障和 5 道防线。其中,为了防止放射性物质外泄设置的 4 道屏障,即被动防护措施包括:①燃料芯块;②燃料包壳;③压力边界;④安全壳。

(4) 消防本质安全的起源与发展

消防安全，消是事中、防是事前，防的实质就是本质安全。

火灾防范技术是人类最早的风险防范技术之一。我国古代也有很多防火法规。早在周朝，《周礼·夏官司徒》有记载："凡失火，野焚莱，则有刑罚。"这是我国自有文字以来，最早的刑罚条文。春秋战国时期，一些著名的思想家、政治家如孔子（孔丘）、荀子（荀况）、管子（管仲）、墨子（墨翟）、韩非子（韩非）等，对火政关系、国富民安等问题作过精辟的论述。西晋和南北朝的《晋律》和《大律》中均有"水火"篇。在"以法治火"的思想指导下，我国消防法制在秦朝初具雏形，唐代《永徽律》中有关消防的法规已相当完备。宋朝《营造法式》（成书于1099年）就相当于建筑防火标准，保证了建筑防火的严格落实。

《永徽律》是我国古代最早保存完备的消防法典，经唐高祖、唐太宗、唐高宗三代酝酿，历时33年于651年颁布。唐律中有关火灾的条款列在"杂律篇"，在《唐律疏议》中共有7条，包括对违犯防火、救火法令、失火、放火等各种行为据性质、情节和危害程度量刑的处理规定。另外，对"见火起不告救"者、火灾责任人都有相应的处罚规定。可见，唐代关于火灾的防范意识是非常强的，朝廷在法律处罚外还实行行政处罚，完善了火灾法律、法规的建设，可作为后世的楷模。宋朝沿用唐律，因为奉行"乱世用重典"的政策，为了治理宋代严重的火灾（南宋尤盛）加强了对火灾的法制建设，严格处理火灾肇事者；加强了用火管理；改善建筑防火条件。元代继承宋代以法治火的传统，有关消防治理的条文主要体现在《元史·刑法制·禁令》之中，这些条文既是对违法行为处罚的规定，又是对防火和灭火责任的规定。而且，其常比照强盗、杀人、劫财来处罚，可见处罚很严厉。明代的刑律较前代更加完备，明确区分了失火罪和放火罪，《大明律》中有详细记载。清代初期颁发的《大清律例》中有关火灾的刑罚内容和刑罚办法，与《大明律》基本相同。

1.2.3 防灾本质安全的起源与发展

(1) 水灾的本质安全起源

大禹治水和都江堰工程是我国劳动人民应对水患的伟大创举，具有防止水害的本质安全特点。

大约在4000年之前，我国的黄河流域洪水为患，尧命鲧负责领导与组织治水工作。鲧采取"水来土挡"的策略治水。鲧治水失败后由其独子禹担当治水大任。禹接受任务后，首先就带着尺、绳等测量工具到全国的主要山脉、河流作了一番周密的考察。他发现龙门山口过于狭窄，难以通过汛期洪水；他还发现黄河淤积，流水不畅。于是他确立了一条与他父亲的"堵"相反的方针，叫作"导"，就是疏通河道，拓宽峡口，让洪水能更快地通过。禹采用了"治水须顺水性，水性就下，导之入海。高处就凿通，低处就疏导”的治水思想。根据轻重缓急，定了一个治理的顺序，先从首都附近地区开始，再扩展到其他各地。

公元前 256 年秦昭襄王在位期间，蜀郡郡守李冰率领蜀地各族人民创建了都江堰这项千古不朽的水利工程。都江堰水利工程充分利用当地西北高、东南低的地理条件，根据江河出山口处特殊的地形、水脉、水势，乘势利导，无坝引水，自流灌溉，使堤防、分水、泄洪、排沙、控流相互依存，共为体系，保证了防洪、灌溉、水运和社会用水综合效益的充分发挥。最伟大之处是建堰两千多年来经久不衰，都江堰工程至今犹存。随着科学技术的发展和灌区范围的扩大，从 1936 年开始，逐步改用混凝土浆砌卵石技术对渠首工程进行维修、加固，增加了部分水利设施，古堰的工程布局和“深淘滩、低作堰”“乘势利导、因时制宜”“遇湾截角、逢正抽心”等治水方略没有改变，都江堰以其“历史跨度大、工程规模大、科技含量大、灌区范围大、社会经济效益大”的特点享誉中外、名播遐方，在政治上、经济上、文化上，都有着极其重要的地位和作用。都江堰水利工程成为世界最佳水资源利用的典范。都江堰水利工程充分体现了古人在水灾风险防范方面的智慧。

(2) 地震防灾的本质安全起源

在房屋抗震方面，我国先民曾经得到很多的治本切身经验。台湾是中国地震最频繁的地区，中国先民在兴建城市时，就已注意到“台地（指台湾地区）罕有终年不震”这个特点，而采取一定的抗震措施。例如在淡水，有的城墙便是用竹子和木头等材料建成。用竹木建城，不但就地取材，经济方便，更重要的是竹木性质柔韧、质轻、耐震性能高，是很好的抗震建筑材料。其他震区的中国先民也有这种经验，例如云南经常发生地震的地方，常采用荆条、木筋草等材料编墙，也是根据这个道理加以选择的。

我国先民在动土兴工，建造房屋、桥梁、高塔、寺庙时，为了经久耐用和安全可靠，一般强调地基牢固、建筑物结实、整体性好。特别是在多震地区，他们更注意到地震的威胁，慎重考虑这些问题。根据对我国古代建筑物的考察，可以看出我国先民在这一方面的杰出智慧，他们对抗震设计和施工有很丰富的知识。例如，建于宋代的天津蓟州区独乐寺观音阁，山西应县高达 60 多公尺的木塔，建于隋代的河北赵县、横跨洨水的赵州桥，距今都有一千年左右的历史了。它们都位于地震频发的华北地震区，经过多次不同程度的地震，到现在还巍然屹立，不仅可证明我国先民在建筑技术上的卓越成就，而且也可供今人研究建筑物抗震性能之用。

古代中国先民不但有很多震前震后的防震、抗震知识，而且在强震发生来不及跑出屋外的危急时刻，怎样采取应变措施，避免伤亡，也有很宝贵的经验。明世宗嘉靖三十五年（西元 1556 年）1 月 23 日，陕西华县发生 8 级大震，根据这一次大震的生还者秦可大亲身经验和耳闻目睹的事实，写了一本重要著作“地震记”，提出了地震应变措施。

“……因计居民之家，当勉置合厢楼板，内竖壮木床榻，卒然闻变，不可疾出，伏而待定，纵有覆巢，可冀完卵；力不办者，预择空隙之处，当趋避可也。”

在地震预报技术还不理想的今天，地震突然发生，来不及跑到屋外，就躲在坚实的家具下，以免砸伤压毙。这在今日防震抗震中，仍然是一项重要的措施。可见四百多年前，秦可大所提出的这个办法很有价值。

显然，古代及近代本质安全的起源首先从高危的行业和生产技术开始。古代，人们建造村庄时，选择高处，用本质安全位置的方式避免洪水风险。在交通方式上从单车轮演变为四车轮的马车就是一种本质安全设计，四个轮子的战车运输货物更加安全稳定。只允许单向行驶的两条并排铁路比供双向行使的一条铁路要安全。

20 世纪以前，本质安全从固有安全、功能安全出发，本质安全的思想是自发的、无意识的，直到 20 世纪 50 年代到世纪末，由于高新技术的不断涌现，如现代军事、宇航技术、核技术的利用以及信息化社会的出现，人类的安全认识论进入了本质论阶段，超前预防型成为现代安全哲学的主要特征，这样的安全认识论和方法论大大推进了现代工业社会的安全科学技术和人类征服安全事故的手段和方法。

1.2.4 近代本质安全概念的提出

本质安全，又称内在安全或本质安全化方法，最初的概念是指从根源上消除或减少危险，而不是依靠附加的安全防护和管理控制措施来控制危险源和风险的技术方法。它可以与传统的无源安全措施（无需能量或资源的安全技术措施，如保护性措施）、有源安全措施（具有独立能量系统的安全措施，噪声的有源控制）和程序安全措施等综合应用，通过消除、避免、阻止、控制和减缓危险等原理，为生产过程提供安全保障。本质安全与常规安全方法的联系与区别可用图 1-2 表示。

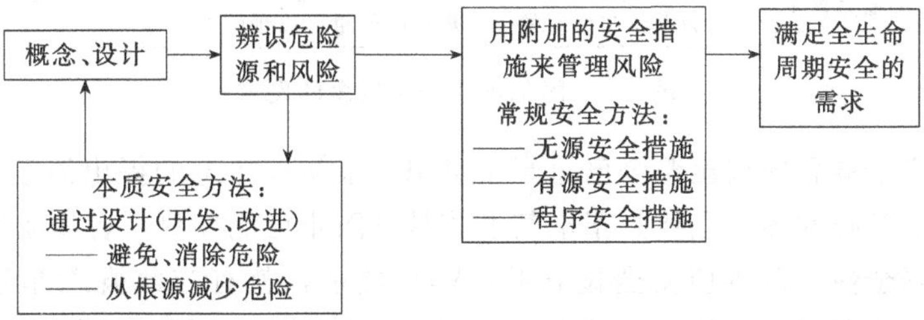

图 1-2　本质安全与常规安全方法的关系

常规安全（也称外在安全）是通过附加安全防护装置来控制危险，从而减小风险。附加的安全装置需要花费额外的费用，并且还必须对其进行维修保养。由于固有的危险并没有消除，仍然存在发生事故的可能性，并且其后果可能会因为防护装置自身的故障而更加严重。本质安全方法主要应用在产品、工艺和设备的设计阶段，相对于传统的设计方法，本质安全设计方法在设计初始阶段需要的费用较高，但在整个生命周期的总费用相对较低。本质安全设计的实施可以减少操作和维护费用，提高工艺、设备的可靠性。常规安全措施的主要目的是控制危险，而不是消除危险，只要存在危险，就存在该危险引起事故的可能性；而本质安全主要是依靠物质或工艺本身特性来消除或减少危险，可以从根本上消除或减少事故发生的可能性。本质安全理论可广泛应用于各类生产活动的全生命周期，尤其是在设计和运行阶段。从纵深防御的安全保障作用上看，本质安全比常规安全方法效果更好。

为了应对事故风险，近代朦胧的本质安全思想伴随着工业革命而出现，下面列举了一些具有本质安全思想的应用事例，如表 1-1 所示。

表 1-1　近代本质安全应用事例

时间	发明人	应用方面	具体应用
1820	Robert Stevenson	蒸汽机车	简化控制系统
1867	James Howden	美国中央太平洋铁路	现场制造炸药
1867	Alfred Nobel	炸药	TNT 炸药
1870	Ludwig Mond	碳酸钠	索尔韦法
1930	Thomas Midgely	制冷剂	CFC 制冷剂

20 世纪 60 年代，安全型电气设备的概念延伸出本质安全概念；逐步扩展为一种新的安全风险管理理念；进一步强调人、机和环境三要素的系统性；从而提出本质安全型企业的管理概念，如图 1-3 所示。

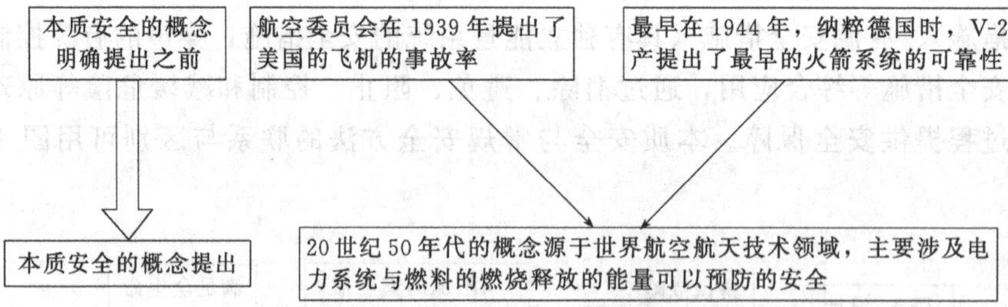

图 1-3　国际本质安全概念的发展

本质安全概念的提出距今已过半个世纪，最初该概念的提出源于 20 世纪 50 年代世界宇航技术界，主要是指电气系统具备防止可能导致可燃物质燃烧所需能量释放的安全性。在本质安全概念明确提出之前，就有与此概念非常接近的概念，也就是所谓的可靠性。如美国航空委员会在 1939 年提出飞机事故率的概念和要求，这有可能是最早的可靠性概念；1944 年纳粹德国试制 V-2 火箭时提出了最早有关系统可靠性概念，即火箭可靠度是所有元器件可靠度的乘积。

国内本质安全研究开展得并不晚，其前身是 20 世纪 50 年代关于电子产品的可靠性研究，但在学术上明确提出本质安全概念应该是在 20 世纪 90 年代，此后本质安全研究如雨后春笋，有大量学术论文发表，其中有相当数量是针对本质安全定义的，几乎每个研究本质安全的行业都有自己对本质安全含义的界定。

美国化工过程安全中心（CCPS）提出了过程安全防护层（layer of protection，简称 LP）的理念。针对本质安全设计之后的残余危险设置若干层防护层，使过程危险性降低到可接受的水平。防护层中往往既有被动防护措施，也有主动防护措施。

图 1-4 为国际电工标准 IEC 615115《机能安全-过程工业安全仪表系统》中介绍的典型的过程工业防护层。在工艺本质安全设计的基础上设置了 6 个防护层：①基本过程控制系统；②监测报警系统；③安全仪表系统；④机械防护；⑤结构防护；⑥程序防护。从图 1-4 我们看出本质安全正是通过机械设备的本质安全设计，由内向外、层层防护来达到风险控制的目的。

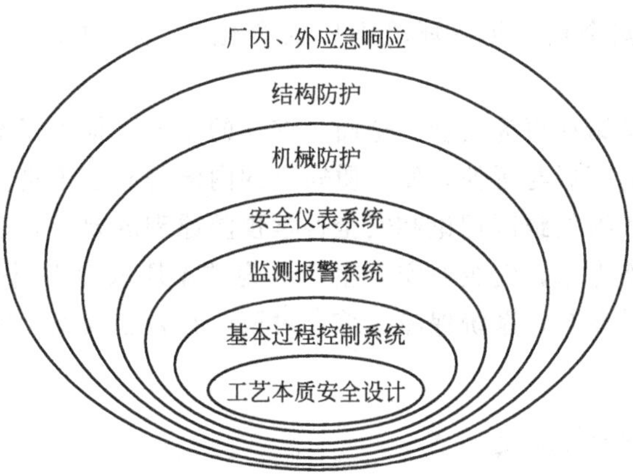

图 1-4 过程工业安全防护层

1.3 现代本质安全概念及理论基础

1.3.1 本质安全概念的演变

“本质”的基本释义为本身的形体，本来的形体，指事物本身所固有的根本的属性。也有将本质定义为“事物中存在的永久的不可分离的要素、质量或属性”，或者说是“指事物本身所固有的、决定事物性质面貌和发展的根本属性”。“安全”是指免除了不可接受的损害风险的状态。还有一种具有代表性且被广泛引用的传统说法：不发生导致死亡、伤害、职业病、设备和财产损失的状况。此定义明示了安全的最基本、最主要的内涵。另外，“无危为安，无损为全”，也许更能概括安全的这些含义。

现代本质安全概念和认识经历了几个发展阶段，归纳起来，包括本质安全、本质安全化、本质安全型企业三个演变阶段。

第一阶段："本质安全" 源于20世纪50年代世界宇航技术的发展，特指电子系统的自我保护功能。这一阶段的本质安全仅仅限于事物自身特性和规律对系统中的危险进行消除或减小的一种技术方法。随着本质安全得到工业领域广泛的接受，其概念得到了扩展，即本质安全是指设备、设施或技术工艺包含内在的能够从根本上防止事故发生的功能。通俗地讲，就是机器、设备、设施和工艺自身带来的固有安全和功能安全，追求即使由于操作者的操作失误或不安全行为的发生，也仍能保证操作者、设备或系统的安全而不发生事故的功能。

第二阶段：随着安全系统理论的发展，将"本质安全"内涵扩展到"本质安全化"的概念，如在20世纪90年代国际推行的安全管理体系，将本质安全延伸到"人-机-环"整个系统要素，可谓系统的本质安全化，即对于一个"人-机-环"系统，在某一历史阶段的技术经济条件下，使其具有较完善的安全设计及相当可靠的质量，运行中具有可靠的管理技术。其内容包括：人员本质安全化，机具本质安全化，作业环境本质安全化，"人-机-环"系统管理本质安全化等。

第三阶段：是站在更为宏观、全面、综合的角度，提出了本质安全型企业的概念。这一概念的拓展与延伸，使本质安全的内涵得到了丰富。本质安全型企业的概念更符合现代事故致因理论和安全科学预防原理的要求，以本质安全型企业创建为思想的策略方法，使企业安全生产更为"本质安全"。因为本质安全型企业的理论要求全员参与、系统保障、综合对策，符合全面安全风险管控的思想和理念。

1.3.2 本质安全的定义

"本质"之"本"即"根本"，是"自有"、固有的，不是外界赋予的；"本质"之"质"即"特质、特性、特有"。因此，"本质"即"固有的、根本的特质"。

"本质"是指"存在于事物之中的永久的、不可分割的要素、质量或属性"，或者说是指"事物本身所固有的、决定事物性质、面貌和发展的根本属性"。

本质安全的定义有狭义和广义之分。

定义1（狭义——以技术或设备为对象）：本质安全是指设备、设施或技术工艺含有内在的能够从根本上防止发生事故的功能。本质安全是从根源上消除或减小生产过程中的危险。本质安全方法与传统安全方法不同，即不依靠附加的安全系统实现安全保障。

定义2（广义——以系统为对象）：本质安全化是指安全系统中人、机、环境等要素从根本上防范事故的能力及功能。本质安全化的特征表现为根本性、实质性、主体性、主动性、超前性，“化”的特征表现为系统性、全面性、普及性。

定义 3（广义——以企业为对象）：本质安全企业是指通过建立科学、系统、主动、超前、全面的安全保障和事故预防体系，对企业生产经营全过程、技术工艺全环节、生产作业全要素，实施全员、全面、全时的本质安全管控，使各种事故风险因素始终处于预控、预防的状态，实现企业安全生产的可控、稳定、恒久的安全目标。本质安全型企业的功能性标志是人员思想不懈怠、行为零差错；技术设备无故障、工艺零缺陷；管理责任全到位、制度零漏洞；系统过程无隐患、全面零风险。

本质安全的定量可表述为：

$$\lim_{r\to 0}\mathrm{IS}(r)=+\infty$$

式中：IS 为本质安全函数；r 为风险变量。

当系统风险趋向于 0 时，本质安全极限趋向于正无穷大。因为系统中的风险是客观的，其风险只能是趋于零的过程，所以，本质安全的定量表述是指风险控制在可接受的水平，是风险趋于“零”、安全趋于“1”（100%）的过程。

1.3.3 本质安全的内涵

(1) 技术系统本质安全的内涵

技术系统的本质安全具有如下两种基本模式。

- 失误-安全功能（Fool-Proof）。指操作者即使操作失误，也不会发生事故或伤害。
- 故障-安全功能（Fail-Safe）。指设备、设施或技术工艺发生故障或损坏时，还能暂时维持正常工作或自动转变为安全状态。

针对技术系统的本质安全有如下基本的方法。

- 最小化（minimize）或强化（intensify）：减少危险物质库存量，不使用或使用最少量的危险物质；在必须使用危险物质的情况下，应尽可能减小危险物质的数量。强化工艺设备，减小设备尺寸，使其更有效、更经济、更安全。系统内存在的危险物质的量越少，发生事故所造成的后果越小。在生产的各个环节都应考虑减少危险物质的量。
- 替代（ substitute）：用安全的或危险性小的物质或工艺替代或置换危险的物质或工艺。例如，用不可燃物质替代可燃性物质、用不使用危险材料的方法替代使用危险材料的方法。使用危险性小的物质或不含危险物质的工艺代替使用危险物质的工艺，也包括设备的替代。该措施可以减去附加的安全防护装置，减少设备的复杂性和成本。
- 稀释（attenuate）或缓和（moderate）：采用危险物质的最小危害形态或最小危险的工艺条件（如在室温、常压、液相条件下）；在进行危险作业时，采用相对更加安全的工艺条件，或者用相对更加安全的方式（溶解、稀释、液化等）存储、运输危险物质。

● 简化（simplify）：通过设计，简化操作，减少使用安全防护装置，以减少人为失误的机会。简单的工艺、设备比复杂的更加安全，简单的工艺、设备所包含的部件较少，可以减少失误，节约成本。

● 限制危害后果（limitation of effects）：通过改进设计和操作，限制或减小故障可能造成的损坏程度。例如，安全隔离或使所设计的设备即使在发生泄漏时，也只能以小的流速进行，以便容易阻止或控制。开发新的或改进已有工艺、设备，使其即使发生失误，所造成的损坏程度达到最小。

● 容错（error tolerance）：使工艺、设备具有容错功能。如使设备坚固，装置可承受倾翻，反应器可承受非正常反应等。

● 改进早期化（change early）：在工艺、设备设计过程中，尽可能早地使用各种安全评价方法对其中存在的危险因素进行辨识，为改进或选择新的工艺、新设备提供决策依据。

● 避免碰撞效应（avoiding knock-on effect）：使设备、设施布局宽敞，采用失效保险系统，使所设计的工艺、设备即使在发生故障时，也不会产生碰撞或多米诺骨牌效应。例如，在机器设备的各部件之间设置隔板，使其在发生火灾时，可以阻止火焰蔓延，或者将设备置于室外，从而使泄漏的有毒物质可以依靠自然通风进行扩散。

● 状况清楚（making status clear）：对作业中存在的物质进行清晰的解释说明，有利于操作者对可能存在的危险进行辨识和控制。

● 避免组装错误（making incorrect assembly impossible）：通过设计，使阀门或管线等系统标准化，减少人为失误。使设备无法依据错误的形式组装而避免失效，如设计标准化，使用特定的工序、阀门、管线等。

● 容易控制（ease of control）：减少手动控制装置和附加的控制装置；使用容易理解的计算机软件；如果一个过程很难控制，应该在投资建造复杂的控制系统之前设法改变工艺或控制原理。

● 管理控制/程序（management control/procedure）：人失误是导致生产事故的主要原因之一。因此，要对员工进行严格培训和上岗资格认证。其他一些本质安全原理，诸如容易控制、状况清楚、容错和避免组装错误等在此处也适用。

本质安全的技术方法就是从根源上减少或消除危险，而不是通过附加的安全防护措施来控制危险。通过采用没有危险或危险性小的材料和工艺条件，将风险减小到忽略不计的安全水平，生产过程对人、环境或财产没有危害威胁，不需要附加或程序安全措施。本质安全的技术方法可以通过设备、工艺、系统、工厂的设计或改进来减少或消除危险，使安全技术功能融入生产过程、工厂或系统的基本功能或属性。表 1-2 列举了通用的本质安全技术方法和关键词。

表 1-2 本质安全技术方法及关键词

关键词	技术方式方法
最小化	减少危险物质的数量
替代	使用安全的物质或工艺
缓和	在安全的条件下操作，例如常温、常压和液态
限制影响	改进设计和操作使损失最小化，例如装置隔离等
简化	简化工艺、设备、任务或操作
容错	使工艺、设备具有容错功能
避免多米诺效应	设备、设施有充足的间隔布局，或使用开放式结构设计
避免组装错误	使用特定的阀门或管线系统避免人为失误
明确设备状况	避免复杂设备和信息过载
容易控制	减少手动装置和附加的控制装置

(2) 企业本质安全的内涵

安全技术仅仅是保障安全生产的一个因素，技术是重要的，但是，仅有技术是不够的。基于安全系统原理和事故致因的要素理论，企业本质安全需要站在系统、综合、全面的角度来认识和理解。因此，本质安全型企业的创建要从安全系统的四个要素来全面地建立和实施。本质安全企业的创建第一层次有如下四个基本体系。

一是人的本质安全化体系。即培塑本质安全型员工，实现人人都是“安全人”。“人本”是创建本质安全型企业的核心，即企业的决策者、管理者和执行层全员的本质安全化。要求人人都具有正确的安全观念、强烈的安全意识、充分的安全知识、合格的安全技能，人人安全素质达标，都能落实责任、遵章守纪、依规管理、按章行为，干标准活，做规矩事，杜绝“三违”，实现从个体到群体的本质安全。

二是物（装备、设施、原材料等）的本质安全化体系。即有效管控技术系统的危险源、风险点，实现技术危险、危险因素的风险最小化。任何工艺过程和作业岗位，生产技术都始终处在安全运行的状态，具有“失误-安全”（Fool-Proof）功能和“故障-安全”（Fail-Safe）功能两个本质安全模式。

三是生产环境的本质安全化体系。即物化环境、自然环境、生产作业条件危害最小化。在功能上，一是生产环境、工艺性能先进、可靠、安全，高危生产系统具有闭锁、联动、监控、自动监测等安全装置；二是对温度、气压、气流、光线等物理环境和空气中的有毒有害物质、化学环境，具有监测、监控功能，有提升、运输、通风、压风、排水、供电等主要系统及分枝的单元系统，以及具备检测、自控功能。在作用上，一是能够有效避免因环境因素造成的人的不安全行为，二是消除控制环境因素造成的不安全事件和对人的直接伤害。

四是监督管理的本质安全化体系。推行预防型安全管理模式，强化标准化、规范化、系统化、信息化、数据化，变经验管理为科学管理，变结果管理为过程管理，变事后管理为事前管理，变静态管理为动态管理，变成本管理为价值管理，变效率管理为效益管理，变因素管理为系统管理。

(3) 实现企业本质安全的基本方法论

实现企业生产过程的本质安全，可以采取如下基本的方法措施。

① 通过综合对策实现本质安全。综合对策就是要推行系统工程，依据“人机环管”安全系统原理，做到事前、事中、事后全面防范。技防、管防、人防的系统综合对策中，“技防”是指科技强安，即通过科技进步、工程技术、设备更新、工艺优化等措施来实现“物本”安全化；“管防”是指管理固安，即通过科学管控、强化法制、源头治理、责任体系、过程监督等措施来实现管理的本质安全化；“人防”是指文化兴安，即通过强化意识、素质提升、文化建设、教育培训等措施来提高人的素质，从而实现“人本”安全化。

② 通过预防体系建设实现本质安全。按照安全“三 E”对策理论和“四 M”要素理论设计本质安全预防体系，一是基于“人本工程”的安全文化体系，构建安全文化引领体系、优化安全教培体系；二是基于“物本工程”的科技保障体系，优化安全信息体系、完善事故应急体系，建立风险预警监控体系；三是基于“管本工程”的安全管控体系，强化安全监管体系、夯实安全基础体系、落实安全责任体系；四是基于“环本工程”的基础保安体系，完善隐患查治体系、建立安全绩效测评体系等。

③ 通过“三基”建设实现本质安全。显然，要实现本质安全，必须重视事故源头治理，这就需要强化安全生产的根本，夯实“三基”、强化“三基”。强化“三基”就是要将安全工作的重点发力于“基层、基础、基本”的因素，即抓好班组、岗位、员工三个安全的根本因素。班组是安全管理的基层细胞，岗位是安全生产保障的基本元素，员工是防范事故的基本要素。当前的安全工作要确立“依靠员工、面向岗位、重在班组、现场落实”的安全建设思路。“三基”建设涉及班级、员工、岗位、现场四个元素，班组是安全之基、员工是安全之本、岗位是安全之源、现场是安全之实。元素是基础，“三基”是载体，而实质是文化；“三基”是目，文化是纲，通过“三基”联系四个元素，构建本质安全系统，而安全文化是本质安全系统的动力和能源。

④ 通过班组建设实现本质安全。班组是安全的最基本单元组织，是执行安全规程和各项规章制度的主体，是贯彻和实施各项安全要求和措施的实体，更是杜绝违章操作和杜绝安全事故的主体。因此，生产班组是安全生产的前沿阵地，班组长和班组成员是阵地上的组织员和战斗员。企业的各项工作都要通过班组去落实，上有千条线，班组一针穿。国家安全法规和政策的落实，安全生产方针的

落实，安全规章制度和安全操作程序的执行，都要依靠和通过班组来实现。特别是作为现代企业，职业安全健康管理体系的运行，以及安全科学管理方法的应用和企业安全文化建设的落实，都必须依靠班组。反之，班组成员素质低，作业岗位安全措施不到位，班组安全规章制度得不到执行，将是事故发生的土壤和温床。

1.3.4 本质安全的理论基础

在本质安全的实践中，需要基础性、相关性的，有助于在不同层面指导本质安全实践的基础理论。如一般方法论需要安全哲学理论、安全系统学理论，“人本安全”需要安全行为学理论、安全文化学理论，“物本安全”需要安全工程学理论、安全人机学理论，“环本安全”需要安全环境学理论，“管本安全”需要安全法学理论、安全管理学理论、安全监察理论、安全经济学理论等。

(1) 安全哲学原理

从历史学和思维学的角度研究实现人类安全生产和安全生存的认识论和方法论。远古人类的安全认识论是宿命论的，方法论是被动承受型的；近代人类的安全认识提高到了经验的水平；现代随着工业社会的发展和技术的进步，人类的安全认识论进入了系统论阶段，从而在方法论上能够推行安全生产与安全生活的综合型对策，甚至能够超前预防。有了正确的安全哲学思想的指导，人类现代生产与生活的安全才能获得高水平的保障。

(2) 安全系统论原理

从安全系统的动态特性出发，研究人、社会、环境、技术、经济等因素构成的安全大协调系统。建立生命保障、健康、财产安全、环保、信誉的目标体系。在认识了事故系统人-机-环境-管理四要素的基础上，更强调从建设安全系统的角度出发，认识安全系统的要素：人，即人的安全素质（心理与生理，安全能力，文化素质）；物，即设备与环境的安全可靠性（设计安全性，制造安全性，使用安全性）；能量，即生产过程能的安全作用（能的有效控制）；信息，即充分可靠的安全信息流（管理效能的充分发挥）是安全的基础保障。从安全系统的角度来认识安全原理更具有理性的意义，更体现科学性原则。

(3) 安全控制论原理

安全控制是最终实现人类安全生产和安全生存的根本措施。安全控制论提出了一系列有效的控制原则。安全控制论要求从本质上来认识事故（而不是从形式或后果），即事故的本质是能量不正常转移，由此提出了高效实现安全系统的方法和对策。

(4) 安全信息论原理

安全信息是安全活动所依赖的资源。安全信息原理研究安全信息定义、类型，研究安全信息的获取、处理、存储、传输等技术。

(5) 安全管理原理

安全管理最基本的原理首先是管理组织学的原理，即安全组织机构合理设置，安全机构职能科学分工，安全管理体制协调高效，管理能力自组织发展，安全决策和事故预防决策有效和高效。其次是专业人员保障系统的原理，即遵循专业人员的资格保证机制：通过发展学历教育和设置安全工程师职称系列的单列，对安全专业人员进出设置具体严格的任职要求；建立兼职人员网络系统：企业内部从上到下（班组）设置全面、系统、有效的安全管理组织网络等。三是投资保障机制，研究安全投资结构的关系；正确认识预防性投入与事后整改投入的关系，要研究和掌握安全措施投资政策和立法，讲求谁需要、谁受益、谁投资的原则；建立国家、企业、个人协调的投资保障系统等等。

(6) 安全工程技术原理

根据技术和环境的不同，发展相适应的硬技术原理、机电安全原理、防火原理、防爆原理、防毒原理等（表 1-3）。

表 1-3 本质安全的基础理论体系

安全的哲学原理	从历史学和思维学的角度研究实现人类安全生存的认识论和方法论。在历史不同的阶段，人的认识论和方法论是不一样的，甚至是不断发生变化的，当有了正确的安全哲学思想的指导，人类现代生产与生活的安全才能获得高水平的保障
安全系统论原理	从安全系统的动态特性出发，研究人、社会、环境、技术、经济等因素构成的安全大协调系统，在人-机-环-管的基础上，不断推进本质安全的构建
安全信息论原理	根据技术和环境的不同，发展相适应的硬技术原理、机电安全原理、防火原理、防爆原理、防毒原理等
安全管理学原理	安全管理学有三大原则，一是合理设置安全机构；二是设置专业安全系统的工作原理；三是设置投资保障机构
安全控制论原理	安全控制是最终实现人类安全生产和安全生存的根本措施
安全经济性原理	从安全经济学的角度，研究安全性与经济性的协调统一
安全工程技术原理	技术原理、机电安全原理、防火防爆原理和隐患排查原理尤为重要

第2章 本质安全的基础理论

2.1 本质安全的定量理论

2.1.1 系统本质安全的数学定量模型

系统本质安全的定量首先是系统安全的定量。系统安全的基本数学函数表述为：

$$S(R)=1-R(p,l,s)=1-PLS \tag{2-1}$$

式中，$S(R)$ 为系统安全度或安全水平，$0\leqslant S\leqslant 1$；R 为安全风险函数，$1\geqslant R\geqslant 0$；P 为事故概率函数，表述事故可能性；L 为事故后果函数，表述事故伤害或损失严重性；S 为事故情境函数，表述事故伤害或损失敏感性。其中：

$$R(p,l,s)=PLS \tag{2-2}$$

上式中：

概率函数： $P=f$(人因，物因，环境因素，管理因素) (2-3)

即：事故发生的可能性 P 涉及的变量有事故致因 4M 要素：人因（Men）——人的不安全行为；物因（Machine）——机的不安全状态；环境因素（Medium）——环境的不良状态；管理因素（Management）——管理的欠缺。

后果函数：$L=f$(能量级，可能人员伤害，可能经济损失，可能环境危害，可能社会影响，应急能力) (2-4)

即：事故后果的严重性 L 涉及的变量有系统条件下客观危险性程度（能量程度）、损害对象的规模程度、系统应急能力等因素。

情境函数： $S=f$(时间，空间，系统，危害对象) (2-5)

即：事故损害的敏感性 S 涉及的变量有时机，包括时间与空间，以及系统区位关键性、危害对象特性等因素。

根据式(2-1)，可对本质安全规律作出如下定量分析：

① 本质安全的状态就是 $R\to 0$，风险趋于 0；$S\to 1$，安全趋于 1（100%或绝对安全）。

② 本质安全化的过程就是追求风险最小化、安全最大化的过程。

③ 本质安全水平取决于风险水平；风险水平取决于概率函数、后果函数和

情景可知，风险的影响因素，或称风险的变量，同时也是安全的基本影响因素，涉及人因、物因、环境、管理、时态、能量、规模、环境、应急能力等，其中人、机、环境、管理是决定安全风险概率的要素。

从安全的基本数学表达式看出，安全程度或水平取决于风险程度或水平，因此，本质安全程度取决于风险程度。

2.1.2 系统本质安全的风险定量

(1) 系统本质安全的数学分析定量

风险水平决定安全水平，因此，我们可以应用风险的定量来对本质安全进行定量。

根据式(2-2) 对风险的定义可看出，风险的物理意义是单位时间内损失或失败的均值。也就是说，人们以损失均值作为风险的估计值。但是，有的情况下，为了比较各种方案，为了综合地描述风险，常需要对整个区域（风险分布）的风险用一个数值来反映，这就引进了风险度的概念。

当使用均值作为某风险变量的估计值时，如以上对风险的定义，风险度定义为标准方差 σ 与均值 $E(x)$ 之比，即风险度 R_D 由下式决定：

$$R_D=\frac{\sigma}{E(x)} \tag{2-6}$$

在有的文献中也将风险度 R_D 称为变异系数（Coefficent of Variation)。

如果在有的场合，由于某种原因，并不采用均值作为风险变量的估计值，而用 x_0（与均值同一量纲的某一标准值）作为估计值，则风险度的定义为：

$$R_D=\frac{\sigma-[E(x)-x_0]}{E(x)} \tag{2-7}$$

风险度愈大，就表示对将来的损失愈没有把握，或未来危险和危害存在和产生的可能性愈大，风险也就愈大。显然，风险度是决策时的一个重要考虑因素。

(2) 系统本质安全的统计学定量

基于统计学，风险分为个体风险和社会（整体）风险。个体风险是一组观察人群中每一个体（个人）所承担的风险。社会风险是所观察的全体承担的风险。

在 Δt 时间内，涉及 N 个个体组成的一群人，其中每一个体所承担的风险可由下式确定：

$$R_{个体}=E(L)/(N\Delta t)[损失单位/(个体数\times时间单位)] \tag{2-8}$$

式中，$E(L)=\int L\mathrm{d}F(L)$；$L$ 表示危害程度或损失量；$F(L)$ 是 L 的分布函数（累积概率函数)。其中对于损失量 L 以死亡人次、受伤人次或经济价值等来表示。由于有：

$$\int L\mathrm{d}F(L)=\sum L_k n\mathrm{PL}_i \tag{2-9}$$

式中，n 为损失事件总数；PL_i 为一组被观察的人中一段时间内发生第 i 次事故的概率；L_k 为每次事件所产生同一种损失类型的损失量。因此，可写为：

$$R_{个体}=L_k\frac{\sum iPL_i}{N\Delta t}=L_kH_s \tag{2-10}$$

式中，H_s 是单位时间内损失或伤亡事件的平均频率。所以，个体风险的定义为：

$$个体风险=损失量\times损失或伤亡事件的平均频率 \tag{2-11}$$

如果在给定时间内，每个人只会发生一次损失事件，或者这样的事件发生频率很低，使得几种损失连续发生的可能性可忽略不计，则单位时间内每个人遭受损失或伤亡的平均频率等于事故发生概率 P_k。这样，个体风险公式为：

$$R_{个体}=L_kP_k \tag{2-12}$$

上式的意思是：个体风险=损失量×事件概率。还应说明的是 $R_{个体}$ 是指所观察人群的平均个体风险；而时间 Δt 是说明所研究的风险在人生活中的某一特定时间，比如是工作时实际暴露于危险区域的时间。

对于总体风险有：

$$R_{总体}=E(L)/\Delta t[损失单位/时间单位] \tag{2-13}$$

或

$$R_{总体}=NR_{个体} \tag{2-14}$$

即：总体风险=个体风险×观察范围内的总人数。

(3) 系统风险分析的实用方法

在具体系统风险定量分析时，当主要关注事故所造成的损害(损失及危害)后果，则把这种不确定的损害期望值直接表述为风险值，这就是狭义的风险分析，即当 $P=1$ 时，风险 R 可表达为：

$$R=E(L) \tag{2-15}$$

式中，$E(L)$ 为损害期望值，或事故严重度指标。

同理，当 $L=1$ 时，风险 R 是事故的概率，则有：

$$R=P(X) \tag{2-16}$$

式中，$P(X)$ 为事故发生概念。

这样，系统本质安全的定量可采用简化的风险的定量方法来解决，有如下两种方法。

① 事故概率指标(P)法。若某一事故情景频繁发生或事故数据较多，则可使用历史数据来估算该事件(事故)的概率，概率最常见的度量是频率。事故发生的可能性(P)则可以用事故频率指标来表示，如对于企业或行业的10万人事故率/死亡率、百万工时伤害频率、亿时死亡率、亿元GDP事故率/死亡率等；技术系统的万台设备事故率、万台设备死亡率；对于交通领域的亿客公里死亡率、万车事故率等。不同的行业采用不同的事故频率指标。

当缺乏历史数据时，可使用积木法，将事故情景所有单元的估算概率加以组合，以联合概率预测该情景的总体概率，则某一事故情景发生概率可用下面模型表示。

$$P_s = P_a \prod_{i=1}^{n} P_{ci} \tag{2-17}$$

式中，i 为事故发生后引起的某种后果，如人员伤亡、经济损失、环境破坏、社会影响等；n 为事故后果类型总数；P_s 为情景的发生概率；P_a 为事故发生的概率；P_{ci} 为事故发生后引起后果 i 的概率。

② 事故严重度指标（L）法。事故后果严重度（L）可以用事故相对指标、绝对指标、当量指标等来表示，如事故起数、死亡人数、受伤人数、经济损失、人均损失工时、事故危害当量等。为了反映技术系统宏观事故综合严重度，采用事故危害当量作为事故后果严重度的量化指标。

事故危害当量能够反映死亡、伤残和经济损失等方面的综合危害，用于衡量某类设备的各种事故或一个企业、一个地区发生的各种事故综合危害的程度。其模型为：

$$L = \sum_{i=1}^{n} L_i \tag{2-18}$$

式中，L 为事故危害当量，单位为当量；i 为事故发生后引起的某种后果，如人员死亡、受伤、经济损失、环境破坏、社会影响等；n 为事故后果类型总数。

2.1.3 技术本质安全的定量

(1) 机电技术系统的本质安全定量

机电设备的本质安全定量可从设备自身的性能、材质、结构等因素考虑，常以安全系数、安全裕度、可靠性、强度、刚度等作为定量指标。

① 安全系数。安全系数是安全微定量分析领域最基本的概念，是指进行土木、机械等工程设计时，为了防止因材料的缺点、工作的偏差、外力的突增等因素所引起的后果，工程的受力部分实际上能够担负的力必须大于其容许担负的力，二者之比叫做安全系数，即极限应力与许用应力之比。也指做某事的安全、可靠程度。

② 安全裕度。目前对安全裕度没有统一的定义，随研究领域不同，安全裕度有时表示安全系数，有时表示零件公差或加工余量，有时用以描述安全性或可靠性，有时用以评价系统风险等。各学者根据自己的理解和解决问题的需要将安全裕度表达成多种形式，目前还没有关于这一概念的公认的科学定义。例如，在航空领域，安全裕度指结构的失效应力与设计应力的比值减去 1.0 后的一个正小数，用以表征结构强度的富余程度；在电力领域，电压安全裕度等于系统的极限电压减去系统的运行电压。

③ 可靠性。指产品在规定的条件下和规定的时间内完成规定功能的能力，

这种能力以概率表示。可靠度是产品在规定的条件下和规定的时间内，完成规定功能的概率，常以“R”表示。若将产品完成规定功能的事件（E）的概率以$P(E)$表示，则产品寿命这一随机变量（T）的概率分布函数可写成$R(t)=P(E)=P(T\geqslant t)$（$0\leqslant t\leqslant\infty$），$R(t)$描述了产品在$(0,t)$时间段内完好的概率，且$0\leqslant R(t)\leqslant 1$，$R(0)=1$，$R(+\infty)=0$。

④ 强度。强度是指零件承受载荷后抵抗发生断裂或超过容许限度的残余变形的能力。也就是说，强度是衡量零件本身承载能力（即抵抗失效能力）的重要指标。强度是机械零部件首先应满足的基本要求。机械零件的强度一般可以分为静强度、疲劳强度（弯曲疲劳和接触疲劳等）、断裂强度、冲击强度、高温和低温强度、在腐蚀条件下的强度和蠕变、胶合强度等项目。强度的试验研究是综合性的研究，主要是通过其应力状态来研究零部件的受力状况以及预测破坏失效的条件和时机。

⑤ 刚度。刚度是机械零件和构件抵抗变形的能力。在弹性范围内，刚度是零件载荷与位移成正比的比例系数，即引起单位位移所需的力。它的倒数称为柔度，即单位力引起的位移。一个机构的刚度（k）是指弹性体抵抗变形（弯曲、拉伸、压缩等）的能力。

⑥ 安全电压。安全电压是指为了防止触电事故而由特定电源供电所采用的电压系列。安全电压应满足以下三个条件：第一，标称交流电压不超过50V、直流电压不超过120V；第二，由安全隔离变压器供电；第三，安全电压电路与供电电路及大地隔离。我国规定的安全电压额定值的等级为42V、36V、24V、12V、6V。当电气设备采用的电压超过安全电压时，必须按规定采取防止直接接触带电体的保护措施。

⑦ 安全电流。为了保证电气线路的安全运行，所有线路的导线和电缆的截面都必须满足发热条件，即在任何环境温度下，当导线和电缆连续通过最大负载电流时，其线路温度都不大于最高允许温度（通常为700℃左右），这时的负载电流称为安全电流。

⑧ 危险电压。存在于既不符合限流电路要求，也不符合TNV电路要求的电路中，其交流峰值超过42.4V或直流值超过60V的电压为危险电压。

（2）化学物质的本质安全定量

① 燃烧温度。可燃物质燃烧所产生的热量在火焰燃烧区域释放出来，火焰温度即是燃烧温度。

② 燃烧速率。气体燃烧无需像固体、液体那样经过熔化、蒸发等过程，所以气体燃烧速率很快。气体的燃烧速率随物质的成分不同而异。单质气体如氢气的燃烧只需受热、氧化等过程；而化合物气体如天然气、乙炔等的燃烧则需要经过受热、分解、氧化等过程。所以，单质气体的燃烧速率要比化合物气体的快。在气体燃烧中，扩散燃烧速率取决于气体扩散速率，而混合燃烧速率则只取决于

本身的化学反应速率。因此，在通常情况下，混合燃烧速率高于扩散燃烧速率。

③ 燃烧热。可燃物质燃烧爆炸时所达到的最高温度、最高压力和爆炸力与物质的燃烧热有关。物质的标准燃烧热数据从一般的物性数据手册中可查阅到。

④ 燃烧极限。亦称着火极限，是在一定温度、压力下，可燃气体或蒸气在助燃气体中形成的均匀混合系被点燃并能传播火焰的浓度范围。最低浓度称为燃烧下限；最高浓度称为燃烧上限。燃烧极限常用体积分数（%）或毫克每升（mg/L）表示。燃烧极限值是由介质的化学反应速度或释放能量的速度决定的，可燃气体（蒸气）和空气（氧气）二者浓度的乘积又决定了化学反应速度，任何浓度的降低都能促使反应速度减小、释放能量降低，导致混合系不能点燃及传播火焰。

⑤ 爆炸极限。可燃物质（可燃气体、蒸气和粉尘）与空气（或氧气）必须在一定的浓度范围内均匀混合，形成预混气，遇着火源才会发生爆炸，这个浓度范围称为爆炸极限，或爆炸浓度极限。通常用可燃气体、蒸气或粉尘在空气中的体积百分比来表示。一般情况提及的爆炸极限是指可燃气体或蒸气在空气中的浓度极限，能够引起爆炸的可燃气体的最低含量称为爆炸下限，最高浓度称为爆炸上限。

（3）物质的综合危险性定量

① 可燃气体的爆炸危险性定量。评价生产与生活中广泛使用的各种可燃气体火灾爆炸危险性，主要依据爆炸危险度。可燃气体或蒸气的爆炸危险性可以用爆炸极限和爆炸危险度来表示，爆炸危险度即是爆炸浓度极限范围与爆炸下限浓度之比值：

$$爆炸危险度=\frac{爆炸上限浓度-爆炸下限浓度}{爆炸下限浓度} \tag{2-19}$$

爆炸危险度说明，当气体或蒸气的爆炸浓度极限范围越宽，爆炸下限浓度越低，爆炸上限浓度越高时，其爆炸危险性就越大。

其他评价可燃气体爆炸危险性的技术参数还有传爆能力、爆炸威力指数、自燃点、化学活泼性、比重、扩散性等。

② 重大危险源的分级定量。重大危险源是指长期地或者临时地生产、搬运、使用或者储存危险物品，且危险物品的数量等于或者超过临界量的单元（包括场所和设施）。包括 9 大类：a. 贮罐区（贮罐）；b. 库区（库）；c. 生产场所；d. 压力管道；e. 锅炉；f. 压力容器；g. 煤矿（井工开采）；h. 金属非金属地下矿山；i. 尾矿库。其中危险化学品重大危险源（major hazard installations for dangerous chemicals）是指长期地或临时地生产、加工、搬运、使用或储存危险化学品，且危险化学品的数量等于或超过临界量的单元由于其重要性，国家专门制订了分级标准。依据物质能量级的临界量进行分级定量。GB 18218—2009《危险化学品重大危险源辨识》给出了定量的标准。当单元内存在的危险化学品为多品种时，若满足下式，则定义为重大危险源：

$$q_1/Q_1+q_2/Q_2+\cdots+q_n/Q_n \geqslant 1 \tag{2-20}$$

式中：q_1，q_2，…，q_n 为每种危险化学品实际存在量，单位为吨（t）；Q_1，Q_2，…，Q_n 为与各危险化学品相对应的临界量，单位为吨（t）。

2.1.4 环境本质安全定量

（1）空间环境本质安全定量

作业空间就是人进行作业所需的活动空间以及机器、设备、工具所需空间的总和。人在各种情况下劳动都需要有一个足够的、安全、舒适、操作方便的空间。这个作业空间的大小、形状与工作方式、操作姿势、持续时间、工作过程、工作用具、显示器与控制器的布置、防护方式及工作服装等因素有关。

① 安全防护空间。安全防护空间是为了保障人体安全，避免人体与危险源直接接触所需的安全防护空间。安全空间的定量对象，包含设备布置、机械、电气、防火、防爆等安全距离和卫生防护距离。安全空间距离的定量是为了防止人体触及或接近危险物体或危险状态，防止危险物体或危险状态造成的危害，而在两者之间所需保持的一定空间距离。

② 电气安全距离。为了防止人体触及或过分接近带电体，或防止车辆和其他物体碰撞带电体，以及避免发生各种短路、火灾和爆炸事故，在人体与带电体之间、带电体与地面之间、带电体与带电体之间、带电体与其他物体和设施之间，都必须保持一定的距离，这种距离称为电气安全距离。电气安全距离的大小，应符合有关电气安全规程的规定。

③ 防火安全距离。石油化工企业的生产原料及产品通常是易燃易爆的危险化学品，因此，这类企业在厂区选址时，必须按照安全标准要求，留出与其他相邻工厂或设施的安全防火距离。

④ 机械安全距离。防止人身触及机械危险部位的间隔，其值等于最大可及范围 R_{m}（或身体尺寸 L）与附加量 K_{L}（$K_{\mathrm{L}}=KL$）之和，用 S_{d}表示。

$$S_{\mathrm{d}}=(1+K)R_{\mathrm{m}} \tag{2-21}$$

$$S_{\mathrm{d}}=(1+K)L \tag{2-22}$$

式中，S_{d}为安全距离，单位为 mm；L 为人体尺寸，单位为 mm；R_{m}为最大可及范围，单位为 mm；K 为附加量系数。

⑤ 爆炸品安全距离。爆炸性物质仓库禁止设在城镇、市区和居民聚居的地区，与周围建筑物、交通要道、输电输气管线应该保持一定的安全距离。爆炸性物质仓库与电站、江河堤坝、矿井、隧道等重要建筑物的距离不得小于 60m。爆炸性物质仓库与起爆器材或起爆剂仓库之间的距离，在仓库无围墙时不得小于 30m，在有围墙时不得小于 15m。

（2）物理安全环境定量

物理安全环境定量是对生产场所中人、机、物所处环境中的常见物理参数的定量过程。安全环境定量包括气温、气压、气湿、空气质量、通风、光照、自然灾害等内容。

① 高温强辐射作业指标。生产场所中的热源同时以对流和热辐射两种形式作用于人体，且气温超过30～32℃，辐射强度超过41.8kJ/(m^2 · min) 时，称为高温强辐射作业，如冶金工业的炼焦、炼钢车间，机械工业的铸造、热处理车间，热电站、锅炉间等。这类车间中有的夏季气温可达到40℃以上，辐射强度超过400kJ/(m^2 · min)，若防护不当极易造成人体过热。

② 高温高湿作业指标。指气温超过30℃、相对湿度超过80%的场所（生产环境中的气湿以相对湿度表示。相对湿度在80%以上称为高气湿，低于30%称为低气湿）。这种条件常见于造纸、印染车间和较深的矿井中。

③ 夏季露天作业指标。热源主要是太阳的热辐射和地表被加热后形成的二次热辐射源。地面运输、装卸、建筑施工等工作，露天工作时间较长。

④ 潜水作业指标。在潜水作业时，水下的压力与下潜的深度成正比，每下沉约10.3m，则增加一个标准大气压（101.3kPa）。水下施工、打捞沉船或海底救护需要潜水作业。

⑤ 潜函作业指标。指在地下水位以下潜函内的作业。如建桥墩时，将潜函逐渐下沉，到一定深度时需要通入等于或大于水下压力的空气，以保证水不至于进入潜函内。

⑥ 光环境指标。光环境包括照明和颜色两方面内容。在生产、工作和学习场所，良好的照明能振奋人的精神，使人保持乐观向上的情绪和高度的生理活力，减少出错率和事故；反之则对人的情绪产生不良影响，加速视觉疲劳，影响工作成绩的同时可能导致生产事故的发生。对于生产环境总的照明度量，常用光通量、光强、照度、亮度和采光率等。

(3) 化学安全环境定量

从职业健康角度看，生产环境中的化学性定量对象主要分为两大类：一是以人为对象的安全定量，二是以物为对象的安全定量。以人为对象主要是人的职业接触限值；以物为对象的包括生产性有毒物质和生产性粉尘。有毒物质，例如铅、汞、一氧化碳、苯等；生产性粉尘，例如矽尘、煤尘、石棉尘、有机粉尘等。

① 职业接触限值（Occupational Exposure Limit，简称OEL）。职业接触限值是职业性有害因素的接触限制量值，指劳动者在职业活动过程中长期反复接触对肌体不引起急性或慢性有害健康影响的容许接触水平。化学因素的职业接触限值可分为时间加权平均容许浓度、最高容许浓度和短时间接触容许浓度三类。

② 有毒物质的定量。石油化工、天然气等行业的生产场所中往往会存在大量的化学物质，这些物质通常具有很强的毒性，危害劳动者的健康甚至生命，如常见的氨气、苯、甲醛等。为了保障劳动者在生产过程中的人身健康与生命安

全，GBZ 2.1—2007《工作场所有害因素职业接触限值化学有害因素》中对各类化学有害因素的运行浓度做出了限定。当两种或两种以上有毒物质共同作用于同一器官、系统或具有相同的毒性作用（如刺激作用等），或已知这些物质可产生相加作用时，则应按下列公式计算结果，进行评价：

$$\frac{C_1}{L_1}+\frac{C_2}{L_2}+\cdots+\frac{C_n}{L_n}=1 \tag{2-23}$$

式中，C_1，C_2，…，C_n为各个物质所测得的浓度；L_1，L_2，…，L_n为各个物质相应的容许浓度限值。以此算出的比值≤1 时，表示未超过接触限值，符合卫生要求；反之，当比值>1 时，表示超过接触限值，不符合卫生要求。

③ 生产性粉尘的定量。生产性粉尘是指在生产过程中形成的，并能长时间飘浮在空气中的固体微粒。其来源非常广泛，如矿山开采、凿岩、爆破、运输、隧道开凿、筑路等；冶金工业中的原材料准备、矿石粉碎、筛分、配料等；机械制造工业中原料破碎、配料、清砂等；耐火材料、玻璃、水泥、陶瓷等工业的原料加工；皮毛、纺织工业的原料处理；化学工业中固体原料加工处理，包装物品等生产过程，甚至宝石首饰加工；由于工艺原因和防、降尘措施不够完善，均可产生大量粉尘，污染生产环境。生产粉尘的主要定量指标有粉尘的分散度、生产性粉尘中游离二氧化硅含量、IDLH 环境浓度（Immediately Dangerous to Life or Health)、非 IDLH 环境指定防护因数（Assigned Protection Factor，简称 APF）等。

2.1.5 管理本质安全的定量

(1) 安全管理本质安全指标

管理本质安全的定量方法一般可对企业的管理指标进行统计分析。

安全生产管理指标体系可划分为预防性指标与事故发生率指标，或称管理本质安全性指标与事故后果性指标，前者是预防性的，后者是事后性的。

创建本质安全型企业需要更多地考虑应用本质安全性指标。按照安全生产保障的“三 E”对策理论，我们将本质安全指标划分为三个方面：安全科学技术指标、安全管理指标、安全文化指标等，如图 2-1 所示。

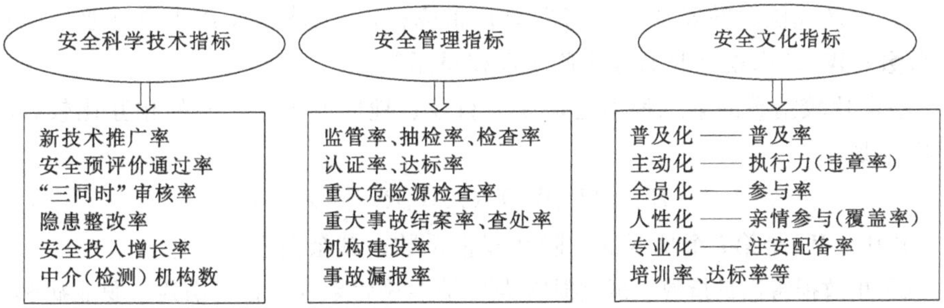

图 2-1 本质安全指标体系

(2) 安全管理综合指数定量方法

安全生产管理指数是在一般指数理论指导下，根据揭示安全生产（事故）特性综合性规律的需要，设计出的反映企业、行业或地方安全生产（事故）状况的一种综合性定量指标。它具有无量纲性、相对性、动态性和综合性的特点，可以对企业、行业或地方政府（一段时期）的安全生产状况进行科学的分析、合理的评价，从而指导安全生产的科学决策。我们定义的安全生产指数（体系）包括三个概念，一是“同比指数”，反映指标的纵向比较特性；二是“综合指数”，反映指标的横向比较特性；三是“事故当量指数”，反映事故伤亡、损失的综合危害特性。“同比指数”在国际和我国的安全生产管理工作中已间接使用到，如我国的事故死亡人数同比增加（或降低）5%等。“综合指数”和“事故当量指数”在我国和国际上都具有创新性，具体定义见数学模型。

“指数”是一种无量纲的相对比较指标，由于具有直观易懂、科学准确、内涵丰富等特点，能够揭示和反映事物的本质和规律。将“指数分析法”应用于经济社会管理活动，已成为当今信息化时代的一个趋势。

安全生产管理指数一般采用“安全生产事故指数”进行分析。它以事故指标（预防指标、发生指标或事故当量）作为分析对象或指数基元，根据分析评价的需要进行指数测算，从而对安全生产的规律进行科学的评估和分析。“安全生产管理指数”的数学模式（定义）有三个：

① Y-指数（同比指数）。Y-指数是纵向比较指数，能反映本企业、本地区自身安全生产（事故）状况的（持续）改善水平。其数学模型是：

$$K_{\mathrm{y}}=(R_1/R_0)\times 100 \tag{2-24}$$

式中，R 是行业安全生产特性指标或综合指标；R_1是当年指标；R_0是参考（比较）指标［前一年指标、基年指标或者近 n 年平均（滑动）指标］。

② X-指数（横比指数）。X-指数是横向比较指数，反映企业、地区、国家的安全生产（事故）状况相对水平。可以对企业、地区或国家之间进行横向比较。

横向比较指数的第一种计算模型是企业、地区或国家之间的两两比较模型：

$$K_{\mathrm{x}}=R_1/R_0(W_0/W_1)\times 100 \tag{2-25}$$

式中，R_1是被比较企业、地区或国家的安全生产（事故）指标；R_0是比较企业、地区或国家的安全生产（事故）指标；W_1是被比较企业的行业危险性权重系数；W_0是比较企业的行业危险性权重系数。

横向比较指数的第二种模型是 n 个行业、地区或国家之间的相互比较，其数学模型是：

$$K_{\mathrm{x}}=(R_0W_0)/(\sum W_iR_i/n)\times 100 \tag{2-26}$$

式中，W_i是第 i 个地区的危险性权重系数；其余同上。

③ 事故损害当量指数。事故损害当量是事故后果（死亡、伤残、职业病和经济损失）综合损害的总体综合度量，用于综合衡量单起事故或一个企业、一个地区发生

事故的综合损害程度，即用事故当量的概念将四种不同的事故损害特征统一起来。

事故损害综合当量指数 K 的数学模型表述为：

$$K=F(f,b,r,l,P,G) \tag{2-27}$$

或
$$K=(f/f_{标}+b/b_{标}+L/L_{标})D_i\times100/n \tag{2-28}$$

或
$$K=[\sum(X_i/X_{i综合})]\times100/n \tag{2-29}$$

或
$$K=[\sum D_i(X_i/X_{i综合})]\times100/n \tag{2-30}$$

或
$$K=[fP/(fP_{综合})+fG/(fG_{综合})]D_i\times100/2 \tag{2-31}$$

式中，f 是死亡率指标；b 是受伤率指标；r 是职业病发病率指标；l 是损失率指标；P 是人员指标；G 是 GDP 指标；D_i 是指标修正系数，可根据经济水平（人均 GDP）、行业结构（从业人员结构比例或产业经济比例）、劳动生产率或完成生产经营计划率等确定；X_i 是考核或评价依据的第 i 项事故指标；$X_{i综合}$ 是考核或评价依据的第 i 项区域或行业平均（背景）事故指标；n 是参与测量事故当量综合指数的指标数。

要解决事故损害综合当量的测算，需要定义事故损害标准当量。事故损害标准当量是事故导致的人年时间损失或人年价值损失。

人年时间损失按周 5 天工作制测算，即一人年工日损失等于 250 人日；人年价值损失按全员劳动生产率、人年工资、人年工作费用三项合计。因此，根据事故危害标准当量定义，得到如下四种损害方式的转换标准。

死亡人员当量测算：一人相当于 20 个事故当量（即 20 人年或 5000 工日损失）；

伤残人员当量测算：按伤残等级的总损失工日数（根据国际常用规范，不同伤残等级的损失工日数按表 2-1 标准计算），以 250 工日为一标准当量；

表 2-1　损失工作日数计算值

级　别	一级	二级	三级	四级	五级	六级	七级	八级	九级	十级
损失工作日数	4500	3600	3000	2500	2000	1500	1000	500	300	100

职业病损害当量测算：与伤残人员的当量换算相仿，根据职业病等级的标准损失工日数换算；

经济损失当量测算：按时代平均净劳动生产率、员工工资水平、工伤年平均费用三项目问题换算。

事故当量指数还可扩展为事故当量同比指数、事故当量综合指数，用于企业、地区事故发生状况的纵向或横向分析评价。

2.2　本质安全的基本原理

2.2.1　本质安全系统学原理

本质安全系统学原理应用系统科学建模理论，揭示了企业实现本质安全的对策体系和方法体系。基于系统科学的霍尔模型，结合安全基本原理和规律，即安全系统要素理论（事故致因）和安全方略与对策理论，可以构建出安全生产的“安全系统工程模型”，如图 2-2 所示。企业本质安全实现的系统工程对策方法可概括为：要素维度的 4M 要素；逻辑维度的 3E 对策；时间维度的 3P 策略。4M 要素揭示了事故致因的 4 个因素：人因（Men）、物因（Machine）、管理（Management）、环境（Medium）；3E 对策给出了预防事故的对策体系：工程技术（Engineering）、文化教育（Education）、制度管理（Enforcement）；3P 策略按照事物（事件、事故）的时间序列指明了安全工作应采取的策略体系：事前预防（Prevention）、事中应急（Pacification）、事后惩戒（Precept）。

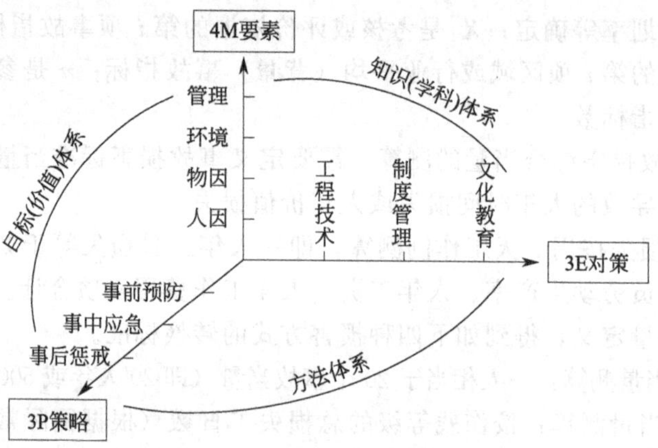

图 2-2　本质安全系统工程模型示意图

基于 4M 要素的 3P 策略构成安全科学技术的本质安全的目标（价值）体系；基于 3P 策略的 3E 对策构成本质安全技术方法体系；基于 4M 要素的 3E 对策构成本质安全的知识（专业）体系。

基于本质安全的系统理论表明，创建本质安全型企业要从事前预防的 4M 要素出发，强化事前预防的 3E 对策，从而强化企业本质安全水平。

2.2.2　本质安全预防控制链理论

在海因里希法则的基础上发展的现代的“事故灯塔法则”（见图 2-3），揭示了实现本质安全的事故预防全要素控制链，如图 2-4 所示（从事故灯塔法则演变得到）。这一理论规律给出了本质安全的预防控制链原理，即企业本质安全的全过程、全要素控制，首要的源头控制因素是危险源、危险点、危险因素、危害因素，第二是事故隐患查治整改，第三是险情和危机控制，第四是事件或事故应急响应。

2.2.3　本质安全事故致因理论

有效控制和遏制事故致因是实现本质安全的一种思路。基于事故致因理论模

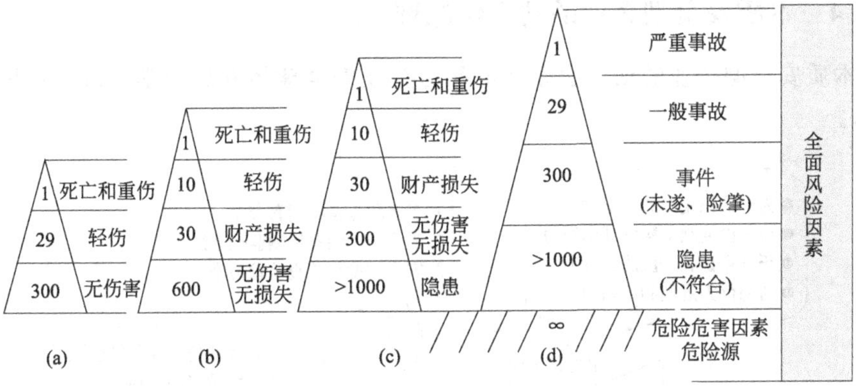

图 2-3　扩展的海因里希法则——“事故灯塔法则”

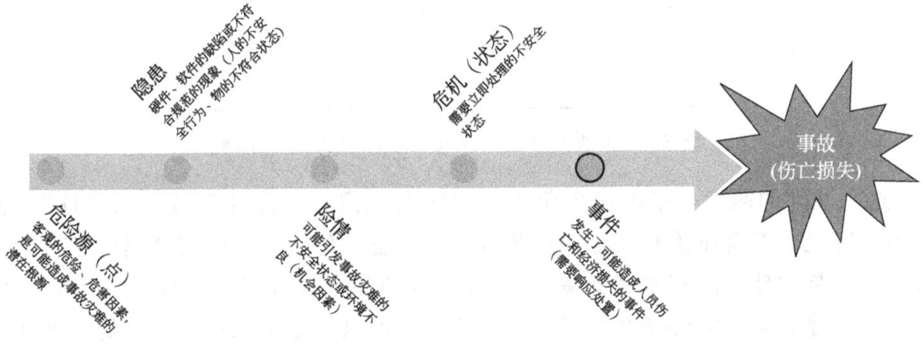

图 2-4　安全生产的全要素逻辑控制链

式，可以得到实现本质安全的事故致因要素模型，如图 2-5 所示。其理论的规律是社会因素决定管理因素，管理因素决定物的状态和人的行为，物的不安全状态与人的不安全行为导致事故伤害发生。因此，本质安全的目标要从社会因素（经济、制度、人文、法律、技术等）入手，从而强化和优化安全生产管理，避免和控制物的不安全状态和人的不安全行为，从而消除和控制事故的起因物和肇事者或责任人，从而根除或控制事故的基础原因、间接原因和直接原因，从而保障系统安全。

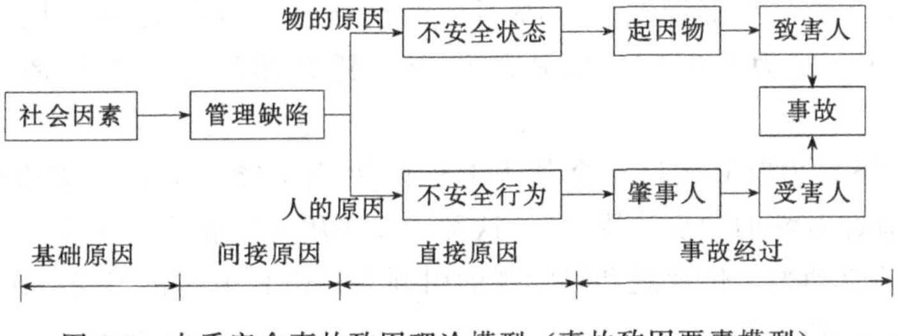

图 2-5　本质安全事故致因理论模型（事故致因要素模型）

2.2.4　本质安全型企业的动力学原理

本质安全型企业的动力学原理也称为企业安全球体斜坡力学原理，如图 2-6 所示。

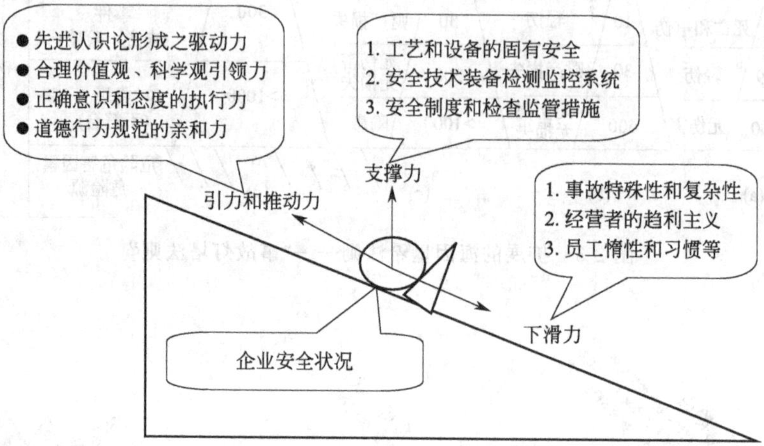

图 2-6　本质安全型企业安全球体斜坡力学原理

这一原理的涵义是组织或企业的安全状态就像一个停在斜坡上的“球”，物的固有安全、安全设施和安全保护装备，以及各单位或组织的安全制度和安全监管措施，是“球”的基本“支撑力”，对安全的保证发挥基本的作用。但是，仅有这一支撑力是不能够使系统安全这个“球”得以稳定和保持在应有的标准和水平上，这是因为在组织或单位的系统中，存在着一种“下滑力”。这种不良的“下滑力”是由于如下原因造成的。

一是事故特殊性和复杂性，如事故的偶然性、突发性，人的不安全行为或安全措施的不到位，不一定会有发生事故，使得人们无意或故意地放弃安全措施，对“系统安全”这个“球”产生不良的下滑作用力；

二是人的趋利主义。稳定安全或提高安全水平需要增加安全成本，反之可以将安全成本变为利润，因此，当安全与发展、安全与速度、安全与生产、安全与经营、安全与效益发生冲突时，人们往往放弃前者；

三是人的惰性和习惯。保障安全费时、费力，增加时间成本，反之，安全“投机取巧”，获得利益。这种不良的惰性和习惯的形成是因为遵守安全规范需要付出气力和时间，而违章可带来暂时的舒适和短期的“利益”等导致。

这种“下滑力”显然是安全基本的保障措施不能克服的。克服这种“下滑力”需要有针对性的“反作用力”，这种“反作用力”就是“文化力”，即正确认识论形成的驱动力、价值观和科学观的引领力、强意识和正态度的执行力、道德行为规范的亲和力等。

2.2.5 本质安全型企业的系统理论

(1) 本质安全型企业创建的系统学基础

本质安全型企业的创建以企业（生产经营单位）为研究载体，企业的安全生产是由项目、任务、作业、岗位、技术、设备等单元组织构成的，因此，我们可以将企业本质安全作为一个安全系统来研究。这样，就有了本质安全型企业创建研究的理论基础——安全系统科学理论。

① 安全系统的概念。安全系统是由人员、物质、环境、信息（管理）等要素构成的，达到特定安全标准和可接受风险度水平的，具有全面、综合安全功能的有机整体。安全系统要素相互联系、相互作用、相互制约，具有线性或非线性的复杂关系。其中，人员涉及生理、心理、行为等自然属性，以及意识、态度、文化等社会属性；物质包括机器、工具、设备、设施等方面；环境包括自然环境、人工环境、人际环境等；信息包含法规、标准、制度、管理等因素。

安全系统要素的内涵见图 2-7，安全系统要素的结构关系见图 2-8。

安全系统通过实现系统的安全、技术的安全、生产过程的安全、工艺和作业的安全、岗位人员的安全来达到企业安全生产之目标。构成安全系统的人、机、环境、信息（管理）要素相互具有的线性或非线性关系，之间组合会形成复杂的子系统关系：人因子系统、机器子系统、环境子系统、人-机子系统、人-境子系统、机-境子系统、人-机-环境子系统。上述 7 个子系统是安全科学研究的基本对象。换言之，本质安全型企业理论要解决 7 个子系统的安全规律、安全特性、安全理论、安全方法措施，以实现系统、技术、企业的安全功能和安全目标。

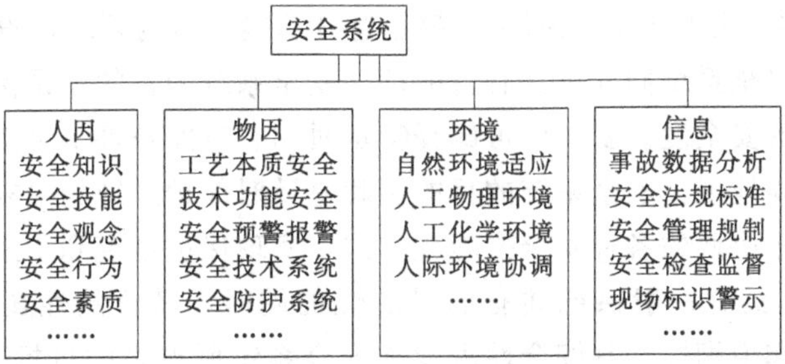

图 2-7 安全系统要素的内涵

② 安全系统的特性。安全系统要素相互影响、相互依存、相互关联、相互作用，它们之间的关系是动态变化的，随着时间和空间的变化而变化，因而安全系统是一个十分复杂的巨系统、复合系统。人们期望了解和掌握安全系统的变化规律和状态现实，因此，首先需要认识如下安全系统的属性。

a. 安全系统的客观性。在人们一般、惯性的思维方式中，客观性一般表现为物质性。安全系统作为一个抽象的系统，其客观性的表现就只能通过把观念性的东西转化为物质性、实体性的东西。概念性的东西是不会自动表现出其物质特性

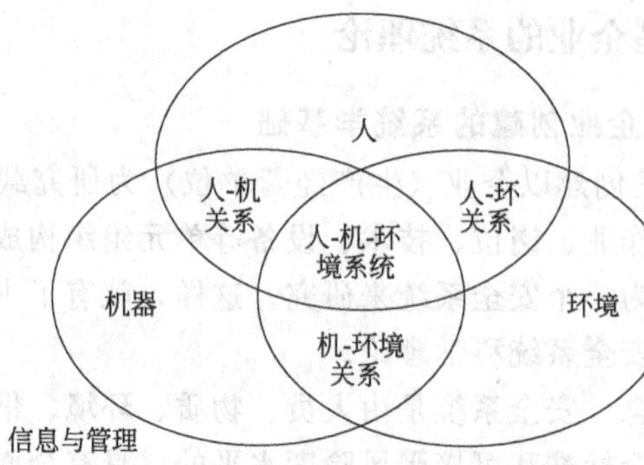

图 2-8　安全系统要素的结构关系

的，只能通过特定的条件，转化为物质的东西，才会表现出其客观性。例如，当消除了一次事故隐患，或者避免了一次事故时，人们才能体会到某些安全技术条件或安全规程存在的必要。这正是安全系统的构成要素。当事故频发的时候，面对这窘迫的现实，人们才体会到安全问题是个系统工程问题，即只有用系统工程的理论和方法才能解决好安全问题。

b. 安全系统的本质性。根据是否具有物理模型，可将系统区分为本征性系统和非本征性系统。本征性系统一般是不具有物理模型的客观抽象的系统，如经济系统、农业系统、生态系统等。从安全系统的定义可以看出，安全系统是本征性系统。对于本征性系统的研究，一般是采用某种观念、某种逻辑思维、某种推导等进行研究的。因此，安全系统的一切研究的出发点就只能以安全这一抽象、相对、综合性的思维进行定义、判断和推演。

c. 安全系统的目的性。任何系统都是有其功能和目的要求，没有目的的系统是不存在的，安全系统同样也具有目的性。安全系统的目的就是保证与系统时空条件下相适应的安全度。安全度可解释特定时间、空间条件下可接受的或满意的安全程度。具体地说，安全系统的目的性就是针对保护系统的要求和标准，通过与之相适应、相协调的各种安全措施或方式，实现保护系统和子系统的安全性。

安全系统在具有一般系统共有的目的性的同时，其目的性还具有独特的性质，即综合性和模糊性。其综合性表现在安全系统所追求的目标是整体的安全，而不是局部的、片面的安全，用一般的安全指标难以反映出系统的整体安全。其模糊性则在于安全系统本身具有动态性和灰色性，动态的安全系统决定其目标必然具有模糊性和变化的特性。

d. 安全系统的环境性。在研究安全系统时，必须指出安全系统所界定的范围。安全系统之所以具有特殊性，就是安全系统把某些特定的环境因素纳入其系统范围之内，即安全系统是由人、机、环境组成的。既然安全系统把环境作为其组成部分，是否可以说，安全系统作为一个系统，就不需要跟外界进行物质、能量、信息的交换？答案是否定的。所谓“外界”，指相对于安全系统的外部环境或相关系统。所以说安全系统仍是处于更广义的“环境”之内，或相邻系统之中，只是“环境”不是安全系统所含的环境，而是出于安全系统之外的环境。安全系统的环境是相对的，随着人类社会的发展，安全系统所研究的环境将越来越大，必然会使安全系统处于一个更大的环境之内。

e. 安全系统的结构性。安全系统能否完成其整体安全的功能，往往取决于安全系统的结构。不同等级的安全系统结构决定其具有的完成整体安全功能的能力。安全系统是个多因素、多层次的复杂系统，其结构性必然表现在安全系统因素和层次的有机组合，从而具有一定的功能水平。

安全系统的功能将随着安全系统结构等级的不同而具有相应的功能水平，结构等级越高，相应的安全功能越强大，系统就越安全，反之则越危险。而且，随着结构的破坏，安全系统将伴随着事故的出现。

可以说，安全系统理论可为实现企业本质安全提供理论、思想、路径和方法体系，为企业本质安全水平最大化提供理论支撑。

③ 安全系统与系统安全的关系。安全系统以安全为主体，系统为客体；系统安全以系统为主体，安全为客体。安全系统的实质是安全技术，系统安全实质是技术安全。安全系统的具化，表现为安全功能（safe function），如安全电气、安全交通、安全化工、安全矿山、安全建筑、安全工程等；系统安全的具化，表现为功能安全（functional safety），如电气安全、交通安全、化工安全、矿山安全、建筑安全、工程安全等。安全科学研究的主体是安全系统，技术科学研究的是系统安全。针对一个技术系统或生产系统，系统安全是目的，安全系统是手段，安全系统与系统安全之间存在必然和复杂的联系，具有互为依存的辩证关系。在一个具体的行业或企业中，安全工程师要解决安全系统问题，技术工程师担当解决系统安全问题，分工合作，共同努力。因此，提出了安全“人人有责”的概念，需要建立全面的“安全责任体系”，共为安全，共享安全。

系统安全要求建立系统安全工程学科，其研究范畴包括：a. 系统安全辨识；b. 系统安全分析；c. 系统安全控制；d. 系统安全评价；e. 系统安全可靠性；f. 系统安全决策和优化；g. 安全信息系统和数据库；h. 安全系统的仿真等。系统安全工程的任务是从全局的观点出发，充分考虑有关制约因素，在系统开发、建设、运营各阶段，运用科学原理、工程技术及有关准则，识别潜在危险及事故发生发展规律；研究安全系统的动态变化和有关因素的依存关系，提出消除、控制危险（包括安全工程设施、管理、教育训练等综合措施）的最佳方案。

安全系统要求建立安全系统工程学科，其任务是运用系统科学的理论和定量与定性的方法，对安全保障系统进行预先分析研究、策划规划、方案设计、制度管理、工程实施等，使各个安全子系统和保障条件综合集成为一个协调的整体，以实现安全系统功能与安全保障体系最优化的工程技术。安全系统工程是安全工程方面应用的系统工程，是安全科学、安全工程技术、现代安全管理、计算机和网络信息等技术密切结合的体现。广泛用于各级政府安全监管、各类组织的公共安全管理、各行业的安全生产管理、各种工矿企业的安全保障体系建设等领域。

(2) 本质安全型企业创建体系结构模型

依据系统工程原理，可构建出本质安全型企业创建的体系模型，如图 2-9 所示。

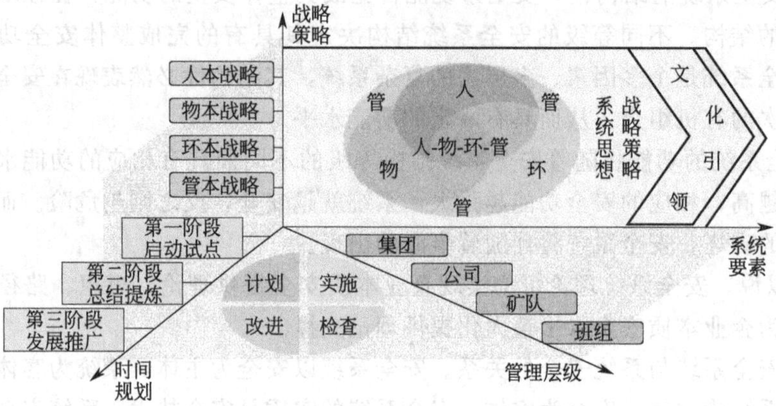

图 2-9　本质安全型企业创建体系模型

图 2-9 模型指出了本质安全型企业创建的思路、要素、战略及动作规划。

创建思想：三大原则——文化引领、战略思维、系统思想；

基本要素：四大战略——人本战略、物本战略、环本战略、管本战略；

推进规划：三个阶段——启动试点阶段、总结提炼阶段、提升发展阶段；

运行模式：四个环节——PDCA 循环运行模式，体现持续改进机制，如图 2-10 所示。

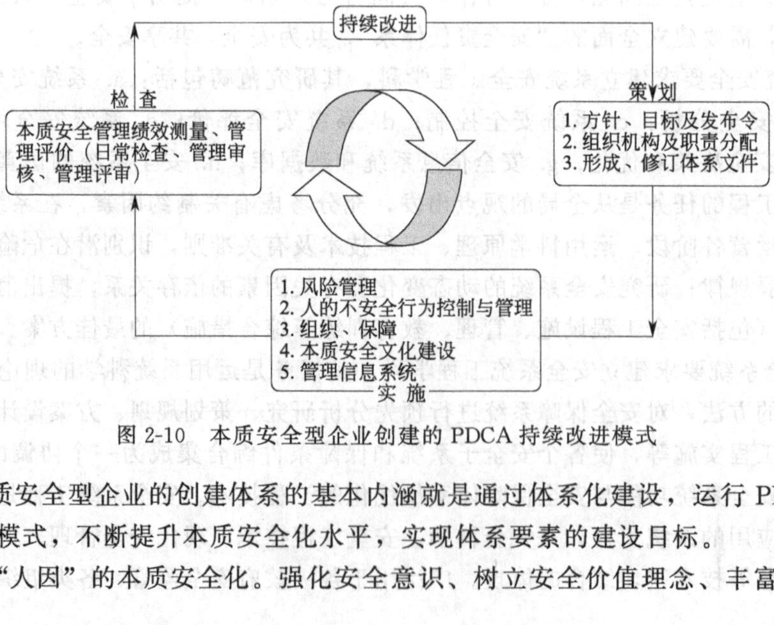

图 2-10　本质安全型企业创建的 PDCA 持续改进模式

本质安全型企业的创建体系的基本内涵就是通过体系化建设，运行 PDCA 持续改进模式，不断提升本质安全化水平，实现体系要素的建设目标。

①“人因”的本质安全化。强化安全意识、树立安全价值理念、丰富安全知

识、提升安全技能，培塑本质型员工，人人都安全人，人人都是安全员；

②“物因”的本质安全化：材料无害化、设备无危化、控制自动化、监测信息化，实现技术系统高水平的固有安全和功能安全；

③“环境”的本质安全化：天然环境有效规控、人工环境合理设控、物化环境科学测控、社会环境合理管控，实现良好安全保障环境和条件；

④“管理”的本质安全化：制度标准系统化、体制机制现代化、组织规划合理化、管理体系科学化、管理过程规范化、工艺作业标准化、监察监督精细化，实现科学、有效的安全监管。

2.3 人本安全的基本理论

2.3.1 人本安全的理论

(1) 人因的重要性

人因在规划、设计阶段，就有可能存在缺陷，从而产生潜在的事故隐患，而在建设、制造和投产运行阶段，人的决策、管理、指挥、操作都可以直接导致事故。研究人的因素，要涉及人的意识、观念、态度、情感、情绪、能力、个性、人际关系等心理学方面的问题，也要涉及年龄、性别、体质、健康状况等生理学问题；既涉及规章制度、规程标准、管理手段、监督方法等是否适合人的特性，也涉及机器对人的适应性以及环境对人的适应性。安全行为科学从社会学、人类学、心理学、行为学来研究人的安全性。不仅将人子系统作为系统固定不变的组成部分，更看到人是自尊自爱，有感情、有思想、有主观能动性的人。

从安全的角度，人的特性的研究主要包括人的生理特性安全适应性、人的安全知识和技能、人的安全观念及素质、人的安全心理及行为，甚至人机关系等方面。

人是本质安全型企业创建的实施者，同时，又与物、环境、管理等要素一起构成本质安全有机整体。相对于技术、环境和管理三个要素，人的本质安全具有先决性、引导性、基础性的地位。

(2) 人因本质安全的路径和方法

本质安全型企业是一个不断趋近的目标，要实现人的本质安全，是一个困难的过程，是一个趋近相对较慢的过程，需要艰苦的努力和扎实的工作来不断推进。

人是本质安全企业建立的执行者，只有通过人的不懈努力才可以建立本质安全企业。同时，它与物质、环境、管理等要素构成了本质安全的有机整体。相对于人的欲、机、环、管四要素，人性、安全有前提、引领和基本的地位。

人的因素是根本，其中八成及以上的事故都是和人的不安全行为密切相关的，由于人的心理上的侥幸、技术的不足、安全意识的缺乏等导致的，但是全部的事故都和管理存在或多或少的关联性。

因此，决定安全的根本因素是人的安全素质。文化是一种强大的力量，努力去改变这种力量是艰难的，但是是非常重要的。人本安全化的重要特征是领导力。

领导力包含以下内容：重视力：就是实实在在地把安全放到与生产相同首要的地位；支持力：就是通过提供人、财、物、技术、信息等资源来保障安全；参与力：就是要有个人的安全行动、带头的人来共享安全的经历；示范力：就是有人来为其他人提供一个良好的带头作用；影响力：通过领导的安全行为给予其他员工的正面的影响。

企业管理层分为3层，应具备以下安全领导力。

① 企业决策层。a. 企业的决策人员给予员工真切并且可行的安全承诺；b. 创建一套完善的从上级到下级都能进行的沟通体系和管理结构；c. 在企业业务决策中考虑到员工的健康安全管理。

② 企业中间管理层。中层管理人员用情真意切、可以操作的方式展现出他们对安全的承诺。

③ 企业基层管理层。a. 重视下属；b. 经常巡视下属工作地点；c. 鼓励下属参与安全事务；d. 与下属有效沟通。

(3) 人因本质安全的测量

人因本质“化”有以下几个特点：①观念文化一致、普遍的认同；②行为文化高度、自觉的践行；③管理文化合理、有效的运行。

全员参与“化”的测量有以下几个方面。

- 普及化：普及率，即新理论、新知识、新技术的全员普及率；
- 自律化：执行力，即安全责任、安全法规标准的执行力；
- 全员化：参与率，即安全监察监督的全员参与率、安全文化活动的全员参与率；
- 多样化：创新力，即非强制性安全活动、安全管控的措施比率；
- 人性化：亲情率，即动员亲情参与安全文化、安全监管的比率。

人的本质安全化方式：把安全牢记在心中，把安全化作行动，制订出可行的体制，通过落实来提高企业的安全。

质量是保障人的人身安全、心理安全、质量安全和所需的技能与知识。它具有十分丰富的含义，包括和安全法规意识有关的概念和对安全法规的理解、了解、在安全生产中的技术水平、整个知识的体系、心理适应能力和道德约束行为的能力。

在上述质量的含义中，位于首要地位的是从业人员对于安全的意识和对法规的理解、了解。其中，人的安全素质分为两个体系论，生理体系（性别、年龄、体能等）和心理体系（知识、智能、意识、情商、情感等）。之后，人的安全素质又可分为两个层次论，一是人的最基础安全素质，二是人的根本安全素质。

提高安全素质的手段：监督管理：落实责任的制度、进行检查、给予应得的激励、处罚等；教育手段：开展课堂听课、面对面授予安全知识的教学等；培训手段：给予员工相对应的对于安全的练习、观摩等；科普活动：现场教育并演示等；宣传手段：开展一些和安全知识有关的活动、竞赛等；文化建设：重新塑造观念、创新出新的理念、把培训作为一种习惯、塑造人格、加强安全意识、端正不良态度等。

人的行为激励理论：权变理论：事故的发生有人的因素，也包括设备、环境等的安全因素；双因素理论：企业有了基础、规范的管理后，还要有科学的管理和文化的管理；期望理论：要考虑期望概率，也要考虑目标效价；强化理论：强化人们心中对于安全生产的行为，减少或者消除人们心中对于安全生产的消极行为；公平理论：只有公平地对待操作者，才可以尽可能地减少安全生产事故；人性假说理论：人既是“经济人”也是“社会人”，对安全的需求不同。

总之，我们需要找到一种约束与激励相结合的模式来提高人的本质安全化水平。

2.3.2 “人本”安全原理

“人本”就是以人的因素为本。社会和组织的各种活动过程中，必须把人的因素放在首位，体现以人为本的指导思想，依靠人、为了人。

“一切依靠人”：在安全系统中，既有技术、设施设备、操作规章等因素，还需要组织机构、规章制度、监督检查等措施，但这些都是需要人去实施、运作和推动的。因此，归根结底，一切都要依靠人的行动来实现。

“一切为了人”：人既是管理的主体（管理者），又是管理的客体（被管理者），每个人都处在特定的管理层次上，离开人的需要就没有管理的目的。

落实“人本”原理有以下措施。

① 培养本质安全型员工。提高和强化人的本质安全素质，从观念到意识，从意识到知识，从知识到能力，如图 2-11 所示。

② 安全心理的调适与干预。应用事故心理学、安全行为学管控员工。

③ 提高领导力水平。提高企业负责人和各级管理人员的安全领导决策和专业管理能力。

④ 全员参与。通过安全文化建设，实现人人都是“安全人”，人人都是“安全员”。

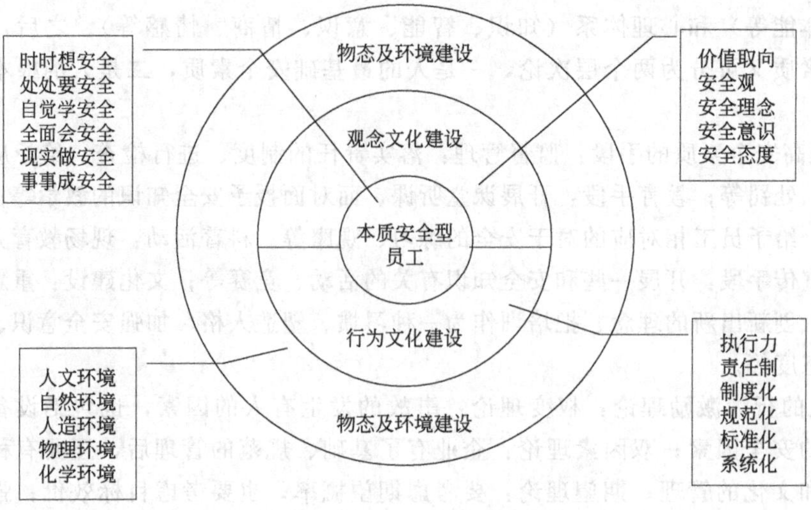

图 2-11 “人本”安全原理——本质安全型员工培塑模型

2.3.3 人因失误理论

人因失误（Human Error）是指人的行为结果偏离了规定的目标，超出了可接受的界限，并产生不良的影响。这类事故理论都有一个基本的观点，即人因失误会导致事故，而人因失误的发生是由于人对外界刺激（信息）的反应失误造成的。

(1) 威格里斯沃思模型

威格里斯沃思在 1972 年提出，人因失误构成了所有类型事故的基础。他把人因失误定义为“(人) 错误地或不适当地响应一个外界刺激”。他认为，在生产操作过程中，各种各样的信息不断地作用于操作者的感官，给操作者以“刺激”。若操作者能对刺激作出正确的响应，事故就不会发生；反之，如果错误或不恰当地响应了一个刺激（人因失误），就有可能出现危险。危险是否会带来伤害事故，则取决于一些随机因素。

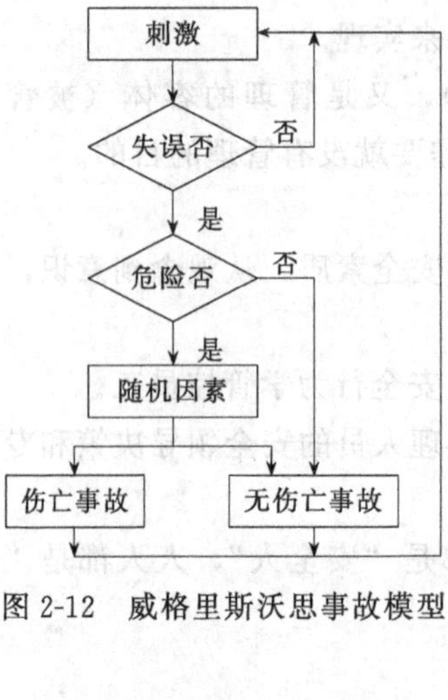

图 2-12 威格里斯沃思事故模型

威格里斯沃思的事故模型可以用图 2-12 中的流程关系来表示。该模型反映出了人因失误导致事故的一般模型。

(2) 瑟利模型

瑟利把事故的发生过程分为危险出现和危险释放两个阶段，这两个阶段各自包括一组类似人的信息处理过程，即知觉、认识和行为响应过程。在危险出现阶段，如果人的信息处理的每个环节都正确，危险就能被消除或得到控制；反之，只要任何一个环节出现问题，就会使操作者直接面临危险。在危险释放阶段，如果人的信息处理过程的各个环节都是正确的，则虽然面临着已经显现出来的危险，但仍然可以避免危险释放出来，不会带来伤害或损害；反之，只要任何一个环节出错，危险就会转化成伤害或损害。瑟利模型见图 2-13。

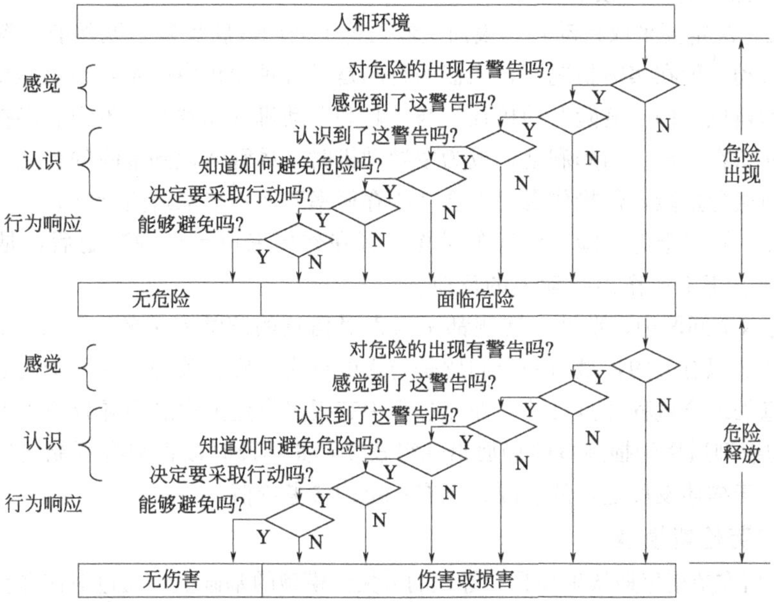

图 2-13　瑟利模型

由图 2-13 可以看出，两个阶段具有相类似的信息处理过程，每个过程均可被分解成 6 个方面的问题。

第一，对危险的出现有警告吗？这里警告的意思是指工作环境中是否存在安全运行状态和危险状态之间可被感觉到的差异。如果危险没有带来可被感知的差异，则会使人直接面临该危险。在生产实际中，危险即使存在，也并不一定直接显现出来。这一问题给我们的启示，就是要让不明显的危险状态充分显示出来，这往往要采用一定的技术手段和方法来实现。

第二，感觉到了这警告吗？这个问题有两个方面的含义：一是人的感觉能力如何，如果人的感觉能力差，或者注意力在别处，那么即使有足够明显的警告信号，也可能未被察觉；二是环境对警告信号的“干扰”如何，如果干扰严重，则可能妨碍对危险信息的察觉和接受。根据这个问题得到的启示是：感觉能力存在个体差异，提高感觉能力要依靠经验和训练，同时，训练也可以提高操作者抗干扰的能力；在干扰严重的场合，要采用能避开干扰的警告方式（如在噪声大的场所使用光信号或与噪声频率差别较大的声信号）或加大警告信号的强度。

第三，认识到了这警告吗？这个问题问的是操作者在感觉到警告之后，是否理解了警告所包含的意义，即操作者将警告信息与自己头脑中已有的知识进行对比，从而识别出危险的存在。

第四，知道如何避免危险吗？问的是操作者是否具备避免危险的行为响应的知识和技能。为了使这种知识和技能变得完善和系统化，从而更有利于采取正确的行动，操作者应该接受相应的训练。

第五，决定要采取行动吗？表面上看，这个问题毋庸置疑，既然有危险，当然要采取行动。但在实际情况下，人们的行动是受各种动机中的主导动机驱使的，采取行动回避风险的“避险”动机往往与“趋利”动机（如省时、省力、多挣钱、享乐等）交织在一起。当趋利动机成为主导动机时，尽管认识到危险的存在，并且也知道如何避免危险，但操作者仍然会“心存侥幸”而不采取避险行动。

最后，能够避免危险吗？问的是操作者在作出采取行动的决定后，是否能迅速、敏捷、正确地作出行动上的反应。

上述六个问题中，前两个问题都是与人对信息的感觉有关的，第 3～5 个问题是与人的认识有关的，最后一个问题是与人的行为响应有关的。这 6 个问题涵盖了人的信息处理全过程并且反映了在此过程中有很多发生失误进而导致事故的机会。

瑟利模型适用于描述危险局面出现得较慢，如不及时改正则有可能发生事故的情况。对于描述发展迅速的事故，也有一定的参考价值。

(3) 劳伦斯模型

劳伦斯在威格里斯沃思和瑟利等人的人失误模型的基础上，通过对南非金矿中发生的事故的研究，于 1974 年提出了针对金矿企业以人失误为主因的事故模型，见图 2-14，该模型对一般矿山企业和其他企业中比较复杂的事故情况也普遍适用。

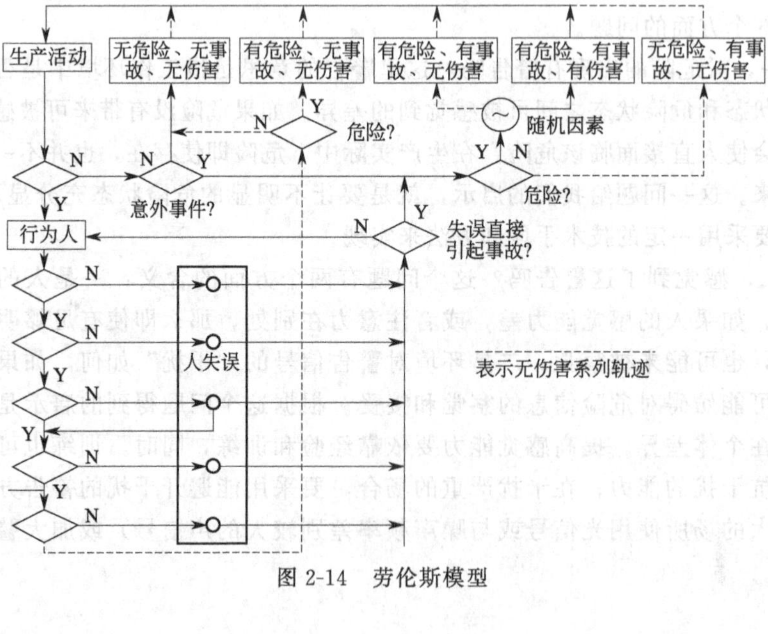

图 2-14　劳伦斯模型

在生产过程中，当危险出现时，往往会产生某种形式的信息，向人们发出警告，如突然出现或不断扩大的裂缝、异常的声响、刺激性的烟气等。这种警告信息叫做初期警告。初期警告还包括各种安全监测设施发出的报警信号。如果没有初期警告就发生了事故，则往往是由于缺乏有效的监测手段，或者是管理人员事先没有提醒人们存在着危险因素。行为人在不知道危险存在的情况下发生的事故，属于管理失误造成的。

劳伦斯模型适用于类似矿山生产的多人作业生产方式。在这种生产方式下，危险主要来自于自然环境，而人的控制能力相对有限，在许多情况下，人们唯一的对策是迅速撤离危险区域。因此，为了避免发生伤害事故，人们必须及时发现、正确评估危险，并采取恰当的行动。

2.4 物本安全的基本理论

2.4.1 “物本”安全特点及模式

(1)“物本”安全的概念及标准

“物本”安全也称设备的本质安全或技术系统的本质安全。

本质安全设备具有高度的可靠性和安全性，消除或减少伤亡事故，减少设备故障，从而提高设备的利用率，保障安全生产。本质安全化正是建立在以物为中心的事故预防技术的理念上，它强调先进技术手段和物质条件在保障安全生产中的重要作用。

所谓“技术系统”，是指根据一定的工艺过程，由多个设备组成的系统。技术系统的本质是本质安全或技术系统。在操作失误或误用的情况下，可自动保证财产的安全。

技术系统本质安全化有三大原则，系统安全性原则（系统安全性是指企业拥有的设备设施、工具与物质均应达到本质安全状态），系统可靠性原则（企业设备设施、工具和材料的系统可靠性评估，动态测试和静态协调相结合），系统整体性原则（指企业设备系统作为一个整体了解起点，整顿系统子系统的管理体系，掌握整体情况）。

(2)“物本”安全的类型及特点

“本安”设备模型分为两类，一类是“失误-安全”功能，主要是指即使操作者失误，也不会产生什么事故或伤害，或设备、技术本身必须自动防止不安全行为的功能。第二类是“故障-安全”功能，主要是指在运行的时候，设备或者生产线的某一处发生了阻碍或者毁坏的时候，也可以在短期内进行正常的工作或者自动使这种不安全的状态变成安全的状态。

本质安全设备有三个特点："稳定"就是指本质安全设备的性能安全、稳定运行；"可靠"是指设备本身的安全风险自控能力，具有自身安全、可靠性；"免疫"意味着安全设备有效预防和避免外部输入系统产生破坏的能力。

设备生命周期管理模式分为四步：第一步，设计，制造；第二步，安装，调试；第三步，使用，操作；第四步，维修，报废。

设备本质安全需要具备双重安全模式实现技术系统的最终安全。这两种安全模式一是应用安全功能装置，二是采用安全防护装置。

安全功能装置就是一种控制、避免危险性，实现预防事故的技术性装置；

安全保护装置就是在不能预防事故的前提下，采用保护性措施，减少和消除可能伤害。

安全保护性装置表面上不能发挥预防性作用，但能够发挥保护性作用，防范最终可能的伤害，同样达到了安全的目的。安全防护装置采用壳、罩、门、封闭式装置等作为物体障碍，把操作人员和存在的危险阻隔开，使操作人员处于安全的状态。它是设备本质安全最直接的体现形式之一。

确保设备安全的原则是建立和实施采取预防措施的预防原则，利用设防层，使现代机械产品的安全质量从生产安全体系中脱颖而出，达到新的水平的技术，系统工程的观点和方法、从人力、物力和管理三者之间的关系来解决机械系统的安全问题。

企业的任务是确保设备安全，首先要充分考虑到作业人员的安全。在设计阶段，由设计师根据机械产品的目的、风险识别和风险评估，考虑到机械的各种限制，使用最小风险的措施，根据具体情况和环境绩效机械产品的使用用户并考虑额外措施。

(3)"物本"安全模式及原理

本质安全最原始的概念就是针对技术系统提出，即"物本安全"。物或技术的本质安全基本模式包括以下方面。

一是失误-安全（Fool-Proof）。指操作者即使操作失误，也能安全，不会导致事故发生。如技术系统的闭锁、容错等功能。

二是故障-安全（Fail-Safe）。指设备、设施或技术工艺发生故障或损坏时，还能暂时维持正常运行或工作，系统能够自动转变为安全状态。如技术系统自检、联动等功能。

但物本的理想境界是从技术的根源上对系统中存在的危险因素进行消除、减少或替代等本质的功能安全。概括起来，技术的本质安全主要包括四个基本原理：最小化原理，替化原理，缓和原理，简化原理。

最小化原理：减少危险物质的存储量，不使用或使用最少量的危险物质；在必须使用危险物质的情况下，应尽可能减小危险物质的数量。

替代原理：用安全的或危险性小的物质或工艺，替代或置换危险的物质或工艺。

缓和原理：采用危险物质的最小危害形态或最小危险的工艺条件；在进行危险作业时，采用相对更加安全的工艺条件，或者用相对更加安全的方式。

简化原理：通过设计，简化操作，减少使用安全防护装置，以减少人为失误的机会。

从对危险进行消除或减小的角度讲，本质安全的这四项基本原理，按照最小化、替代、缓和、简化的顺序呈现出依次减弱的趋势。

2.4.2 技术系统能量转移理论

事故能量转移理论是美国的安全专家哈登（Haddon）于1966年提出的一种事故控制论理论。其理论的立论依据是对事故的本质定义，即哈登把事故的本质定义为事故是系统能量的不正常转移。这样，研究事故的控制的理论则从事故的能量作用类型出发，即研究机械能（动能、势能）、电能、化学能、热能、声能、辐射能的转移规律；研究能量转移作用的规律，即从能级的控制技术，研究能转移的时间和空间规律；预防事故的本质是能量控制，可通过对系统能量的消除、限值、疏导、屏蔽、隔离、转移、距离控制、时间控制、局部弱化、局部强化、系统闭锁等技术措施来控制能量的不正常转移。

(1) 能量在事故致因中的地位

能量在人类的生产、生活中是不可缺少的，人类利用各种形式的能量做功以实现预定的目的。生产、生活中利用能量的例子随处可见，如机械设备在能量的驱动下运转，把原料加工成产品；热能把水煮沸等。人类在利用能量的时候必须采取措施控制能量，使能量按照人们的意图产生、转换和做功。从能量在系统中流动的角度，应该控制能量按照人们规定的能量流通渠道流动。如果发生由于某种原因失去了对能量的控制，就会发生能量违背人的意愿的意外释放或逸出，使进行中的活动中止而发生事故。如果发生事故时意外释放的能量作用于人体，并且能量的作用超过人体的承受能力，则将造成人员伤害；如果意外释放的能量作用于设备、建筑物、物体等，并且能量的作用超过它们的抵抗能力，则将造成设备、建筑物、物体的损坏。生产、生活活动中经常遇到各种形式的能量，如机械能、热能、电能、化学能、电离及非电离辐射、声能、生物能等，它们的意外释放都可能造成伤害或损坏。

麦克法兰特（McFartand）在解释事故造成的人身伤害或财物损坏的机理时说："所有的伤害事故（或损坏事故）都是因为：①接触了超过机体组织（或结构）抵抗力的某种形式的过量的能量；②有机体与周围环境的正常能量交换受到了干扰（如窒息、淹溺等）。因而，各种形式的能量构成伤害的直接原因。"

人体自身也是个能量系统。人的新陈代谢过程是个吸收、转换、消耗能量，与外界进行能量交换的过程；人进行生产、生活活动时消耗能量，当人体与外界的能量交换受到干扰时，即人体不能进行正常的新陈代谢时，人员将受到伤害，甚至死亡。

事故发生时，在意外释放的能量作用下人体（或结构）能否受到伤害（或损坏），以及伤害（或损坏）的严重程度如何，取决于作用于人体（或结构）的能量的大小、能量的集中程度、人体（或结构）接触能量的部位、能量作用的时间和频率等。显然，作用于人体的能量越大、越集中，造成的伤害越严重；人的头部或心脏受到过量的能量作用时会有生命危险；能量作用的时间越长，造成的伤害越严重。

美国运输部安全局局长哈登引申了吉布林提出的观点——“人受伤害的原因只能是某种能量的转移”，并提出了“根据有关能量对伤亡事故加以分类的方法”。第一类伤害是由于施加了超过局部或全身性损伤阈限的能量引起的；第二类伤害是由于影响了局部或全身性能量交换引起的。

(2) 应用能量转移理论预防伤害

Haddon 认为，在一定条件下某种形式的能量能否产生伤害，造成人员伤亡事故，应取决于人接触能量的大小、接触时间和频率、力的集中程度和屏障设置的早晚。

防护能量逆流于人体的典型系统可大致分为十二个类型。

① 限制能量的系统：如限制能量的速度和大小，规定极限量和使用低压测量仪表等等。

② 用较安全的能源代替危险性大的能源：如用水力采煤代替爆破；应用 CO_2 灭火剂代替 CCl_4 等等。

③ 防止能量蓄积：如控制爆炸性气体 CH_4 的浓度；应用低高度的位能；应用尖状工具（防止钝器积聚热能）等；控制能量增加的限度。

④ 控制能量释放：如在贮放能源和实验时，采用保护性容器（如耐压氧气缶、盛装放射性同位素的专用容器），生活区远离污染源等等。

⑤ 延缓能量释放：如采用安全阀、逸出阀，以及应用某些器件吸收振动等。

⑥ 开辟释放能量的渠道：如接地电线，抽放煤体中的瓦斯等等。

⑦ 在能源上设置屏障：如防冲击波的消波室，除尘过滤或氡子体的滤清器、消声器，以及原子辐射防护屏等等。

⑧ 在人、物与能源之间设屏障：如防火罩、防火门、密闭门、防水闸墙等。

⑨ 在人与物之间设屏蔽：如安全帽、安全鞋和手套、口罩等个体防护用具等。

⑩ 提高防护标准：如采用双重绝缘工具、低电压回路、连续监测和远距离遥控等等；增强对伤害的抵抗能力（人的选拔，采用耐高温、高寒、高强度材料）。

⑪ 改善效果及防止损失扩大：如改变工艺流程，变不安全为安全流程，搞好急救。

⑫ 修复或恢复：治疗、矫正以减轻伤害程度或恢复原有功能。

从系统安全观点研究能量转移的角度看，一定量的能量集中于一点要比它大面铺开所造成的伤害程度更大。我们可以通过延长能量释放时间，或使能量在大面积内消散的方法以降低其危害的程度。对于需要保护的人和财产，应用距离防护远离释放能量的地点，以此来控制由于能量转移而造成的伤亡事故。

2.4.3 “物本”安全的方法论

“物本”也就是技术系统的本质安全。技术系统讲求全生命周期的本质安全，其中最关键的是设计和制造阶段的本质安全。

(1) 本质安全技术系统的设计

本质安全技术系统需要遵循以下三个设计原则。

- 安全存在原理：零件和零件之间在规定载荷内安全。
- 有限损坏原理：功能被破坏或受到干扰时，破坏次要部件。
- 冗余配置原理：重复的备用系统。

(2) 本质安全技术系统风险最小化措施

本质安全的系统固有危险最小化方法，见表 2-2 所示。

表 2-2　本质安全最小化的方法

对于机械性危险	挤压危险：减少运动件的最大距离
	剪切危险：消除运动件的间隙
	切割危险：消除运动件的尖角、锐边，减少粗糙度等
	缠绕危险：降低运动速度，凸出物被覆盖等
	冲击危险：限制往复运动的速度、加速度、距离等
	摩擦磨损危险：尽量使用光滑的表面等
对于非机械性危险	电的危险：减少电击、短路、过载、静电
	热危险：降低相对速度、冷却、防止高温流体喷射
	噪声危险：提高配合精度，减少振动
	振动危险：加强平衡、减振
	辐射危险：尽量少用、严格密封等
	材料或物质产生的危险：少用易燃、有害等物质，密封，隔离

技术使用过程的本质安全风险控制有以下五个步骤。

① 确定范围与边界：明确公司设备安全管理的重点区域，形成设备重点管理清单。

② 危险识别：对清单中的设备存在的危险进行系统识别。

③ 风险评估：运用系统的风险评估工具，对设备的风险程度进行评价。

④ 确定风险控制措施：根据风险评估，采取控制措施。

⑤ 实施与效果评估：通过实施拟定的控制措施，然后对效果进行再评估，最后确认残留风险是否可以接受。

(3) “物本”安全的一般性技术方法

实现事故超前预防型的技术本质安全，有如下技术措施：消除、取代、工程控制、标识、警告和（或）管理控制、个体防护等。实现设备本质安全有以下主要方法。

① 消除潜在危险的方法。利用新技术成果消除人体的危险因素和运行环境是一个积极和渐进的措施，从而最大限度地实现安全的目的。

② 实施替代的方法。利用替代的方法，把不可燃的材料或改进的先进设备替换之前的可燃材料，以此清楚设备的潜在危险。如果上述无法实现，那么还可以使用机器的一切替代品进行相应的操作，来摆脱对人体的危害。

③ 利用互锁。利用机械或电气的联锁，自动防止故障，确保安全的目的。比如电器控制中同一个电机的“开”和“关”两个点动按钮应实现互锁控制，即按下其中一个按钮时，另一个按钮必须自动断开电路，这样可以有效防止两个按钮同时通电造成机械故障或人身伤害事故。

④ 设置防护屏障。可以设置屏障来阻隔对人身体存在危害或者危险的因素。这种方法是将人和危险阻隔开，使人不处于危险中，危害或者危险的因素对人无法构成威胁，最终的目的是保护人身安全。

⑤ 增加防护距离。当有害或危险因素的危害随距离减弱时，身体快速摆脱有害或危险因素，以提高安全性的程度。

⑥ 利用警告或警示信息。可以使用声音、光线、颜色、标志等手段将设备目标的技术信息设置为达到人身和设备安全的目的。

⑦ 时间防护。该方法是让人尽可能地少在有害、危险因素下进行作业，来尽可能地缩短时间。如果这个时间可以降低到安全范围内，则可以大大降低对人体的危险因素。

⑧ 个体保护。个人保护意味着根据不同的生产环境条件，员工配备相应的劳动保护用品，以达到对脚部和头部、眼睛和脸部、听觉和呼吸的保护。

(4) 人机系统的本质安全方法

人机系统是最常见的生产技术系统。机器因素包括机械、设备、工具、能量、材料等。从安全的角度，机器因素的安全主要从五个环节提供安全技术，即机器的本质安全（狭义）、功能安全、失效与可靠性、报警预警功能、异常自检功能等的实现，同时考虑人的心理学、生理学因素对设备的设计提出要求。人和机器通过人机接口发生联系，人通过自己的运动器官来操作机器的控制机构，通过感觉器官来获取机器显示装置的各种信息，因此，我们必须考虑人和机器的双向作用。一方面，要考虑不同技术系统的特点对人提出来的要求；另一方面，在机器的设计中要考虑人的心理和生理因素，保证操作的简便性，信息反馈的及时性，误操作报警的可靠性等等。

人机系统的本质是要研究静态人-机关系、动态人-机关系和信息技术在人-机关系中的应用等三个方面。静态人-机关系研究主要有作业域的布局与设计；动态人-机关系研究主要有人、机功能分配研究（人、机功能比较研究，人、机功能分配方法研究，人工智能研究）和人-机界面研究（显示和控制技术研究，人-机界面设计及评价技术研究）。

在企业中，物的本质安全主要是指设备的本质安全。设备的本质安全是指人的操作失误或设备出现故障时，能自动发现并自动消除危险，能确保人身和设备的安全。

本质安全的设备具有高度的可靠性和安全性，可以杜绝或减少伤亡事故，减少设备故障，从而提高设备利用率，实现安全生产。

在企业生产的过程中，经常会对设备进行设计、制作、安装、改造与维修，在其实施的过程中，要注意以下几点，如图 2-15 所示。

1.	本质安全
2.	失效安全
3.	定位安全
4.	机器布置
5.	机器安全装置

①	采用本质安全技术，在预定的条件下执行机械的预定功能，满足机械自身的安全要求，如避免锐边，尖角和凸出部分
②	限制机械力，并保证足够的安全系数
③	用以制造机械的材料、燃料和加工材料在使用期间不得危及人员的安全和健康
④	履行安全人机工程学的原则，提高机械设备的操作性和可靠性，使操作者的体力消耗和心理压力降到最低，从而减少操作差错
⑤	设计控制系统的安全措施，如重新启动原则、零部件的可靠性、定向失效模式、关键件的自动监控等

图 2-15　设备安全的实施环节

2.5　环本安全的基本理论

2.5.1　环本安全的方法论

(1) 环境的概念及分类

基于系统本质安全的概念，环境是指生产、生活实践活动中占有的空间及其范围内的一切物质状态。

环境包括空间环境、时间环境、物理化学环境、自然环境和作业现场环境等。环境可从不同的角度进行分类。

第一，环境分为固定环境和流动环境两种类别。固定环境是指生产实践活动所占有的固定空间及其范围内的一切物质状态；流动环境是指流动性的生产活动所占有的变动空间及其范围内的一切物质状态。

第二，环境分为自然环境和人工环境，自然环境包括气象、自然光、气温、气压、风流等因素；人工环境包括工作现场、岗位、设备、物流等。

第三，环境还可划分为物理环境和化学环境，物理环境包括气温、气压、湿度、光环境、声环境、辐射、卡他度、负离子等；化学环境包括氧气、粉尘、有害气体等因素。

(2）环境本质安全化的概念

实现环境的本质安全，首先要符合各种相关的安全法律法规、规章制度和标准。环境本质安全化需要从如下角度考虑。

① 空间环境的本质安全。应保证企业的生产空间、平面布置和各种安全卫生设施、道路等都符合国家有关法律法规和标准。

② 时间环境的本质安全。必须做到按照设备使用说明和设备定期评价报告，来决定设备的修理和更新。同时，必须遵守劳动法，使人员在体力能承受的法定工作时间内从事工作。

③ 物理化学环境本质安全。以国家标准作为依据，对采光、通风、温湿度、噪声、粉尘及有毒有害物质采取有效措施，加以控制，以保护劳动者的健康和安全。

④ 自然环境本质安全。提高装置的抗灾防灾能力，搞好事故和灾害的应急预防对策的组织落实。

(3）空间环境本质安全的方法

实现空间环境的基本安全，首先要确保在生产空间布局很合理，生产空间的卫生设施安全并且都符合相关规定；要想实现环境本质安全，就必须遵守安全设备说明书上对于操作流程的规定、注意事项等；要对设备进行定期试验并生成报告，以确定设备的维修和更新。物理环境的实现，即要保证工作地点的温度、湿度、风等条件。保持在合理水平；自然环境的实现，要保证严格按照国家有关规定执行，确保工作环境适于现场工作。从管理入手，维护现场秩序，保持工作区域的通风，空气流通，随时保持工作效率，避免懒惰午睡现象发生，管理者应起到监督管理的作用。

同时，必须遵守安全生产法，使人员能够承受上班的法定工作时间；实现物理、化学环境是必不可少的安全，就有必要严格遵循国家的标准，把保护操作者的健康生命安全放在第一位；实现自然环境是安全的本质，提高装置对抗自然灾害的能力，完善应急的措施。

在设计阶段进行空间本质安全化是最佳的技术方案。作业空间按其安全程度可以分为安全空间、潜在危险空间和危险空间。在设计上，作业空间都应该是安全空间，但如果设计错误或使用不当，安全空间也能变成危险空间。潜在危险空间是指作业空间内存在着潜在危险。危区是指不许人进入的极危险区域。

① 作业空间设计的一般要求

a. 首先应根据生产任务和人的作业要求，总体考虑生产现场的适当布局，避免在某个局部空间区域，把机器、设备、工具、人员等安排得过于密集，造成空间负荷过大。

b. 作业空间设计要着眼于人，落实于设备。即从人的认知特点和活动特性出发，对有关的作业对象进行合理布置，减轻操作者的心理负荷和体力负荷。

c. 在考虑人体因素进行作业空间设计时，人体尺寸、关节运动幅度、肢体可及范围、视觉所及范围、人体用力范围的适应区域要保证至少有 90%的操作者达到兼容性要求。

d. 作业空间周围如有危险源（如高压电）及危险区（转动的大型设备等），应加护网、栏等设施加以隔绝，以防接触危险源或跌入危险区。

e. 作业空间附近如有弹射出物体、溅射液体的可能性时，应设栏板、拦网加以防护。

② 潜在危险作业空间的设计

a. 矿井下的安全作业空间。井下作业处于岩石和矿石包围的封闭空间，具有下列特点并提出相应要求：改善井下照明条件——井下必须采用人工照明；通风空调；防止顶板冒落伤人；井下富裕空间在经济上，有时在技术上都较难实现。

b. 高处（高空）作业空间。习惯上把作业场所高出地面 2m 以上的称为高处作业。高空作业泛指 10m 以上的高度。为保证高处作业安全，应注意以下几点：作业场所应有可靠的承重作业平台；高处作业必须有安全带防护；高处作业的职业选择，对有身体缺陷的人不能从事高处作业，特别是高空作业，如晕眩症、癫痫病、肥胖症、耳聋、听觉和平衡觉不健全及心动过速者；高处作业的空间设计要达到合理、可靠、保险等要求。

③ 起重机下作业空间。在工厂中起重机发生的事故居于首位，设计时要注意：起重机下方是移动的作业场所，非作业人员不得进入，事故多为吊装作业者；另一类属于动态突发事故。吊装失当造成钢绳断裂，吊物下落伤人，或吊物倾倒、滑落、钢绳弹出打人或勒人。所以，在作业时应根据可能发生的问题，设计出起重装置作业的安全作业空间及意外预防空间，以防不测。

④ 设备危区的防护。人体触及正在运转的设备（包括带电设备、高温设备及高温材料、半成品等），必然造成伤害。安全防护的最好方法是把作业者的作业空间用挡板、围栏、隔网和危区分隔开，对不能遮拦的危险源，则留出安全距离。本书引用德国 DIN 3100 试行标准的数据，可供参考。

(4) 天然环境本质安全的方法

天然或自然环境是事故发生的重要影响因素，特别是流动性及野外性的生产活动，如交通、建筑、矿山、地质勘探等行业。环境因素以如下模式与事故发生关系：自然环境不良→人的心理受不良刺激→扰乱人的行动→产生不安全行为→引发事故；人工环境不良，即物的设置不当→影响人的操作→扰乱人的行动→产生不安全行为→引发事故。

自然的环境因素对本质具有显著的影响。环境本质安全的一个重要方面就是把作业环境因素和人的作业活动与特点作为一个整体加以研究。研究作业环境的注意内容应当包括：a. 环境知觉，即人对环境知觉的特征及其影响因素；b. 环境诸因素对人体的影响；c. 人对环境的适应，包括感受阈限和耐受阈限；d. 环境设计，即在上述三个方面研究的基础上，设计有益于提高人的作业绩效和保障人体安全健康的最佳环境。

作业区的温度环境是决定人的作业效能的重要影响因素。人所处的温度环境主要包括空气的温度、湿度、气流速度（风速）和热辐射等四种物理因素，一般又称微小气候。在作业过程中，不适当的气候条件会直接影响人的工作情绪、疲劳程度与健康，从而使工作效率降低，造成工作失误和事故。

高温和低温环境对作业过程的本质安全具有重要的影响。例如，要保证高温环境的作业安全，就必然按表 2-3 的要求标准组织劳动生产。

表 2-3　高温作业劳动时间标准限值　　单位：min

温度/℃	轻劳动		中等劳动		重劳动	
	允许一次连续接触热时间	必要休息时间	允许一次连续接触热时间	必要休息时间	允许一次连续接触热时间	必要休息时间
30～32	80	15	70	30	60	30
30～34	70	30	60	30	50	30
30～36	60	30	50	30	40	30
30～38	50	30	40	30	30	30
30～40	40	30	30	30	20	30
30～42	30	30	20	30	15	45
30～44	20	30	15	30	10	45

(5) 物理环境本质安全的方法

物理环境因素还影响机器子系统的寿命、精度，甚至损坏机器，也影响人的心理、生理状态，诱发误操作。物理环境最基本的形式就是人机环境。人-环关系的研究主要包括环境因素对人的影响，人对环境的安全识别性，个体防护措施等方面。

通过对人机系统的安全评价实现其本质安全是最基本的方法。人机系统的安全评价是指对人机系统的系统价值或有效的综合评价。评价人机工程的指标很多，如表 2-4 所示。这些指标之间，有些是正相关的，有些是负相关的，因而，不可能设计出满足所有评价指标的系统，应视人机系统要完成某项任务的预定目的，对评价指标的主次地位做出权衡，确定评价基准。但在评价系统价值或有效度时，不可能缺少表 2-4 中的评价指标。

表 2-4 典型的系统评价指标项目

指标	指标	指标	指标	指标
重要性	可控制性	可移动性	冗余度	简单性
适合性	辨别性	操作性	可靠性	稳定性
有效性	灵活性	可携带性	可检修性	适配性
能力	互换性	实用性	可逆性	支持性
兼容性	清晰度	可达性	安全性	可训练性
复杂性	可维修性	可读性	相似性	可运行性

2.5.2 建立人-机-环境本安系统

人-机-环境具有非线性的关系，三个子系统之间相互影响、相互作用的结果就使系统总体的安全性处于复杂的状态。例如，物理因素影响机器的寿命、精度甚至损坏机器；机器产生的噪声、振动、湿度主要影响人和环境；而人的心理状态、生理状态往往是引起误操作的主观原因；环境的社会因素又影响人的心理状态，给安全带来潜在的危险。

人-机-环境系统工程的研究对象是人-机-环境系统，在这个系统中，人本身是个复杂系统，机（计算机或其他机器）也是个复杂系统，再加上各种不同的或恶劣的环境影响，便构成了人-机-环境这个复杂系统。面对如此庞大的系统，如何判断它已经实现了最优组合？人-机-环境系统工程认为，任何一个人-机-环境系统都必须满足“安全”的基本准则，其次才考虑“高效、经济”因素。

所谓“安全”，是指在系统中不出现人体的生理危害或伤害。很显然，在人-机-环境系统中，作为主体工作的人可以说是最灵活的，他能根据不同任务要求来完成各种作业。然而，他在系统中也是最脆弱的，尤其在各种特殊环境下，矛盾更为突出。因此，在考虑系统总体性能时，把“安全”放在第一位是理所当然的。这也是人-机-环境系统与其他工程系统存在的显著差异之处。

为了确保安全，不仅要研究产生不安全的因素，并采取预防措施，而且要探索不安全的潜在危险，力争把事故消灭在萌芽状态。当然，在设计和建立任何一个人-机-环境系统时，为了确保“安全”和“高效”性能的实现，往往都希望尽量采用最先进技术。但在这样做的同时，就必须充分考虑为此而付出的代价。

德国库尔曼教授在《安全科学导论》（Introduction to Safety Science）中，将人-机-环境系统又分为三级：局部人-机-环境系统；区域人-机-环境系统；全球人-机-环境系统，如图 2-16 所示。

局部人-机-环境系统的特点是在家庭、交通和产业中，人和技术装备直接接触。在局部范围内，安全科学的研究对象是单个的人-机-环境系统。危害控制的局部手段包括由政府机构实施的许可证程序，以及法律规定的有关装备的技术要求和安全措施。从技术装备的危害来看，局部范围对应于个别装备的风险级，并用风险场来描述局部人-机-环境系统中的事故可能源于局部环境或外部环境的干扰影响，也可能源于人的操作不当，或机器的设计、制造、安装上的缺陷，以及

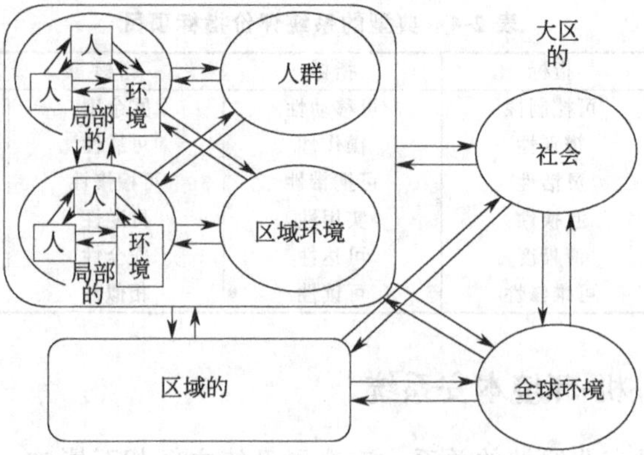

图 2-16　全球人-机-环境系统

人机关系不协调。

区域人-机-环境系统的特点在于社区和社会的基础结构，区域环境状况和气候条件等。在区域范围内，安全科学的研究对象是已有的或处于规划阶段的技术装备的结构，以及技术装备对各个子系统的影响。技术危害的区域控制手段主要包括技术应用及发展的城市与地区规划，从技术装备的危害来看，区域范围对应于用风险普查来说明风险叠加。在很大程度上，区域的危险度取决于该区域内各个人-机-环境系统影响因素的总和，其中包括影响总体健康状况的位于工作场所的健康灾害源；在较大范围内，由于技术装备的可能事变而存在风险；还包括大气污染、噪声传播以及排入环境中的废物和污水。

全球人-机-环境系统的特点是考虑各个区域系统的安全状况及其相互影响。在世界范围内，安全科学要涉及一个国家所倡导或已应用的任何技术、目前的技术工艺水平、人机学状况、工作场所的安全以及环境保护等问题。危害控制的措施主要是在世界范围内对某些技术的促进或抑制。就技术装备的危害而言，全球范围对应于某些技术导致的风险等级的统计分布。

根据对环境的危及和损害，区域与局部系统状态决定了社会总的损害程度，大区范围反过来又影响区域与局部人-机-环境系统的实际结构。由于经济和技术的国际合作，同时，还因为危及环境的物质通过空气、水和食物扩散时并未在国界上停止，人们也可以从全球范围来讨论。人类由于其固有的智慧，能够干预人-机-环境系统，并塑造它的结构，从而在整个三级范围内降低技术导致的危险。

2.5.3　强基治本构建“三基”体系

党的“十八大”报告明确提出“强化安全生产基础”的要求。什么是安全生产的基础？如何强化安全生产基础？首先，基于对各行业生产安全事故的分析，问题表明政府监管的基本能力不强、基础建设不实、基层监管不力，以及生产经营单位人员基本素质偏低、安全基础保障欠缺、班组基层责任不实等，这是普遍的致因和现象；其次，依据科学发展、长效机制、本质安全的战略目标导向，以及安全生产“二元主体”的理论导向，我们可设计出基于政府和企业“二元主体”的安全生产“三基”建设体系，即以政府“三基”和企业“三基”为建设内容的安全生产“三基六要素”体系，如图 2-17 所示。这将成为落实“强化安全生产基础”的基本方法和重要模式举措。

安全生产“三基”体系建设是一项安全生产工作的系统工程。通过安全生产“三基”体系创建工作的运行和实施，首先，政府各级监督管理部门和各行业企业要充分认识“三基”工作的重要性和必要性；其次，各级政府和企业切实要把加强“三基”工作作为改善安全生产保障水平的重要举措；第三，政府和企业的安全生产决策层、管理层和执行层，都要有立足当前、着眼长远，不断加强安全生产“三基”建设工作，夯实安全生产支撑体系和保障的能力。

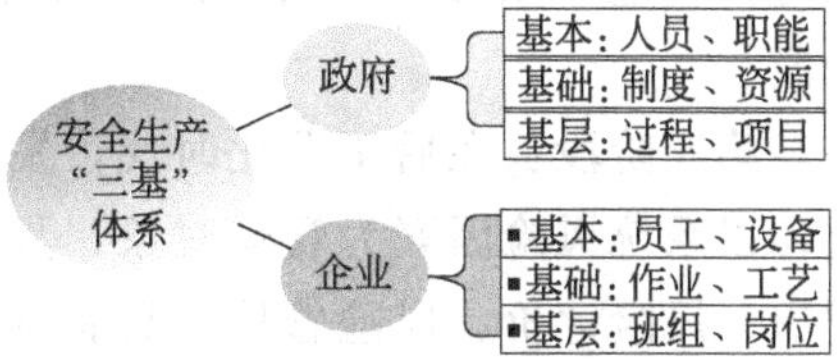

图 2-17　安全生产“三基”体系
——政府和企业“三基六要素”

安全生产“三基”建设要运用分步推进、不断优化、持续提升的运行模式，为最终实现全社会、各行业安全生产的本质安全目标服务，如图 2-18 所示。

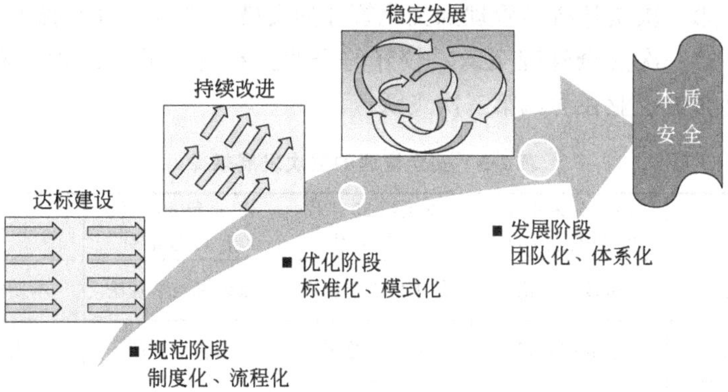

图 2-18　安全生产“三基”体系建设模式

近年，国内一些行业探索的“本质安全型矿山”和“本质安全型企业”的创建工作，以“三基”体系作为重要的建设内容将发挥积极的功能和作用。

2.6　管本安全的基本理论

2.6.1　安全管理理论的发展

人类的安全管理理论经历了四个发展阶段，如表 2-5 所示。

第一阶段：在人类工业发展初期，发展了事故学理论，建立在事故致因分析理论、事故模型规律基础上，以事故、事件为管理对象，推行经验型的安全管理方式，这一阶段常常被称为传统的安全管理阶段。

第二阶段：在工业化中期时代，发展了技术危险学理论，建立在技术系统危险性分析理论基础上，以缺陷、隐患、不符合为管理对象，具有超前预防型的管理特征，这一阶段提出了规范化、标准化管理，常常被称为科学管理的初级阶段。

第三阶段：在后工业化时代，发展了风险学理论，建立在风险控制理论基础上，以系统风险因素为管理对象，具有系统化管理的特征，这一阶段提出的风险辨识、风险评价、风险管控，具有定量性、分级分类管控的特点，应用了预测、预警、预控的方法技术，是安全生产科学管理的高级阶段。

第四阶段：进入信息化时代，本质安全学理论得以发展。随着人类现代工业信息化的发展和未来高技术的不断涌现，需要发展基于安全原理、以本质安全为目标、推进“强科技”的物本安全与“兴文化”的人本安全相结合的管控体系，实现安全管理更为科学、合理、有效的理想境界。

可以说，在不同层次安全管理科学理论的指导下，企业和政府安全生产管理经历了三次大的飞跃，第一次是从经验管理到制度管理，第二次是从制度管理到科学管理，第三次是从科学管理到文化管理的突破和飞跃。目前我国的多数企业已经完成了第一次安全管理飞跃，较好的企业正在进行着第二次飞跃的探索实践，少数优秀的企业在尝试第三次飞跃。

表 2-5　安全管理的层次发展规律

年代	19 世纪末期至 20 世纪上半叶	20 世纪 50 年代 至 70 年代	20 世纪 80 年代 至 21 世纪初	跨世纪以来
管理理论	事故学理论	技术危险学理论	系统风险学理论	本质安全学理论
管理模式	经验型管理	制度型管理	系统型管理	人本型管理
管理特点	人治	法制	全治	文治
管理手段	随机控制	外部控制	系统控制	自我规控
管理方式	师傅型	指挥型	能动型	育才型
管理重心	事后	事前、事中	事前、事中、事后	事前
激励方法	外部激励为主	内部激励为主	系统激励	主动激励
管理对象	事(故)	人、机	人、机、环、管	观念、意识、 人-机-环
管理理念	问题导向	政策导向 规范导向	规律导向 理论导向	理论导向 目标导向

2.6.2 安全管理技术的发展

安全管理是安全科学技术的重要组成部分，管理也有技术，是软技术。安全管理的技术通过安全管理模式或安全管理机制来呈现。安全管理机制也就是安全管理的程式和方式。安全管理的模式科学、机制合理，是保证安全管理效能和事故防范有效的重要基础和前提。

随着安全科学的发展，安全管理的模式和机制也在不断进步与发展。20 世纪 80 年代以来，世界范围内的工业安全管理模式的进步表现出如下方面：变结果管理为过程管理；变经验管理为科学管理（变事后型为预防型）；变制度管理为系统管理；变静态管理为动态管理；变纵向单因素管理为横向综合管理；变管理的对象为管理的动力；变成本管理为价值管理；变效率管理为效益管理。现代安全管理技术的进步和发展反映出如下特点。

- 安全管理理论：事故致因理论→风险管理理论、安全系统原理；
- 安全管理方式：静态的经验型管理→动态全过程预防型管理；
- 安全管理对象：事故单一对象管理→全面风险要素（隐患、危险源、危害因素）管理；
- 安全管理目标：老三零的结果性指标（零死亡、零伤害、零污染等）→新三零预防性指标（零风险、零隐患、零三违等）；
- 安全管理系统：事故问责体系→OHSMS、HSE 管理体系、企业安全生产标准化科学体系；
- 安全管理技巧手段：单一行政手段→法制、经济、科学、文化等综合对策手段；技术制胜→文化兴安。

由此，依从安全管理的发展脉络，安全管理模式的进步经历了四个层次：一是迫于教训的经验型安全管理；二是依据法规的制度化安全管理；三是基于系统理论的科学化安全管理；四是人本物本协调机制的本质型安全管理，如表 2-6 所示。

表 2-6 基于安全管理理论发展的安全管理技术进步

发展阶段	理论基础	管理模式	核心技术	技术特征
低级阶段	事故理论	经验型	凭经验	感性，生理本能
初级阶段	危险理论	制度型	用法制	责任制、规范化、标准化
中级阶段	风险理论	系统型	靠科学	理性，系统化、科学化
高级阶段	安全原理	本质型	兴文化	文化力，人本与物本协调

模式是反映事物要素及其关系的科学方法，是揭示事物规律的重要方法论。安全管理模式可揭示安全管理要素及其关系，通过安全管理模式可以掌握安全管理规律和关键技术，能够指导科学、合理、有效地运行、实施安全管理活动，提高安全管理效能。

企业或社会组织掌握 4 个层次安全管理模式的关键技术，对提升安全管理的能力和水平具有现实的意义。基于系统科学的建模理论，可归纳出如下四种安全管理模式及其关键技术要素。

• 经验型安全管理模式。经验型安全管理模式也叫事故型管理模式，是一种被动的管理模式，其以事故为管理对象，在事故或灾难发生后采取亡羊补牢式的措施，以避免同类事故再发生的一种管理技术方法。这种模式遵循如下关键技术步骤，如图 2-19 所示：事故发生→现场调查→分析原因→找出主要原因→理出整改措施→实施整改→效果评价和反馈。这种管理模型的特点是经验型，缺点是事后整改，成本高，不符合预防的原则。

• 制度型安全管理模式。制度型安全管理模式是以不符合（制度、规范或标准）或称缺陷（或隐患）为对象的管理模式，也称缺陷型管理模式，是一种主动超前的管理模式。其作用是在事故发生前针对不符合项或隐患、缺陷进行超前管控，从而避免事故发生。这种模式遵循如下关键技术步骤，如图 2-20 所示：查找不符合项隐患→分析成因→探寻关键问题→提出整改方案→实施改进→效果评价。这种模式具有超前管理、预防型、标本兼治的特点，缺点是系统全面有限、静态方式、实时性差、从上而下，缺乏现场参与、无合理分级分类、缺乏情景动态风险控制等。

• 系统型安全管理模式。系统型安全管理模式基于系统科学理论，以全过程、全生命周期的风险因素为管控对象，应用系统分析理论和风险分级方法，运行全面系统、超前预防、分级管控的“预测、预警、预控”管理机制，实现风险最小化和风险可接受的合理、有效的安全管理目标。系统型管理模式的关键技术步骤如图 2-21 所示：全面风险辨识→风险评价分级→确定风险防范方案→风险实时预报→风险适时预警→风险及时预控→风险消除或削减→风险控制在可接受水平。这种模式的特点是管理对象的全面系统、动态实时的过程、现场主动参与、科学合理的分级、有效预警预控，其缺点是专业化程度较高、应用难度大，需要不断深化和改进。

• 本质型安全管理模式。本质型安全管理模式也称为预防型管理模式，是一种主动、积极地预防事故或灾难发生的管理方式。本质型安全管理模式以本质安全目标为管理对象，其关键的技术步骤是提出安全目标→分析存在的问题→找出主要问题→制订实施方案→落实方案→评价及目标优化→新的本质安全目标，见图 2-22 所示。本质型安全管理模式的特点是全面性、预防性、系统性、科学性的综合策略，缺点是成本高、技术性强，还处于探索阶段。

2.6.3 安全管理方法体系发展和完善

安全管理方法是为了实现既定的安全管理目标而采取的各种管理措施、活动、技术、方式、程序、手段的总称。安全管理方法可应用于政府安监部门的安全管理活动，以及企业生产经营过程的安全管理，对安全保障和事故防范发挥重要的作用。

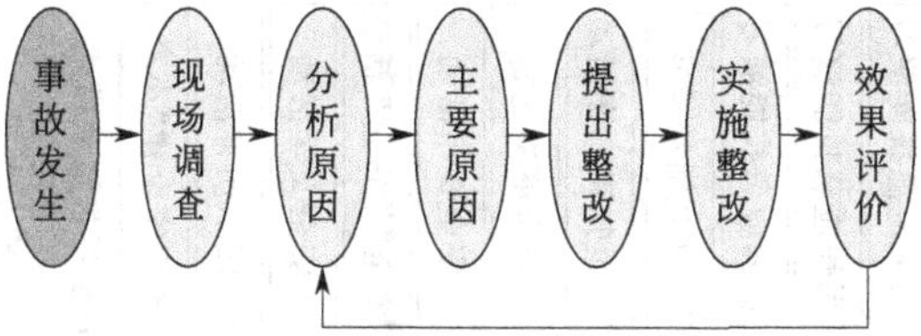

图 2-19　经验型安全管理模式

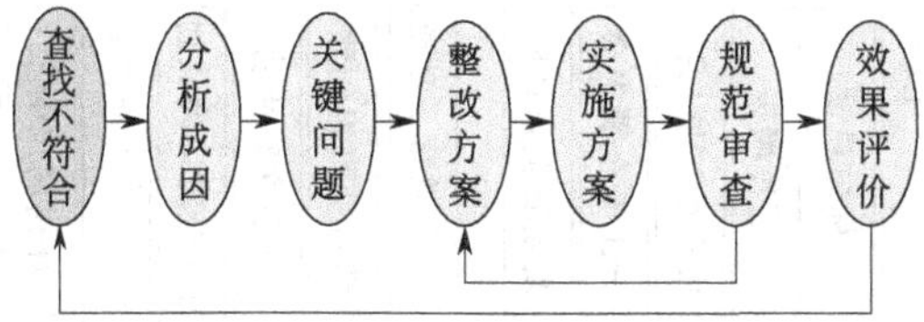

图 2-20　制度型安全管理模式

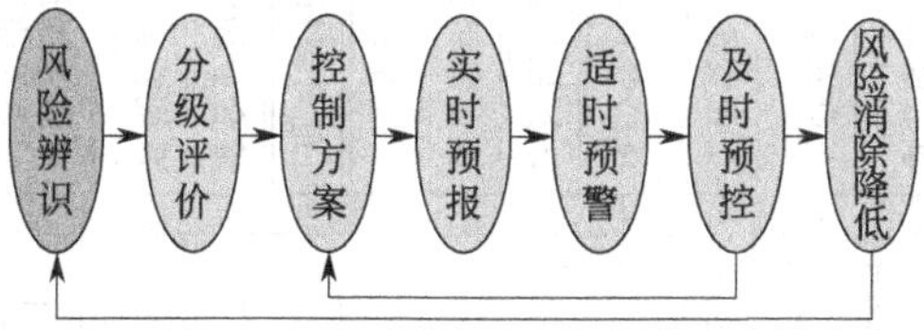

图 2-21　系统型安全管理模式

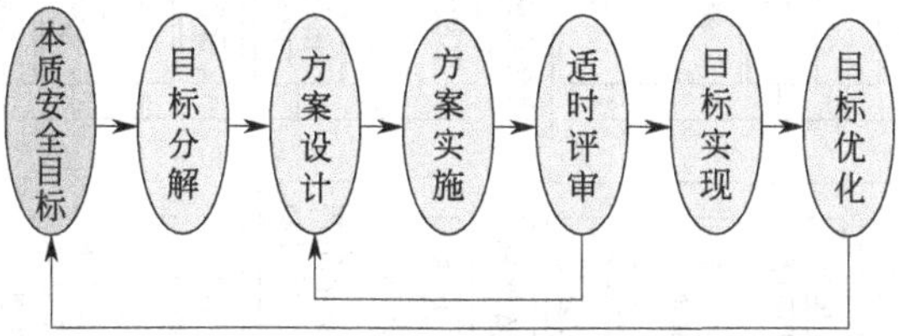

图 2-22　本质型安全管理模式

安全管理方法从管理的对象划分，可分为对单位组织的管理法、对个人行为的管理法、对项目的管理法、对时间阶段的管理法等；从管理功能角度划分，可分为监察类管理法、监督类管理法、检查类管理法等；从系统学的角度，安全管理方法可划分为宏观与微观、局部与全面、定性与定量、综合与具体等各种管理方法。

在安全生产管理实践中，一般从管理功能原理的维度，将安全管理方法体系划分为政治、行政、法制、经济、科学、文化管理方法等六个方面，如图 2-23 所示。

安全管理的进步和提升是一个永恒的过程。在相当一段时期内，安全管理的方法将向着法制管理、科学管理、文化管理的趋势发展和完善。

图 2-23 安全管理的方法体系

第3章　人因的本质安全化

3.1　人本安全的重要性

3.1.1　“人本”安全与“物本”安全的关系

任何系统仅仅依靠技术来实现全面的本质安全是不可能的，俗话说“没有最安全的技术，只有最安全的行为”。科学的本质安全概念，是全面的安全、系统的安全、综合的安全、根本的安全。任何系统既需要物（技术、设备、工具等）的本质安全，更需要人的本质安全，“人本”与“物本”的结合，才能构建全面本质安全的系统。

“物本”是安全的硬实力，“人本”是安全的“软实力”，“软实力”具有硬道理，“物本”靠科技，“人本”靠文化。根据安全科学“3E对策”理论的研究，如图3-1所示，安全文化——安全“软实力”具有基础性的作用，安全文化是安全科技和安全监管的变量，即安全科技、安全监管和安全文化具有非线性的关系，安全文化对安全科学和安全监管功能和作用产生显著影响。

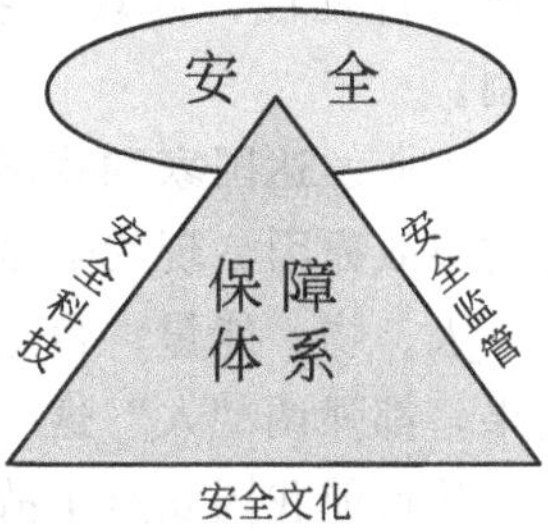

图3-1　安全科学“3E对策”的“三角”原理关系图

针对生产安全和公共安全普遍应用的特种设备安全系统的分析研究，得到的研究结论是：安全科技对安全的贡献率大约为58%，安全管理对安全的贡献率为27%，安全文化对安全的贡献率约为15%，表明“安全软实力”（文化和监管）的安全贡献率接近一半。显然，对于不同行业或地区处于不同的发展阶段、拥有不同的发展背景基础，安全对策3E要素的贡献或作用是不一样的，比如，劳动密集型的建筑行业，安全文化的贡献率就相对要大一些。但可以肯定的是，目前在我国多数地区和行业企业，应有的安全管理和安全文化软实力的贡献和作用还处于缺乏不足的状态，还有发展和提升的空间。

3.1.2　人因的重要性

安全的本质是反映人、物以及人与物的关系，并使其实现协调运转。安全是事物遵循客观规律运动的表现形式、状态，是人按客观规律要求办事的结果；事故、灾害则是事物异常运动（隐患）经过量变积累而发生质变的表现形式，是人违背客观规律或不掌握客观规律而受到的惩罚、付出的代价。人们通过改变、防止事物异常运动的努力可以控制、预防事故或灾害的发生，使事物按客观规律运动，可以保证安全。然而，由于人类对危险的认识与控制受到许多社会、自然或自身条件的限制，安全是一个相对的概念，其内涵和标准随着人类社会发展而变化，不同的时代，人类面临的安全问题是不一样的，安全的内涵不断地演变。

而安全生产是以人为本的体现。以人为本，就是“每个人”都作为“本”的主体，就是要把保障人民生命安全、维护广大人民群众的根本利益作为事故应急处置工作的出发点和落脚点，只有保证人的安全，才能从根本上实现公共安全。人民群众是构建社会主义和谐社会的根本力量，也是和谐社会的真正主人。安全生产是市场经济持续、稳定、快速、健康发展的根本保证，也是维护社会稳定的重要前提，是社会主义发展生产力的最根本的要求。“以人为本”是和谐社会的基本要义，是我们党的根本宗旨和执政理念的集中体现，是科学发展观的核心，也是和谐社会建设的主线，而安全就是人的全面发展的一个重要方面。

人本安全理念的内涵就是把对“物”的管理转向对“人”的管理，将“利用人”工具理性与“为了人”价值理性相互结合，从而实现企业员工由安全管理的对象向安全管理的主体的转变，激活企业的整体工作力，发挥每个员工搞好安全工作的自觉性，实现自我保安，主动保安，从而构建起企业安全管理的长效机制。

工业发达国家和我国安全生产实践的研究均已证明，人的不安全行为是最主要的事故原因。现代安全原理也揭示出人、机、环境、管理是事故系统的四大要素；人、物、能量、信息是安全系统的四大因素。无论是理论分析还是实践研究结果，都强调“人”这一要素在安全生产和事故预防中的重要性。

从目前我国安全事故发生的原因来看，绝大多数都与人为因素有关。管理不善、人员素质低下是事故发生的根本原因，从业人员安全素质与履行工作职责之间的矛盾是引发我国各类安全事故的主要原因之一。我国安全事故多，与不重视人、不尊重人、不了解人的心理行为特点有着非常大的关系。而不重视人的因素的安全管理，就不会达到预期的效果。

人的不安全行为是指能引发事故的人的行为差错。在人机系统中，人的操作或行为超越或违反系统所允许的范围时就会发生人的行为差错。这种行为可以是有意识的行为，也可能是无意识的行为，表现的形式多种多样。虽然有意的不安全行为是一种由人的思想占主导地位、明知故犯的行为，但依然存在主观和客观两方面的原因。从主观上讲，操作者的心理因素占据了重要位置。侥幸心理，急功近利心理，急于完成任务而冒险的心理，都容易忽略安全的重要性，目的仅仅是为了达到某种不适当的需求，如图省力、赶时间、走捷径等。抱着这些心理的人为了获得小的利益而甘愿冒着受到伤害的风险，是由于对危险发生的可能性估计不当，心存侥幸，在避免风险和获得利益之间做出了错误的选择。非理性从众心理，如明知违章但因为看到其他人违章没有造成事故或没有受罚而放纵自己的行为。过于自负、逞强，认为自己可以依靠较高的个人能力避免风险。在客观上说，管理的松懈和规章制度的操作性差给人的不安全行为的发生创造了条件。

从人的角度看，要绝对安全也是不可能的。人在生产活动中最活跃，最富有创造性、即主观能动性。发挥人的主观能动性很多事故是可以消除在萌芽状态。企业生产活动的主体是人，人的不安全行为是许多事故发生的根本因素。

人的不安全行为是指能引发事故的人的行为差错。在人机系统中，人的操作或行为超越或违反系统所允许的范围时就会发生人的行为差错。这种行为可以是有意识的行为，也可能是无意识的行为，表现的形式多种多样。虽然有意的不安全行为是一种由人的思想占主导地位、明知故犯的行为，但依然存在主观和客观两方面的原因。从主观上讲，操作者的心理因素占据了重要位置。侥幸心理，急功近利心理，急于完成任务而冒险的心理，都容易忽略安全的重要性，目的仅仅是为了达到某种不适当的需求，如图省力、赶时间、走捷径等。抱着这些心理的人为了获得小的利益而甘愿冒着受到伤害的风险，是由于对危险发生的可能性估计不当，心存侥幸，在避免风险和获得利益之间做出了错误的选择。非理性从众心理，明知违章但因为看到其他人违章没有造成事故或没有受罚而放纵自己的行为。过于自负、逞强，认为自己可以依靠较高的个人能力避免风险。在客观上说，管理的松懈和规章制度的操作性差给人的不安全行为的发生创造了条件。

人类文化的力量是非常强大的，它根深蒂固于所有人的思想中，它在无形之中控制着人的思维方式、工作方式。安全文化是安全价值观和安全行为准则的总和。安全行为准则是安全文化的表层结构，表现为安全制度、作业指导书等文件化的材料；安全价值观是安全文化的核心结构，是人们对安全的共识，对各项安全行为准则发自内心地认可并自主自愿地执行。忽视这种力量是无知的，而改变这种力量也是非常不容易的。这就要求我们从人的角度出发，这也体现了人本安全的重要性。

在安全管理中，没有一支高素质的职工队伍，安全管理只是纸上谈兵，无法落到实处。那么，提高员工的素质就是企业长远的、具有战略意义的工作。提高员工的素质不外乎教育与培训。教育是为了提高员工的思想素质，即工作的责任心。认真负责，踏实肯干的态度，一丝不苟，勤奋学习，勇于攻克生产过程中难题的精神，达到这个目的不是一朝一夕的问题，需要长期不断地在企业安全文化精神的指导下，逐渐地使员工向这个方向迈进。

“人”是企业中最重要的资源，是生产力中最活跃的因素，所以，把人的因素放在第一位。处理好人与人之间的关系，企业各项目标的实现要依靠全体人员的干劲和智慧等等，这些需要一个管理者从思想上重视起来。首先，要抓好人的思想，这就是以人为本的管理思想的主要内容，用真心帮助职工，用真爱温暖职工，用真情感化职工，提高企业的凝聚力和战斗力。其次，加强人的安全思想，坚定不移地树立“以人为本、安全第一”的思想，是建立安全长效机制的前提和基础，也是尊重员工基本生存权的具体体现。要始终坚持以人为本的原则，以实现人的价值、保护人的生命安全与健康为宗旨。

3.2 人的本质安全规律

3.2.1 人为事故的规律

在生产实践活动中，人既是促进生产发展的决定因素，又是生产中安全与事故的决定因素。我们已清楚地揭示了人方面是事故要素，另外是安全因素。人的安全行为能保证安全生产，人的异常行为会导致生产事故。因此，要想有效预防、控制事故的发生，必须做好人的预防性安全管理，强化和提高人的安全行为，改变和抑制人的异常行为，使之达到安全生产的客观要求，以此超前预防、控制事故的发生。表 3-1 揭示了人为事故的基本规律。

表 3-1 人为事故规律

异常行为系列原因	内在联系	外延现象	
产生异常行为内因	一、表态始发致因	1. 生理缺陷	耳聋、眼花、各种疾病、反应迟钝、性格孤僻等
		2. 安技素质差	缺乏安全思想和安全知识，技术水平低，无应变能力等
		3. 品德不良	意志衰退、目无法纪、自私自利、道德败坏等
	二、动态续发致因	1. 违背生产规律	有章不循、执章不严、不服管理、冒险蛮干等
		2. 身体疲劳	精神不振、神志恍惚、力不从心、打盹睡觉等
		3. 需求改变	急于求成、图懒省事、心不在焉、侥幸心理等
产生异常行为外因	三、外侵导发致因	1. 家庭社会影响	情绪反常、思想散乱、烦恼忧虑、苦闷冲动等
		2. 环境影响	高温、严寒、噪声、异光、异物、风雨雪等
		3. 异常突然侵入	心烦意乱，惊慌失措、恐惧失措、恐惧胆怯、措手不及等
	四、管理延发致因	1. 信息不准	指令错误、警报错误
		2. 设备缺陷	技术性能差、超载运行、无安技设备、非标准等
		3. 异常失控	管理混乱、无章可循、违章不纠

3.2.2 人的生理学行为模式分析

作为社会主要因素的人类，在其社会活动中的表现形式不尽相同。针对安全行为来说，情况也是复杂多样的：有老成持重者、有酒后开车者、有安全行事者、有违章违纪者等等。

人的生理学行为模式，即人的自然属性行为模式是从自然人的角度来说的，人的安全行为是对刺激的安全性反应。这种反应是经过一定的动作实现目标的过程。比如，行车过程中，突然出现有人横穿马路，司机必须紧急刹车，并保证安全停车，才不至于发生撞人事故。在此，有人横穿马路是刺激源，刹车是刺激性反应，安全停车是行为的安全目标。这中间又需要判断、分析和处理等一连串的安全行为。

20 世纪 50 年代，美国斯坦福大学的莱维特（H. J. Leavitt）在《管理心理学》一书中，对人的行为提出了三个相关的假设：行为是有起因的；行为是受激励的；行为是有目标的。

由此，他提出人的生理学基础上的行为模式。

外部刺激（不安全状态）→肌体感受（五感）→大脑判断（分析处理）→安全行为反应（动作）→安全目标的完成。

各环节相互影响，相互作用，构成了个人千差万别的安全行为表现。正是由于安全行为规律的这种复杂性，才产生了多种多样的安全行为表现，同时，也给人们提出了研究领导和工人各个方面的安全行为学的课题。从这一行为模式的规律出发，外部刺激（不安全状态）→肌体感受（五感）和安全行为反应（动作）→安全目标的完成两个环节要求我们研究安全人机学；大脑判断（分析处理）这一环节是安全教育解决的问题。

3.2.3 人的生理学安全行为规律

安全行为是人对刺激的安全性反应，又是经过一定的动作实现目标的过程。比如，石头砸到脚上，马上就要离开砸脚的位置，并用手按摸，有可能还发出痛叫声。脚是被刺激的信道，离开砸脚位置和用手按摸是安全行为的刺激性反应，而这中间又需要一连串实现自己的安全行为的过程。

刺激（不安全状况）→人的机体→安全行为反应→安全目标的完成，这几个环节相互影响、相互联系、相互作用，构成了人的千差万别的安全行为表现和过程。这种过程是由人的生理属性决定的。

人的生理刺激就是通过语言声音、光线色彩、气味等外部物理因素，对人体五感进行刺激和干扰，使之影响或控制人的行为。

人的机体指人的五感因素。五感就是形、声、色、味、触（也即人的五种感觉器官：视觉、听觉、嗅觉、味觉、触觉）。

- 形：指形态和形状，包括长、方、扁、圆等一切形态和形状。
- 声：指声音，包括高、低、长、短等一切声音。
- 色：指颜色，包括红、黄、蓝、白、黑等种种颜色。
- 味：指味道，包括苦、辣、酸、甜、香等各种味道。
- 触：指触感，包括触摸中感觉到的冷热、滑涩、软硬、痛痒等各种触感。

人的行为反应表现出两种状态：安全行为与不安全行为。安全行为就是符合安全法规要求的行为。不安全行为则相反。人的不安全行为一般表现为如下形式：操作错误，忽视安全，忽视警告；造成安全装置失效；使用不安全设备；手代替工具操作；物体存放不当；冒险进入危险场所；攀坐不安全位置；在起吊物下作业；机器运转时进行加油、修理、检查、焊接、清扫等工作，有分散注意力行为；在必须使用个人防护用品、用具的作业或场合中，忽视其使用；不安全装束；对易燃易爆等危险物品处理错误。

人的安全行为从因果关系上看有两个共同点。

第一，相同的刺激会引起不同的安全行为。同样是听到危险信号，有的积极寻找原因，排除险情，临危不惧；有的会胆小如鼠，逃离现场。

第二，相同的安全行为来自不同的刺激。领导重视安全工作，有的是有安全意识，接受过安全科学的指导；有的可能是迫于监察部门监督；有的可能是受教训于重大事故。

正是由于安全行为规律的这种复杂性，才产生了多种多样的安全行为表现，同时，也给人们提出了研究领导和职工各个方面的安全行为学的课题。

如图 3-2 所示，分析人的事故心理因素。

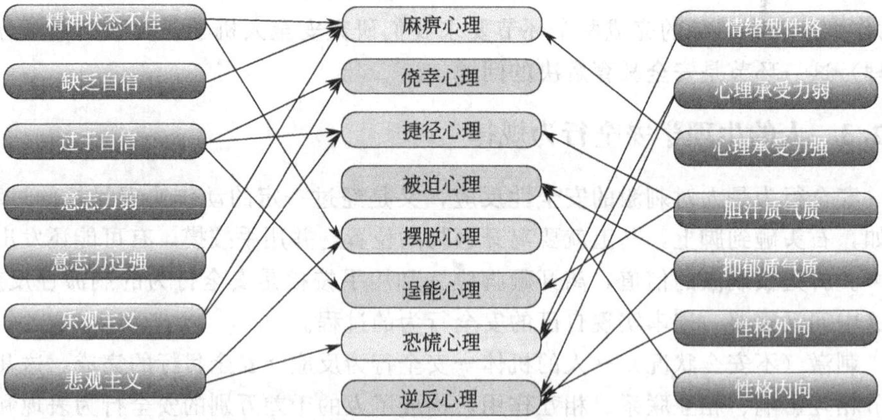

图 3-2　人的事故心理因素分析

3.2.4　不安全行为产生的原因

不安全行为受多种因素的影响，产生不安全行为的原因较多，情况也非常复杂，一般认为不安全行为的产生主要有以下几个方面的原因。

(1) 态度不端正，忽视安全、甚至采取冒险行动

这种情况是行为者具备应有的安全知识、安全技能，也明知其行为的危险性。但是，往往由于过分追求行为后果，或过高估计自己行为能力，从而忽视安全，抱着侥幸心理甚至采取冒险行动，正所谓“艺高人胆大”。行为者为获得丰厚报酬，而图省事，贪方便，也会违反规章制度冒险蛮干，产生一些不安全行为。

(2) 教育、培训不够

由于对行为者没有进行必要的安全教育、培训，使行为者缺乏必备的安全知识和安全技能，不懂操作规程、不具备安全行为的能力，在作业中完全处于盲目状态，凭借自己想象的方法蛮干，就必然会出现各种违章行为。

(3) 行为者的生理和心理有缺陷

每一项作业对行为者的生理和心理状况都有一定的要求，特别是有些情况复杂、危险性较大的作业对行为者的生理和心理状况还有一些特殊的要求。如果不能满足这些要求，就会造成行为判断失误和动作失误。如果行为者体形、体能不符合要求；视力、听力有缺陷，反应迟钝；有高血压、心脏病、神经性疾病等生理缺陷或者有过度疲劳、情绪波动、恐慌、焦虑、忧伤等不稳定心理状态都会产生不安全行为。

(4) 作业环境不良

行为者的每项行为都是在一定的环境中进行的，生产作业环境因素的好坏，直接影响人的作业行为。过强的噪声会使人的听觉灵敏度降低，使人烦恼甚至无法安心工作；过暗或过强的照明会使人视觉疲劳，容易接受错误的信息；过分狭窄的场所会让人难以按安全规程正常作业；过高或过低温度会使人产生疲劳，引起动作失误；有毒、有害气体会使人由于中毒而产生动作失调。作业环境恶劣既增加了劳动强度，使人产生疲劳，又会使人感到心烦意乱，注意力不集中，自我控制力降低，因此说作业环境不良是产生不安全行为的一个重要因素。

(5) 人机界面缺陷，系统技术落后

绝大部分的作业行为是通过各种机械设备、工器具来完成的。如果行为者所接触的机械设备或使用的工器具有缺陷或者整个系统设计不合理等，就会使行为者的行为达不到预期的目的。为了达到目的就必须采取一些不规范的动作，也就导致了不安全行为的产生，如图 3-3 所示。

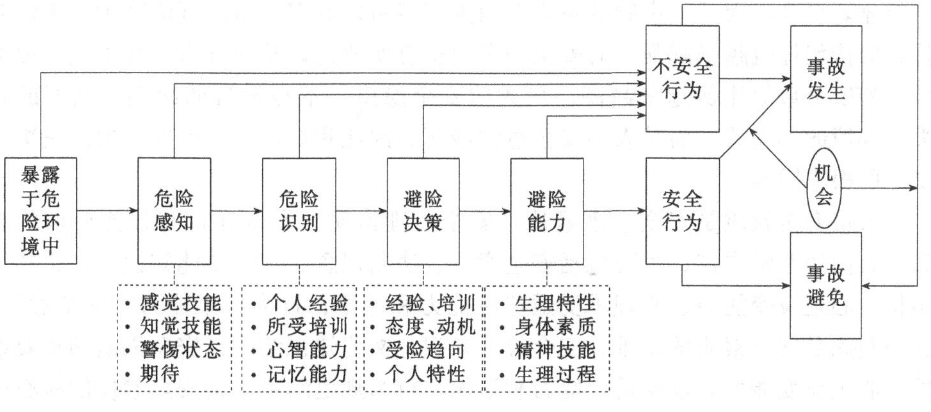

图 3-3 作业过程中人的不安全行为产生机理

3.2.5 事故的共性原因分析

大量经验教训表明，事故是由人的不安全行为和物的不安全状态共同作用的结果，如图 3-4 所示。由于物的不安全状态也往往与人的不安全因素有关，因此，对人的不安全行为的识别和控制是预防各类事故的关键，也是安全行为学主要研究的内容。事故共性原因分析表见表 3-2。

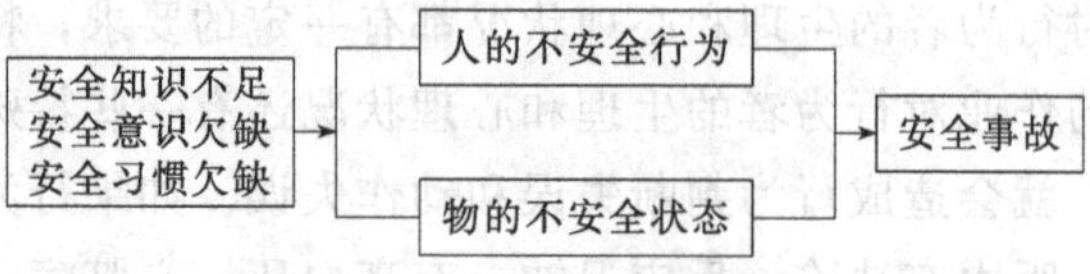

图 3-4 事故的共性原因

表 3-2 事故共性原因分析表

不安全行为原因	安全教育的类型与内容	
不知道	知识教育	使用机械设备的构造、性能等；原材料的危险有害性；事故发生原因与正确作业方法；作业相关的法规、标准等
不会做	技能教育	安全操作示范、作业方法、操作方法演示；提高各种作业技能、技术水平
不去做	态度教育	传授现场危险的种类与大小，培养安全作业的意识；遵守现场规章制度；典型经验和事故教训教育

3.3 人的本质安全素质论

3.3.1 人的安全素质

按照通常分类，事故可分为由人的不安全行为和物的不安全因素造成的责任事故。而设备引起的事故有它本身设计或维护的原因，间接原因其实也都与人的安全行为或操作、管理失误有关。随着科学技术的不断进步，物的本质安全水平已经显著提升，因此，由物的不安全因素直接引发的安全事故逐渐减少，人们对科技的依赖性也越来越强，对安全的警惕也有所放松，从而导致直接由人为因素引发的安全事故比例越来越高。最大的安全隐患，不是设备的缺陷、制度的缺失、环境的不完善，而是人的安全意识淡薄。因此我们说，人的安全素质是决定安全的根本因素。

人员安全素质是安全生理素质、安全心理素质、安全知识与技能要求的总和。其内涵非常丰富，主要包括安全意识、法制观念、安全技能知识、文化知识结构、心理应变能力、心理承受适应性能力和道德、行为约束能力。安全意识、法制观念是安全素质的基础；安全技能知识、文化知识结构是安全素质的重要条件；心理应变能力、承受适应能力和道德、行为规范约束力是安全素质的核心内容。三个方面缺一不可，相互依赖，相互制约，构成人员安全素质。

(1) 安全生理素质

安全生理素质指人员的身体健康状况、感觉功能、耐力等。

① 感觉功能。人的感觉功能包括由眼、鼻、耳、舌、皮肤等五个器官产生的视、听、嗅、味、触觉等五感。此外，还有运动、平衡、内脏感觉，综合起来即为八种感觉。这些感觉器官都有其独特的作用，又有相互补充的作用。

② 力量与速度。不同体格的人所表现出的力量和速度差别很大，不同职业对人体的力量和速度要求也不同。

③ 耐力。人在作业或活动过程中，由于肌肉或心理过度紧张而引起疲劳现象。疲劳是一种复杂的生理和心理现象。当出现疲劳时，在生理上表现为全身感到疲乏、头痛、站立不稳、手脚不灵活、两腿发软、行动呆板、头昏目眩、呼吸局促等疲劳感觉。而在精神上表现为感觉到思考有困难、注意力难以集中、对事物失去兴趣、健忘、缺乏自信心、失去耐心、遇事焦虑不安等。

(2) 安全心理素质

安全心理素质指个人行为、情感、紧急情况下的反应能力，事故状态的个人承受能力等。人的心理素质取决于人的心理特征。心理素质标准一般包括以下方面。

① 气质。主要表现为人的心理活动的动力方面的特点。人的气质可分为胆汁质、多血质、黏液质、抑郁质四种类型。

② 性格。性格是人们在对待客观事物的态度和社会行为方式中区别于他人所表现出来的那些比较稳定的心理特征的总和。人的性格可以通过各种行为表现来体现他所具有的性格特征。

③ 情绪与情感。情绪与情感是人对客观事物的一种特殊反映形式。不良情绪发展到一定程度，能够主宰人的身体及活动情况，使人的意识范围变得狭窄，判断力降低，失去理智和自制力。带着这种情绪操纵机器极易导致不安全行为的发生。

④ 意志。意志就是人自觉地确定目标，并调节自己的行动克服困难，以实现预定目标的心理过程。它是意志的能动作用表现。

⑤ 能力。能力是指一个人完成任务的本领，或者说是人们顺利完成某种任务的心理特征，如感觉、知觉和观察力，注意力，记忆力，思维能力，操作能力。

(3) 安全知识与技能要求

从业人员不仅要掌握生产技术知识，还应了解与安全生产有关的知识。生产技术知识内容包括生产经营单位基本生产概况、生产技术过程、作业方法或工艺流程，专业安全技术操作规程，各种机具设备的性能以及产品的构造、性能、质量和规格等。安全技术知识内容包括生产经营单位内危险区域和设备设施的基本知识及注意事项，安全防护基本知识和注意事项，机械、电气和危险作业的安全知识，防火、防爆、防尘、防毒安全知识，个人防护用品的使用，事故的报告处理等。

3.3.2 个性心理与行为安全

个性是影响动机和行为的重要因素。个性是指个人稳定的心理特征和品质的总和，即在个体身上经常地、稳定地表现出来的心理特点的总和。

影响人安全行为的个性心理因素主要包括个体的个性心理特征和个性倾向性两个方面。个性心理特征指一个人身上经常地、稳定地表现出来的心理特点，主要包括能力、性格、气质和情绪。它是个体心理活动的特点和某种机能系统或结构的形式在个体身上固定下来而形成的，因此，各种心理特征带有经常、稳定的性质。但在人与环境相互作用的过程中，个性心理特征又缓慢地发生变化。个性心理特征是在心理过程中形成的，它反过来影响心理过程的进行。个性倾向性是人进行活动的基本动力，是个性中最活跃的因素，它制约着所有的心理活动，表现出个性的积极性。个性倾向性表现在对认识和活动对象的趋向的选择上，它主要包括需要、动机、兴趣、理想和信念。个性倾向性与各个方面之间相互联系、相互影响和相互制约。

(1) 个性心理特征对人的行为的影响

① 能力。所谓能力的概念，是个性心理特征之一。能力是人完成某种活动所必备的一种个性心理特征。通常指完成某种活动的本领。一个人要能顺利地、成功地完成任何一种活动，做好任何一种工作，都必须具备一定的心理条件，这种心理条件指的就是能力。例如，工厂企业的任何生产活动和社会活动都对职工的能力有一定的要求。对机械工人来说要顺利地、成功地完成机器零件的制造活动和机器的装配工作，除了应具备有关机器制造的专业技术知识外，还要有熟练的操作能力、区别机器结构的细节和察看机器性能的敏锐的观察能力；一个企业的领导者或管理者，要成功地、有效地进行管理工作，一般来说，应具备企业的技术业务能力、组织管理能力、处理人际关系能力这三种基本能力；对于安全管理干部来说，还要掌握劳动保护法规和安全生产方针方面的知识，具备相当的安全技术能力。人们的能力大小是有区别的。由于人的能力总是和人的某种实践活动相联系，并在人的实践活动中表现出来，所以，只有去观察一个人的某种实践活动，才能了解和掌握这个人所具备的顺利地、成功地完成某种活动的能力。世界上的事物种类繁多，人们从事活动的能力也多种多样。

② 性格。所谓性格，是一个人比较稳定的对客观现实的态度和习惯化了的行为方式。在日常生活、学习、工作和生产实践中，有的人无论在任何情况下，总是热情忠厚，处处与人为善，谦逊谨慎，严于律已；处事坚毅果断，勇于革新。而有的人总是尖酸刻薄，冷嘲热讽，自高自大，宽于恕己，行事草率，鼠目寸光。这种比较稳定的态度和习惯化的行为方式所表现出来的个体基本的心理特

征，就是人们所说的性格。

性格是形成一个人的个性心理的核心特征。因为一个人的兴趣、爱好习惯、需要、动机和气质、能力都是形成这个人的个性心理的重要特征，但这些心理特征是以他的性格为转移的。比如，在企业的安全管理中，一个大公无私的人，必然处处事事关心他人的安全胜过关心自己，对于劳动保护工作产生强烈的兴趣和爱好。他的行为、习惯、需要和动机、气质和能力等方面的活动表现，必然反映出他高度重视安全工作的心理品质。

性格的特征是多种多样的，由此构成复杂的性格结构。按照安全行为方式的特征，不同性格的人有如下特点：a. 安全行为自觉性方面的性格特征。表现在安全行为的目的性或盲目性；自动性或依赖性；纪律性或散漫性。b. 安全行为的自制方面。表现在自制能力的强弱；约束或放任；主动或被动等。c. 安全行为果断性方面的特征。表现在长期的工作过程中，安全行为是坚持不懈还是半途而废；严谨还是松散；意志顽强还是懦弱。

人的性格是在长期社会生活实践中、在社会环境的影响下逐步形成的，性格可以通过教育和社会影响来改变。但是，人的性格一旦形成，就有较大的稳定性。所以，安全教育应当从儿童期和青少年阶段抓起，从小就树立安全意识和安全责任感。

③ 性格与事故的关系。心理学家认为，外倾性格的人，反应迅速，精力充沛，适应性强，但好逞强，爱发脾气，受到外界影响时，情绪波动大，做事不够仔细。内倾性格的人善于思考，动作稳当，但反应迟缓，感情不易外露，做事仔细小心，对外界影响情绪波动小。调查研究分析结果表明，外倾性格者，大部分容易省略动作，愿意走捷径，企图以最少的能量取得最大的效果，往往宁可冒险。由于外倾性格的人在对待事物的态度和与之相应的惯常的行为方式的不同，导致了性格与发生事故有一定的关系。同时还表明，事故的发生与男女差别不存在明显的差异。性格相同的人，不管男女，出事故的概率是相接近的。

第一，责任事故的发生与责任者的性格（内外）倾向有一定的联系，即外倾性格的人比较容易发生事故。我们在管理和用人调配中，可取长补短，因人遗事，使人扬长避短，满足其个性要求，这对人们日益认识到只有保证劳动者的生产安全和身心健康才能保证企业的效益的指导思想无疑有积极意义。

第二，性别与事故从分析上看无显著的差异，因此，传统上认为女人胆小、做事细，工作中不易出事故，而男性脾气急躁、心急，易受环境变化影响，工作中易出事故的这些讲法，缺乏一定的科学依据。通过调整工种内男女比例来减少事故的必要性不大。

第三，性格和气质不同，气质表现为人的情绪和活动发生的速度、强度方面的个性心理特征。它没有好坏之分。而性格是人对现实的稳定态度和习惯了的行为方式，它是在社会实践中形成的，是可以培养和受到影响的。因此，可以有针对性地加强对外倾性格工人的安全教育，提高他们的安全素质，对降低责任事故有一定程度的积极意义。同时，因为人的性格的可塑性，它不仅限于青少年时期形成，而且成年人在实践中，尤其是在生产实践中，其性格还可能发生变化，根据这一特点，加强对青年工人的稳健性格的培养，对安全生产也有一定的作用。

④ 气质。所谓气质，是个性心理特征之一。气质是人典型的、稳定的心理特点。平时人们所说“性情”“脾气”，就是心理学上的“气质”的通俗说法。不同的人具有不同的气质。在日常生活中，人们会经常看到，有人活泼好动，兴趣广泛，反应灵活；有的人安静稳重，兴趣单一，反应迟缓；有的人性情十分急躁，情绪表露于外；有的人慢慢吞吞，总是不动声色。这些人与人之间的个性因素方面的差异，在心理学研究中就称其为“气质”的不同。

人的气质按照它的定义来说，是人的典型的、稳定的心理特点。它是通过人的心理活动的强度、速度和灵活性方面表现出来的。比方说，人在日常生活中情绪强烈或微弱，意志努力的程度如何，这是人的心理活动在强度方面的特征。人对客观事物认识的快慢速度，进行分析综合比较思维的灵活程度，注意条件的时间长短等等，这些都是人的心理活动在速度和灵活性方面的特征。

早在公元前 5 世纪，古希腊著名医学家希波克拉特就观察到不同的人具有不同的气质，从而创立了体液理论。他认为人体内有四种体液：血液、黏液、黄胆汁和黑胆汁。人的气质决定于这四种体液的混合比例。后来的古医学家在希波克拉特等前辈学者研究的基础上，根据哪一种体液在人体内占优势，把气质分为四种基本类型，即胆汁质、多血质、黏液质、抑郁质。巴甫洛夫的神经活动类型学说认为，人的高级神经活动兴奋和抑制的强度、兴奋和抑制的平衡性、兴奋和抑制的灵活性等三种特性的独特结合，构成个人的高级神经活动的四种类型。

a. 强而不平衡类型，又叫不可遏制型，是胆汁质的生理基础；

b. 强而平衡灵活类型，又叫活泼型，是多血质的生理基础；

c. 强而平衡不灵活类型，又叫安静型，是黏液质的生理基础；

d. 弱型，又叫抑郁型，是抑郁质的生理基础。

这一理论的研究，虽然还比较粗糙，还只是为气质的生理基础问题勾画出了一个轮廓，但它却是到目前为止对气质心理研究的比较科学的论证。

一个人的气质是先天的，后天的环境及教育对其改变是微小和缓慢的。因此，分析职工的气质类型，合理安排和支配，对保证工作时的行为安全有积极作用。综合气质理论的研究和实践观察，多数学者认为，人群中具有四种典型的气质类型，即前面所提到的胆质汁、多血质、黏液质和抑郁质。

a. 胆汁质的特征：精力充沛，直率热情，办事果断，胆大勇敢，不怕困难，反应速度快，思维敏捷，脾气急躁，易于冲动，轻率鲁莽，感情用事，情绪外露，持续时间不长等等。这种气质类型的人，对任何事物发生兴趣具有很高的兴奋性，但其抑制能力差，行为上表现出不均衡性，所以工作表现忽冷忽热，带有明显的周期性。

b. 多血质的特征：活泼好动，反应迅速，热情亲切，善于交际，适应环境变化，容易接受新鲜事物，智慧敏捷，思维灵活，愉快乐观，情绪外露，兴趣、注意力容易转移，情感容易产生和发生变化，急躁与轻浮，体验不深等等。这种气质类型的人的思维、言语、动作都具有很高的灵活性，容易适应当今世界变化多端的社会环境。

c. 黏液质的特征：态度持重，交际适度，内刚外柔，沉着坚定，情感深厚难于变化，意志顽强，埋头苦干，注意稳定，难于转移。善于忍耐，善于克制，情感平衡而不外露，行为迟缓，沉默寡言，萎靡不振，漠不关心等等。属于这种气质类型的人，在日常生活中突出的表现是安静，沉着，情绪稳定，思维、言语、动作比较迟缓。

d. 抑郁质的特征：观察力敏锐，感受性很高，感情细腻，做事谨慎，善于觉察别人不易发觉的细微事物，行为孤僻，反应迟缓，严重内倾，情绪体验强烈，胆小怕事，多愁善感，挫折容忍力差。常因一些小事而抱头痛哭，行动忸怩，腼腆、怯懦，言语缓慢无力，行动具有刻板性等等。属于这种气质的人，在日常生活中遇到困难的局面常常表现出优柔寡断，束手无策，一旦面临危险的情境，便感到十分恐惧。

⑤ 情绪。情绪是每个人所固有，受客观事物影响的一种外部表现，这种表现是体验又是反应，是冲动又是行为。每个人都有自己的认识和体验，人们无时无刻不与情绪发生关系。情绪是在社会发展中，为了适应生存环境所保持下来的一种本能活动，并在大脑中进化和分化。随着年龄的增长，生活内容的丰富和经验的积累，情绪也将随之变化。

由于每个人的生活条件、生活环境都存在差异，因而他们的情绪及其侧重也不尽相同。但在纷繁的情绪中，有一些是基本的、普通的。传统医学把人的基本情绪分为喜、怒、忧、畏、悲、恐、惊等七类，用于防病、治病，至今还有临床意义。还有许许多多的情绪类别，如人的期望、厌恶、喜欢、忧伤、气愤、惧怕、自满、羞愧、轻蔑、怀疑等十种情绪。人们对这些情绪已有深刻的体验和认识，也能够理解它们对行为安全的影响。

情绪影响人的行为是在无意识的情况下进行的。由于人与人之间的各种差异性，如生活条件、心理状态、感受力、经验、性格等等，在同一刺激作用下，都可能导致不同的情绪反应。简单地依据某一格式确定某一情绪，并由此推测导致的行为，往往会发生错误。在通常情况下，情绪之间还是有规律可循的：期望，表现为焦急掩盖于平静之中，对期望事物专注敏感，行为则会较单一、目标性强；厌恶，表现为脸色伤沉、语言激烈或有意迟缓、心理杂乱；欢喜，表现为脸色愉快、轻松，善谈，动作轻快、反应敏捷；忧伤，表现为沉闷、少语，思路乱而联想多，机械反应且迟钝；气愤，表现为气急语重、思路不连贯、寻求发泄、动作短促、用力单一；惧怕，表现为神情紧张、呼吸轻深、慌乱而警惕、动作迟疑、刻板、突发性强；自满，表现为轻松自若，视线分散，希望引起他人注意，行为固执而随意；羞愧，表现为警惕少语，寻求依据成悔，愿独自行动、不愿交谈；轻蔑，表现为轻松自信，思路简单，行动随便，注意力分散；疑虑，表现为少语、精力分散，好回忆、好联想、注意对自己不利的事物，行动滞缓，常打盹，注意力不集中。

从安全行为的角度，处于兴奋状态时，人的思维与动作较敏捷，处于抑制状态时，思维与动作显得迟缓；处于强化阶段时，往往有反常的举动，同时有可能出现思维与行动不协调、动作之间不连贯现象，这是安全行为的禁忌。对某种情绪一时难以平定的人，可临时改换工作岗位或停止其工作，不能让情绪可能导致的不安全行为带到生产过程中去。

(2) 个性倾向性对人的行为的影响

① 需要。所谓需要，就是心理的和社会的要求在人脑中的反映。需要是人类生存和发展的必要条件，人类为了生存和发展，必须从自然环境和社会环境取得某些东西。当人缺乏某种重要刺激时，就会引起人的心理紧张，产生生理反应，形成一种内在的驱力。例如，人缺乏水和食物就会引起口渴和饥饿。人要与环境保持平衡，水和食物就是必需的事物，因此，就产生对水和食物的需要，所以，也可以说，人所缺乏的某种必要的事物在人脑中的反映就是需要。

形成需要有两个条件，一是个体感到缺乏什么东西，有不足之感，另一个是个体期望得到什么东西，有求足之感。需要就是这两种状态形成一种心理现象。人的一生就是不断产生需要，不断满足需要，再产生新的需要，这样周而复始，直到人的生命终止的一个生命过程。

需要总是特指某种具体事物，必须是对一定对象的需要，离开了具体事物和具体对象，就无从研究和观察需要规律。而任何事物和对象的形成，都离不开一定的外部条件，例如，人对食物的需要、对水的需要、在劳动过程中对劳动保护的需要等等都是指向一定的实物，都存在于一定时间和空间条件下。

需要的基本特征是它的动力性。从哲学的观点看，个性的需要是个性积极的源泉，正是个性的各种需要，推动着人们在各个方面进行积极活动。任何需要的满足，都必须具备一定条件。而这些条件的形成又必须是通过人们的劳动来实现。因而，满足需要也就成了人类从事劳动的目的和内在动力，这也就决定了人们劳动的积极性和创造性的产生。所谓劳动的目的性，实质上就是人的劳动与人的需要作为手段与目的统一，唯有这种人的劳动与人的需要的统一状态，才适合人的要求，也才符合劳动过程的客观性。在这种统一状态中，人的需要就直接转化成人们从事劳动的需要，人就会从自身需要中迸发出巨大的劳动热情和首创精神。

② 动机。动机是为了满足个体的需要和欲望，达到一定目标而调节个体行为的一种力量。它主要表现在激励个体去活动的心理方面。动机以愿望、兴趣、理想等形式表现出来，直接引起个体的相关行为。可以这样说，动机在人的一切心理活动中有着最为重要的功能，是引起人的行为的直接机制。个体的动机和行

为之间的关系主要表现在如下三个方面。

a. 行为总是来自于动机的支配。某一个体从举手投足，游戏娱乐，到生产活动，无一不是在动机的推动之下进行的，可以说不存在没有动机的行为。

b. 某种行为可能同时受到多种动机的影响。比如一个职员的辛勤工作，一方面可能是想获得领导的赏识和提拔，另一方面也可能出自对自身技能提高的愿望。不过，在不同的情况下，总是有一些动机起着主导作用，另一些动机起辅助作用。

c. 一种动机也可能影响多种行为。一个渴望成功的个体，其行为可以是多方面的，可能包括努力学习，积极参加各种活动，用心培养人际关系网络等。

根据动机原动力的不同，可以把动机区分为内在动机和外在动机两种。内在动机指的是个体的行动来自于个体本身的自我激发，而不是通过外力的诱发。这种自我激发的源泉在于行动所能引起的兴趣和所能带来的满足感。正是在这种兴趣与满足感的驱使下，行为主体才会主动地做出某些不需外力推动的行为，并且一直贯彻下去。外在动机是指推动行动的动机是由外力引起的。许多心理学家特别强调外在动机对个体行为的影响和作用。实际上，任何的奖励和惩罚措施背后都隐藏着外在动机的原理。

③ 兴趣。兴趣是指个体力求认识和趋向某种事物并与肯定情绪相联系的个性倾向。

一般来说，兴趣具有如下三个特点。

a. 兴趣具有指向性。任何一种兴趣总是针对一定事物，为实现某一目的而产生的。个体对他所感兴趣的事物总是心驰神往，积极地把注意力集中于该事物并展开相应的活动。

b. 兴趣具有情绪性。兴趣和情绪相联系的情况，在生活中处处可见，我们常常可以看到个体在从事他们所感兴趣的活动时，总会处于愉快、满意、酣畅淋漓的状态；而个体如果从事的是他不感兴趣的工作，便会觉得索然无味。

c. 兴趣具有动力性。无数事例表明，个体在从事极感兴趣的工作时，能充分调动自身的积极性、想象力和创造力，工作效率也很高。国外的一些心理学家把兴趣描绘为“能量的调节者”，发动着个体储存在内心的力量。

兴趣总是与个人的认识和情感密切联系的。任何人，只要他对某一事物有了情感，就会产生兴趣，就会乐而不疲、锲而不舍，自觉、积极以至具有创造性地去探究和为实现目标而努力。认识越深刻，情感越丰富，兴趣也就越深厚。人们往往对自己感兴趣的工作投入大量精力，并且极其认真，而对于不感兴趣的工作则容易采取消极态度。因此，在工作中应尽可能满足其个人特长和要求，以使其产生浓厚的兴趣而激发严肃认真的态度。发挥“兴趣效能”，把实现安全的努力过程与享受安全成果的喜悦结合起来，才能充分发挥一个人的积极性和创造性，持之以恒，使人们的注意力长期保持在安全方面。

④ 理想和信念。理想是个体对符合事物发展客观规律的奋斗目标的向往和

追求，是对未来的设想。理想与个体的愿望相联系，同时又产生于现实的生活之中；以客观事物为依据，同时顺应潮流，合乎规律；既有鲜明具体的想象内容，又怀有深厚、肯定而持久的情感体验。而信念是指激励、支持人们行为的那些自己深信不疑的正确观点和准则，是被意识到的个性倾向，它是由认识、情感和意志构成的融合体。

理想和信念一旦形成，便成为个体前进的巨大动力。拥有明确信念和理想的个体，个性稳定而明确，常常爆发出积极性和坚强的毅力，能够忍受难以置信的折磨和痛苦，坚定不移地朝着自己的目标前进。因而，理想和信念对个体的行为在广度和深度上都会产生深远影响。

3.3.3 感觉、知觉与安全

人们所从事的劳动的过程，也就是对客观事物的认识过程，其认识的对象是十分广泛的，不仅包括劳动对象、劳动工具与设备、劳动环境等方面，还包括生产过程中的各种人和事。这实际上是对整个客观世界的认识。其中当然也包含着对安全生产的认识。人们劳动的认识过程就是从感觉和知觉这种简单的初级认识开始的。

感觉是一种最简单的心理现象，它不反映客观事物的全貌，只是对它们的个别属性的反映。比如一台启动的机器有外表的颜色，金属碰撞的声音，机油的气味等等特性，感觉反映的只是机器的某一个别属性。视觉只反映颜色，听觉只反映声音，嗅觉只反映气味，所以说感觉是人脑反映客观事物的最简单的心理过程。

知觉是人脑对直接作用于感觉器官的事物整体的反映。知觉的产生，是以各种形式的感觉的存在为前提的，但绝不是把知觉单纯地归结为感觉的总和。人在进行知觉的时候，头脑中产生的并不是事物的个别属性或部分孤立的映像，而是由各种感觉有机结合而成的对事物的各种属性、各个部分及其相互关系的综合的、整体的反映。知觉的产生还依赖于过去的知识和经验，人借助于这些知识和经验，才能够把当前的事物知觉为某类事物，从而把握所反映事物的意义。

感觉和知觉的生理机制是一样的，都是分析器活动的结果。分析器由三部分感受器组成：接受刺激；传递神经，把神经兴奋传递到大脑皮层的相应中枢；皮层上相应的中枢部分，主要对神经兴奋进行分析综合。分析器的三个部分是作为一个有机整体而起作用的，产生感觉和知觉，三者缺一不可。一个人正常的感觉和知觉的产生都需要正常的和完整的分析器活动来进行。所不同的是，感觉是某个分析器单独活动的结果，而知觉比感觉要复杂，它是多种分析器对复杂刺激物或多种刺激物之间的关系进行分析综合的结果。

感觉和知觉具有共同之处，它们都是对当前客观事物的反映，也就是说都是人脑对客观事物的直接反映。它们是不能截然分开的，是同一心理过程中的不同阶段。可以说，没有反映事物个别属性的感觉，就不可能有反映事物整体的知觉。感觉是知觉的基础，知觉是感觉的深入和发展，并且知觉也是在人已有的知识和经验的基础上形成的。在现实的生产劳动中，人一般都是以知觉的形式直接反映事物，感觉只是作为知觉的组成部分而存在于知觉之中，很少有孤立的感觉存在。我们在研究劳动过程中的感觉和知觉时，为了避免叙述的重复烦琐，尽量将感觉和知觉结合起来加以探讨。

感觉和知觉的种类很多。感觉有视觉、听觉、味觉、嗅觉、触觉、动觉等等。知觉以不同的角度分成三类：一是根据在知觉过程中起主要作用的感觉器官，把知觉分为视知觉、听知觉、触知觉等；二是根据知觉所反映事物的特性，把知觉分为空间知觉、时间知觉和运动知觉；三是根据知觉能否正确地反映客观事物，把不能正确反映客观事物的知觉称为错觉。下面运用其中主要有关的感觉和知觉原理分析劳动过程的安全因素。

(1) 视觉

所谓视觉，是由于物体所发出的或反射的光波作用于视分析器而引起的感觉。视觉能使人辨别外界事物的各种颜色、明暗，对工作、学习、生活起着重要作用。有学者认为，一个正常人从外界接受的信息，85%以上是通过视觉获得的。尤其在生产劳动过程中，人的视觉的作用显得更为重要。通过视觉，可以知觉到人们的劳动环境、劳动对象、劳动工具以及劳动过程中不利于身心健康和影响安全的因素。视觉的特性有如下几方面。

① 明暗视觉。可以知觉劳动环境采光和照明的要求。符合要求的有利于健康和生产，不符合要求的不利于健康和生产。不同劳动内容对环境、采光和照明提出了应有的要求：第一，工作场所的采光和照明符合一定的标准，即工业企业采光设计标准和工业企业照明设计标准。第二，工作场所内受光均匀，切忌室内太亮，而周围或其他地方太暗，否则容易使劳动者眼睛疲劳。第三，工作场所内不能有耀眼的强光。第四，工作场所应尽量避免设在只有人工照明而无自然照明的建筑物内，因为长时间在人工照明条件下工作，劳动者的眼睛得不到休息。

② 颜色知觉。可以知觉人们在工作环境中的颜色要求和颜色标志。颜色根据人的主观心理反应，可以分为暖色和冷色。一般认为，体力支出较大的劳动比较适宜在冷色工作环境中进行。所谓冷色主要包括绿色、蓝色、紫色以及非彩色中的白色、灰色和黑色等。体力支出较小的劳动比较适宜在暖色的工作环境中进行。暖色主要包括红色、黄色、橙色、绛色等。人们还可以通过颜色知觉感受到工作对象和工作背景的颜色对比要求。

③ 视觉错觉。视觉错觉是指由于视觉而对客观事物形成不正确的知觉。造成错觉的主要原因有生理和心理两大类。人们在生产劳动过程中所发生的错觉有可能导致事故的发生，是产生某些事故的根源和因素。但有些错觉，特别是颜色方面的错觉可以用来改善人们的劳动心理情绪。日常生活和劳动中，常出现的错觉有：第一，几何图形的错觉。例如，一个正方形的零件往往被看成高比宽长的

长方形零件；同样大小的零件如果被小零件包围时就会显得大一些，而被大零件包围时就会显得小一些；同样大小的设备远看小近看大，俯视低仰望高，这类错觉容易造成吊装上的失误。第二，大小、重量的错觉。这类错觉主要是指人们对两个重量相同、大小不一的物体进行知觉时，会产生一种小物体比大物体重的不正确的知觉。例如，两个同样重的零件，一个是木模，一个是铸钢件，由于木材与铸钢的比重不同，铸钢件要比木模小。这类错觉容易致使吊装和搬运方面的疏忽。第三，空间定位的错觉。主要是由于视觉和平衡的位号不协调而产生了一种不正确的空间知觉。例如，劳动者在高空作业时由于习惯于用地面的姿势来辨别空间位置，这样容易产生空间定位的错觉。这类错觉容易造成某种事故。如起重机械驾驶员在吊物运行和落点准确方面容易产生偏差而发生事故。

④ 颜色方面的错觉。颜色错觉是指一种由于颜色而引起的不正确的知觉。这种颜色错觉在劳动过程中较为常见的有以下几种：第一，颜色的重量错觉。同样重的两件物体，涂上黑色的与涂上浅绿色或天蓝色的相比，会使人感到涂上黑色的物体要重。第二，颜色的空间错觉。同样大的空间如果四周涂上如白色、乳色等浅颜色要比涂上如黑色、褐色等深色显得更宽敞。第三，颜色的温度错觉。同样温度的工作场所，四周涂上草绿色、浅蓝色等冷色，会使劳动的人们感到凉爽，如果四周涂上粉红、橘黄色等暖色，会使劳动的人们感觉暖和。第四，颜色的声音错觉。在多噪声的环境中，如果四周涂上绿色和蓝色，可以使人感觉比实际环境更安静一些。从以上所述的颜色错觉的特点来看，人们在劳动过程中，可以利用对颜色的错觉来改善劳动环境，调节人的劳动情绪，保护人的身心健康，提高劳动效率。

(2) 听觉

听觉是指声波作用于听分析器而引起的感觉。听觉的适宜刺激是声波，适宜刺激声波的振动频率为 16～20000 周/s。声波是物体振动时所引起的周围空气的周期发生压缩和稀疏的时间状态，并在空气媒介中传播，进入耳，最后便在大脑中产生听觉。听觉是对声波物理特性的反映，因此，声波的物理特性决定了听觉性质。一是音高，是指声音的高低，它是由声波的频率所决定的。二是响度，是指声音的强弱，它是由声波的振幅所决定的。三是音色，它是由声波的振动波形决定的，是一种声音区别于其他声音的根本标志。

听觉一般可分为三种形式，即言语听觉、音乐听觉、噪声听觉。在这些听的感觉中，音分析器能分辨声音的不同性质，如音高、响度和音色。加之声音的连续性，从而使人感觉到声音的千变万化，并能知觉各种声音所反映的客观事物。

(3) 其他感觉

除上面所述的听觉和视觉外，在劳动感觉过程中，还有触觉、动觉、嗅觉等感觉。这些感觉与安全生产有着密切的关系。触觉是皮肤受到机械作用后产生的一种感觉。触觉的感受器散布于全身体表，它是一种感觉神经元的神经末梢。触觉常常和温度觉、痛觉混在一起，很难将它们严格区分开来。动觉，又叫运动感觉，是指对身体运动和位置状态的一种感觉。动觉的感受器在肌肉、肌腱及内耳的前庭器官中。一个人即使闭上眼睛也知道自己是站着、坐着或躺着，也知道自己的手、脚、头是否在运动，这就是动觉。嗅觉的感受器是嗅觉细胞，位于鼻道上部黏膜的嗅上皮肉。嗅觉主要有六种，即花香气、水果气、香料气、焦臭气、树脂气、腐烂气。当几种适宜刺激同时作用于嗅觉感受器时，嗅觉会发生变化，主要变化有以下三种情况：①气味的融合，指两种不同气味混合后得到一种单一的气味；②气味的竞争，指如果同时刺激嗅觉感受器的两种气味中有一种特别强烈时，就会产生只闻到一种优势气味的现象；③气味的抵消，当两种气味的选择和比例适当时，可以产生气味抵消、不产生嗅觉的现象。

3.3.4 记忆、思维与安全

人对劳动过程的认识，如果一直停留在感觉和知觉阶段，是不能正确地、完整地认识客观事物的。可以说，人在生产劳动中感知过的事物，如果没有记忆，等于一无所有，不能形成概念或经验。人的认识过程，只有在感觉和知觉的基础上，须有记忆参与，并在记忆的基础上进行复杂的思维活动，才能完整完成。

(1) 记忆和思维的概念

记忆，是过去经验在人脑中的反映。人们在劳动过程中所感知过的事物，思考过的问题，练习过的动作，体验过的情感，在事情经过之后，如果不能把具体感觉的东西保留下来，就不可能获得知识，取得经验，形成概念。而实际上其印象并不会消失，其中，有相当部分作为经验在人脑中保留下来，以后在一定条件的影响下又重新得到恢复，这种在人脑中过去经验的识记、保持和恢复的心理过程，就叫做记忆。

人们对客观现实的认识活动，从感觉、知觉到表象，都是人脑对客观现实的直观的反映，这种反映是凭借人们的感觉器官直接与外在事物联系的。它不能认识事物的本质特性与规律。生活和劳动的经验告诉我们，许多事物及其属性都不能被我们直接地感知，也不能仅靠我们的感觉器官去反映它们，认识它们。为此，人们必须通过一定的间接途径，在已有的知识经验的基础上，以概括的、间接的途径去寻找答案，去认识这些事物，这就是思维。

人的思维具有概括性和间接性两个特点。思维的概括性指对同类事物的本质属性和事物之间规律性联系的反映。它反映了事物之间本质联系的规律。思维的间接性是指通过其他事物的媒介来反映客观事物。事物本质属性和规律并不是表露在外，而是蕴涵在事物内部，只能间接地去获取。思维的间接性是以人对于事物概括性的认识为前提的。

(2) 劳动过程的记忆和思维与安全

记忆是一种比较复杂的认识过程，思维属于认识的高级阶段。一个工人在劳动过程中如果不能正常地记忆和思维，不仅不能搞好生产工作，而且不能保障生产安全。不难想象，一个工人如不能完整地记住机器的操作规程和操作方法，遇到事故征兆，不能作必要的分析、综合、比较，并且不去考虑问题的解决，难免会发生事故。因此，人们在劳动过程中的启发思维是与安全有着密切关系的。

① 人的记忆过程与安全的关系。在识记方面。人们对于安全技术、安全规程、安全制度等方面的安全生产保健和劳动保护等方面的经验，在识记时应该以有意识记为主，同时，还要提倡实行无意识记，因为机械识记主要是以机械重复而进行的识记。德国心理学家艾宾浩斯曾对遗忘现象作了系统的研究，发现人类的遗忘过程是有规律的。他提出的"艾宾浩斯遗忘曲线"表明，在识记之后短期内遗忘马上开始，其进程是不均衡的，最初时间里忘得快，后来逐渐缓慢，到了一定时期，就几乎不再遗忘，遗忘的发展是"先快后慢"。我们要根据遗忘曲线的规律，组织开展安全教育及组织复习和定期复训工作。例如，针对特殊工程和要害岗位的操作工人不仅要抓好培训考核工作，而且还规定了每隔两年复训、考核一次。这实际上就是防止遗忘，保持对工程安全知识和经验的识记。

② 人的思维过程与安全管理的关系。人们的思维过程主要表现为分析、综合、比较、抽象、概括和具体化等。其中，分析和综合是两种最基本的思维过程，其实，思维过程都是通过分析和综合来实现的。在安全管理方面，分析和综合同样是必不可少的基本思维。分析是人脑把整体的事物分解成各个部分、个别特性或个别方面的一种思维过程。运用分析方法，在安全管理工作上，在研究和揭示安全管理的规律方面，发挥了极为重要的作用。

安全管理问题的解决过程，就是分析和综合的思维过程。人们在生产劳动和安全管理活动中经常碰到各种各样需要解决的问题，问题的解决就要依靠思维，问题解决的能力是人们思维能力的主要表现，也是衡量人们智能水平的一个重要方面。虽然安全管理问题各种各样，表现形式和出现的情况也各有不同，但是问题的解决都是建立在分析和综合等思维的基础上。问题解决的过程也有一些普遍的规律，基本可以分四个阶段：第一，提出问题。这是解决问题的起点。提出一个问题比解决问题更重要，因为后者仅仅是方法和实验的过程，而提出问题则要找到问题的关键、要害。提出问题包括明确要解决什么问题，这个问题有什么特点，解决这个问题需要什么条件等。第二，形成策略。这是指形成解决问题的方案计划、原则、途径和方法，该阶段又叫做提出假设阶段，这是问题解决的一个主要阶段。在此阶段，对问题内部联系的了解和把握、创造性思维、对过去的经验及有关的科学知识的了解都具有重要作用。第三，寻找手段。这是指寻找解决问题的方法和相应手段。如果问题较为简单，人们在形成策略的同时，往往也就寻找到了手段。如果问题比较复杂，则需要根据解决问题的策略来进行手段的选择，没有正确的手段往往会使正确的策略归于失败。第四，实际解决。这是问题解决的最后阶段。提出的问题通过适当的手段最终解决了，这说明策略和手段是正确的。如果没有解决则说明策略和手段，甚至提出的问题可能有错误，需要进行相应的修正。

3.3.5 人的安全态度与行为

(1) 人的态度与安全行为

人在社会生产中，无论是处理人与人的关系，还是认识和改造客观事物，都会有各种各样的态度。有的人热爱本职工作，积极肯干；有的人则认为自己的工作没有出息，无精打采，敷衍塞责。这些都是不同的态度的具体表现。

态度是人对待客观事物（人或物）稳定的心理与行为倾向。构成态度的最基本成分有三种，即认知成分、情感成分、行为意向成分。

以上三个因素相互联系，相互影响，构成了人的态度的整体。每个人的态度尽管千差万别，但总的来说，其基本特征有以下几点。

① 态度具有社会性。人的态度并不是先天就有的，而是在后天的社会实践中，通过接触事物，通过与他人之间的相互作用逐渐形成的。

② 态度具有对象性。人的态度都指向特定的对象。特定的对象可能是具体的一件事，也可能是某种状态或观念。

③ 态度具有可稳定性。人的态度一旦形成，就具有稳定、持久的特点，不易发生改变。因此，要使人对某种事物树立正确态度，就必须及早加以教育，不要等已形成错误态度后再来纠正。

④ 态度具有可调节性。人的态度虽然具有稳定性，但仍受着人的世界观、人生观、价值观的调节。人的态度的形成受它们制约和影响。

(2) 态度与人的安全行为

态度是人的意识的一种存在形式，是在社会活动实践中产生的，是客观事物作用于大脑的结果。态度与人的安全行为密切相关，对人的安全行为起调节作用。人的态度在很大限度上决定于人对外界影响的选择和人的安全行为方向。如果一个人当时的态度正确，行为的安全意识水平就高，失误动作就会少。不同的人之所以会有不同的安全行为，一个重要的原因，就是由于人具有各种各样的态度。态度对人的安全行为有以下几个方面的影响。

① 态度通过影响人的知觉（性）的选择性和判断性，从而影响人的安全行为。造成不安全的因素很多，人的不安全行为是重要因素之一。虽然人的安全行为是由一定的外部或内部刺激引起的，但是人并不是消极地接受外部刺激，而要在心理活动中加以筛选，消除有害的刺激，接受有益的刺激。因此，人的态度就是在人的心理活动中起着加工作用。一旦人的态度形成，就会对特有的事物持有一套特定的看法，这种“特定”的看法往往会影响一个人的对事物的感知与判断。它不但可以接受或不接受刺激，而且还决定某一种刺激的性质判断。

② 态度预示着人的安全行为。态度本身包含着情感成分和行为意向成分，所以，已形成的态度就潜在决定了人会按某一方式来行动。如果一个工人对生产

安全有正确的态度，就会时时注意行为安全。否则，对安全问题满不在乎，就会忽视行为安全。一个热爱他所从事的工作的人，就有热情的工作态度，行为的安全程度就高，反之，工作失误就多，不安全行为就增多。

③ 人的态度的差异性决定安全行为的差异。人的态度是复杂的，每个人所表现出的态度不尽相同，即使同一个人不同时期所表现的态度也会不一样。人存在态度的差异，态度又影响人的安全行为，因而，每个人的安全行为强度也不一样。因此，通过各种宣传教育的形式，促使职工改变对安全工作的不良认识和态度，能增强职工的行为安全效果。

3.3.6 提高安全素质的理论与方法

(1) 应用文化学的理论方法提高人的安全素质

安全素质是“人本”安全的重要特质，提高人的安全素质可以从如下六个方面入手。

① 观念培塑。建立正确的安全价值理念，树立现代的安全观念、科学的安全态度等。

② 意识强化。遵守安全第一的行为准则，强化生产岗位的风险意识，提升作业过程的事故警觉性等。

③ 知识学习。掌握合理的安全认知、熟悉实用的安全知识等。

④ 技能训练。培养良好的安全习惯、提高应有的安全能力等。

⑤ 科普宣传。科学普及、交流报告、事故警示、现场示范等。

⑥ 责任建制。明责、知责、履责、审责；自我承诺、自我规管、自律自责。

(2) 应用行为学的理论方法提高人的安全素质

运用行为科学的理论，应用激励的方法提升、强化人的安全行为素质，具体的理论方法包括以下方面。

① 权变理论。人既是事故因素，也是安全的因素。

② 双因素理论。既要有基础管理和规范管理，也要有科学管理和文化管理。

③ 期望理论。既要考虑期望概率，也要考虑目标效价。

④ 强化理论。希望之行为正强化，不希望之行为负强化。

⑤ 公平理论。公平感和主人翁精神是安全的动力。

⑥ 人性假说理论。人既是“经济人”也是“社会人”，对安全的需求不同。

⑦ ERG 理论：生存（安全）需要、关系（尊重）需要和成长（发展）需要决定行为的指向。

(3) 应用管理学的理论方法提高人的安全素质

在安全管理实践中，采用约束和激励相结合的行为管控模式是最有效的。

① 他责与自责结合。在强化责任制度的同时，倡导自我规管。

② 他律与自律结合。在外部法律制度管束的同时，倡导自律意识。

③ 惩罚与奖励结合。负强化与正强化相结合。

④ 检查与自查结合。从上到下的检查监督与从下到上的自查自纠相结合。

⑤ 外审与内审结合。外部评审与内部评审相结合。

⑥ 第三方监督与自我监督结合。社会第三方监督机制与企业内部自我监督机制相结合。

3.4 基于文化学的“人本”安全方法论

3.4.1 基于文化学的“人本”安全理论

(1) 本质安全型人理论模型

基于安全文化学理论提出了“本质安全型人”的理论模型，其基本理论规律，可用图 3-5 示意，即人本安全的目标是塑造“本质安全型人”。本质安全型人的标准是时时想安全的安全意识，处处要安全的安全态度，自觉学安全的安全认知，全面会安全的安全能力，现实做安全的安全行动，事事成安全的安全目的。塑造和培养本质安全型人，需要从安全观念文化和安全行为文化入手，同时，需要创造良好的安全物态及环境文化。

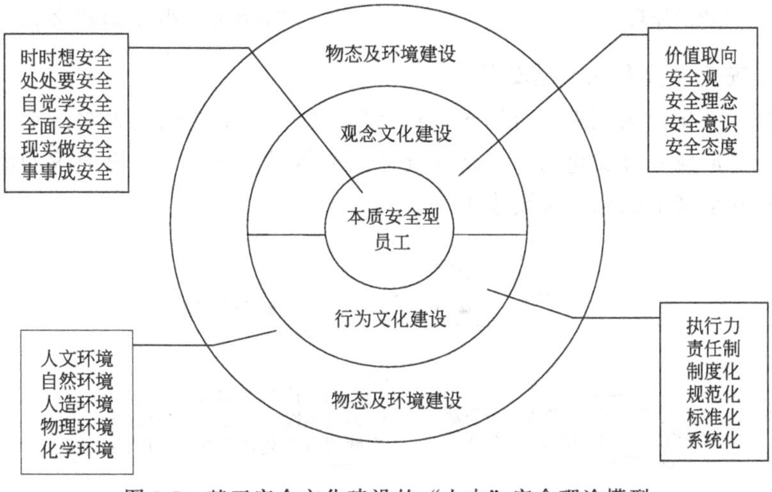

图 3-5 基于安全文化建设的“人本”安全理论模型

依据“人本安全理论”，在安全生产领域，提出了企业安全文化建设的策略，即安全文化建设的范畴体系，包括安全观念文化建设、安全行为文化建设、安全制度文化建设和安全物态文化建设。

(2) 人的安全价值观“收敛原理”

人的安全价值观“收敛原理”可用图 3-6 示意。这一原理的涵义：O 表示共同安全理念或安全价值观，O_1、O_2 表示不同的理论或价值观；A、B 表示通过文化建设对人的安全多元化的价值观、安全态度或理念取向产生的作用力；AB_1 和 AB_2 表示建设先进安全文化推动力和同一价值观或理念的合力；实现安全文化合力，收敛于，致高度认同的安全价值理念。这一原理表明，需要通过对全体员工的安全观念文化的建设，来实现企业或组织安全价值观收敛于社会的共同价值取向。

(3) 组织安全目标"偏离角最小化原理"

企业或组织的安全目标"偏离角最小化原理"可用图 3-7 示意。这一原理的涵义：夹角越小其余弦值越大，当夹角为 0°时，余弦值取最大值 1；O 点代表共同安全理念或价值观，M 代表组织或社会的最高安全目标，OL 和 ON 是指在干扰力量的影响下产生的安全目标的偏离。共同的安全理念或安全价值观，产生最大的文化合力，否则就会产生安全目标偏离，导致社会的经营和消防安全不能实现。因此，需要通过全体人员安全观念文化的建设来实现价值观收敛于社会的共同价值取向。

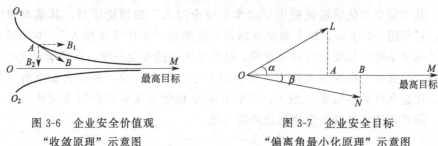

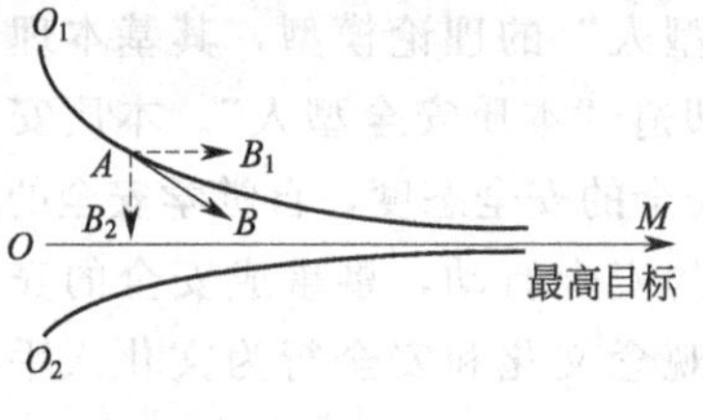

图 3-6 企业安全价值观"收敛原理"示意图

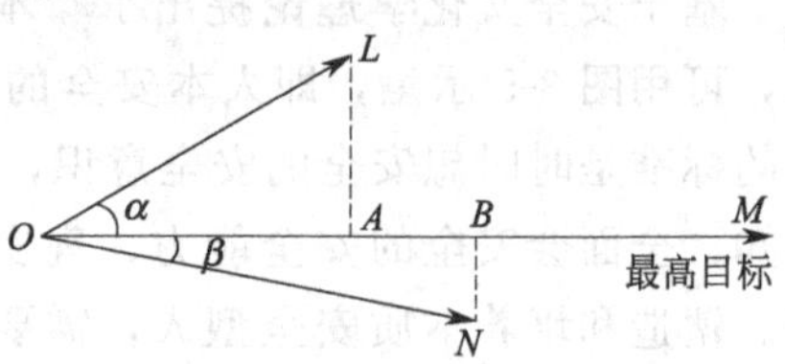

图 3-7 企业安全目标"偏离角最小化原理"示意图

(4) 安全"文化力场原理"

安全"文化力场原理"可用图 3-8 示意。这一原理的涵义表明，安全文化的建设就是要形成一种文化力场，将社会公众分散的意识、不符合要求的能力和素质，引向安全规范的标准及要求上来。

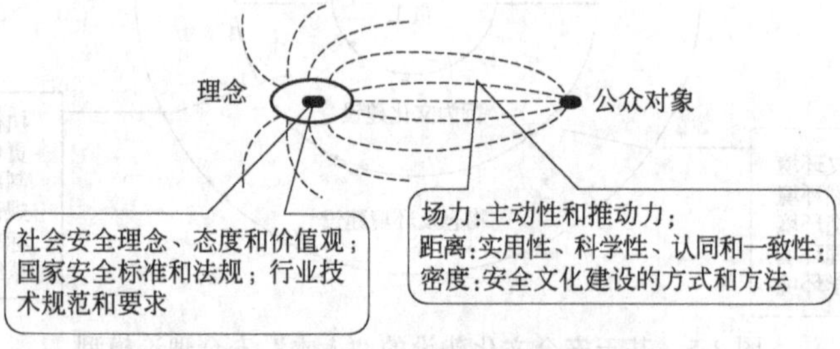

图 3-8 企业安全"文化力场原理"示意图

3.4.2 "本质安全型员工"的培塑方法

塑造和培养本质安全型人或安全型员工，需要从安全观念文化和安全行为文化入手，需要创造良好的安全物态氛围和环境。塑造本质安全型员工的方法体系可见图 3-9。

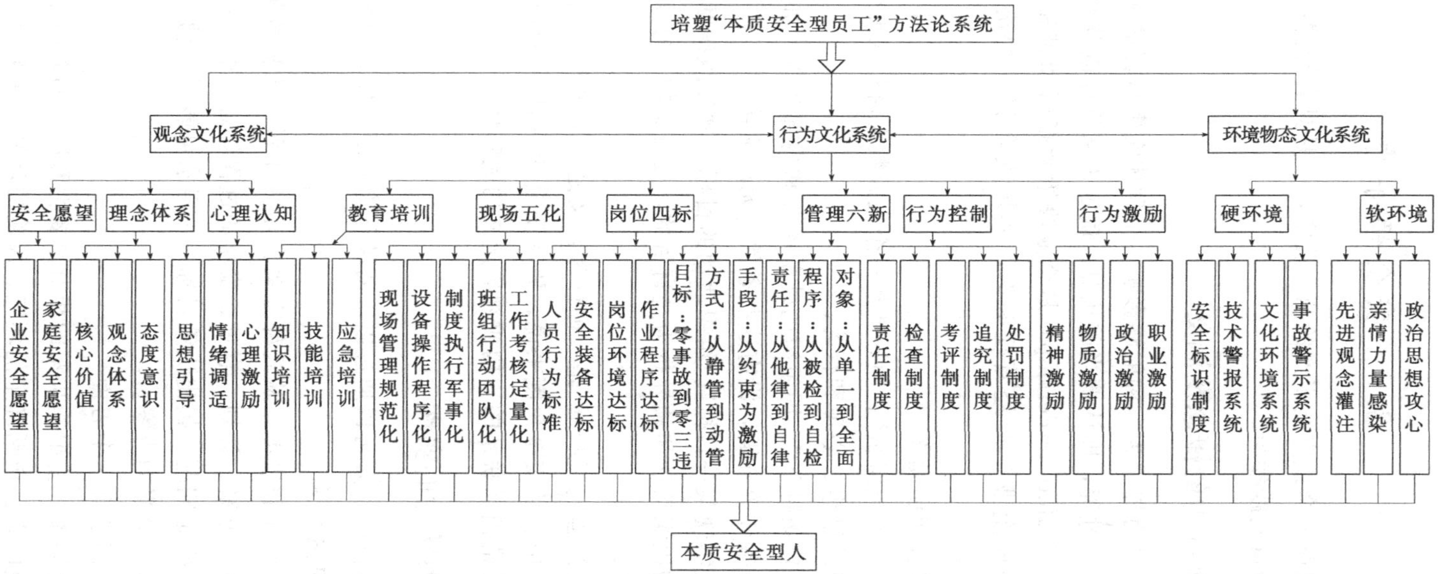

图 3-9 培塑“本质安全型员工”的方法论系统

3.5 安全领导力

实现国际职业安全或安全生产的两个法宝，一是具有智慧的安全领导力，二是通过有效的全员实践参与。

3.5.1 安全领导力的概念及涵义

罗宾斯将领导力界定为一种能够影响一个群体实现目标的能力。Petersen 认为领导力包括 3 个过程，即认清当前状况、确定未来目标以及实现目标的途径。

安全领导力（safety leadership）是企业决策者指引和带领企业的管理者和全体员工，在完成企业生产经营任务时，实现安全目标的决策、组织、管理能力。

领导定义包含四层涵义。

一是“影响个人或组织”。领导就是一个人或数人对他人或组织施加影响力，改变他人或组织的思想、心理和行为。

二是“在一定条件下”。即组织的外部条件和内部条件，如安全生产方法和安全生产的物质条件等方面，没有这些条件，无法领导。

三是“安全实现某一目标”。组织活动的目标即领导组织活动的领导人的目标，没有目标的组织活动和领导行为是盲目的，无意义的，在实现目标过程中必须做到生产安全。

四是“行为过程”。领导既是一种行为，又是一个过程，它是动态的，处在不断发展变化之中。从安全角度来说，要有安全管理的一系列的组织领导工作。以上的四层涵义是相互联系的，构成领导定义的完整性。

3.5.2 安全领导力的实现

领导者在群体中主要可以通过以下两种行为表现来实现领导力。

(1) 安全决策行为

领导者经过研究和思考，从几种方案、几种计划、几种意见或几种安排中，选择出一种最好的方案、计划、意见、安排的过程就是决策。一般决策过程包括如下三个步骤：确定问题，提出决策目标——寻求可能的行动方案——从各种可能的方案中选择最恰当的方案。

影响决策的因素有三个方面。

第一，情境因素。主要指决策的相对重要性和决策的时间压力。

第二，环境因素。包括确定的环境、风险的环境、冲突的环境和不确定的环境。领导者处于不同的决策环境，应采取不同决策态度和方法。

第三，人的因素。决策过程中人的因素包括两个方面，一方面是决策者个人的因素，另一方面是群体因素。个人因素主要指决策者对决策所采取的态度，一般分为理智型决策者、半理智半情感型决策者和直觉-情感型决策者。

提高决策的有效性，主要取决于决策质量和认可水平。前者指决策本身是否有科学依据，是否符合科学程序和客观实际，后者指决策是否能被下级接受、理解、容纳和执行。决策质量高，并能为下级充分地接受，决策的有效性就大。

(2) 安全激励行为

行为科学认为，激励就是激发人的动机，引发人的行为。人受激励是一种内部的心理状态，看不见，听不到，摸不着，只能从人的行为去加以判断。人的行为的动因是人的需要，因此，对人的行为的激励，就是通过创造外部条件来满足人的需要的过程。

安全行为的激励是进行安全管理的基本方法之一，在我国长期的安全生产管理工作中，这种方法得到安全管理人员自觉或不自觉的应用，特别是随着安全心理学和安全行为科学的发展，这一方法及其作用得到了进一步的发展。根据安全行为激励的原理，可把激励的方法分为以下两种。

① 外部激励。所谓外部激励就是通过外部力量来激发人的安全行为的积极性和主动性，常用的激励手段如设安全奖、改善劳动卫生条件、物质奖励、提高福利、提高待遇、安全与职务晋升或与奖金挂钩、表扬、记功、开展“安全竞赛”等手段和活动，都是通过外部作用激励人的安全行为。严格、科学的安全监察、监督、检查也是一种外部激励的手段。

② 内部激励。内部激励的方式很多，如更新安全知识、培训安全技能、强化安全观念和情感、智力潜能开发、解决思想问题、理想培养、建立安全远大目标等。内部激励是通过增强安全意识、素质、能力、信心和抱负等来发挥作用的。内部激励是以实现提高职工的安全生产和劳动保护自觉性为目标的激励方式。

外部的刺激和奖励与内部的鼓励和激励，都能激发人的安全行为。但内部激励更具有推动力和持久力。前者虽然可以激发人的安全行为，但在许多情况下不是建立在内心自愿的基础上，一旦物质刺激取消后，又会回复到原来的安全行为水平上。而内部激励发挥作用后，可使人的安全行为建立在自觉、自愿的基础上，能对自己的安全行为进行自我指导、自我控制、自我实现，完全依靠自身的力量来控制行为。从安全管理的方法上讲，两种方法都是必要的。作为一个安全管理人员，应积极创造条件，形成内部激励的环境，在一定和特殊场合，针对特定的人员，也应有外部的鼓励和奖励，充分地调动每个领导和职工安全行动的自觉性和主动性。

在企业或组织各种影响人的积极性的因素中，领导行为是一个关键性的因素。因为不同的领导心理与行为，会形成不同的社会心理气氛，从而影响企业或组织职工的积极性。有效的领导是企业或组织取得成功的一个重要条件。

管理心理学家认为领导是一种行为与影响力，不是指个人的职位，而是指引导和影响他人或集体在一定条件下向组织目标迈进的行动过程。领导与领导者是两个不同的概念，它们之间既有联系又有区别。领导是领导者的行为，促使集体和个人共同努力，实现企业目标的全过程，而致力于实现这个过程的人则为领导者。虽然领导者在形式上有集体和个人之分，但作为领导在履行自己的职责时，还是以个人的行为表现来进行的。从安全管理的要求来说，企业或组织的领导者对安全管理的认识、态度和行为，是搞好安全管理的关键因素。分析、研究领导安全行为是安全管理的重要内容。

企业安全领导的层级关系如图 3-10 所示。安全领导力的方式及要求如表 3-3 所示。

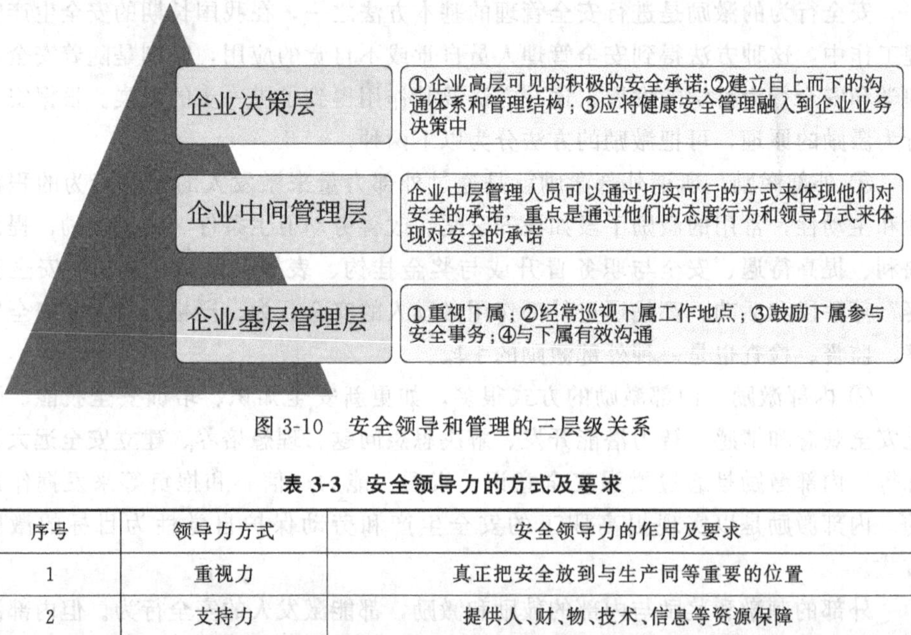

图 3-10 安全领导和管理的三层级关系

表 3-3 安全领导力的方式及要求

序号	领导力方式	安全领导力的作用及要求
1	重视力	真正把安全放到与生产同等重要的位置
2	支持力	提供人、财、物、技术、信息等资源保障
3	参与力	落实个人安全行动、带头分享安全经验
4	示范力	以身作则、率先垂范、带头遵守安全规定
5	影响力	领导展现的安全行为对员工的正面影响

3.6 全员安全参与

虽然人的行为是由个体完成，但同样也受到群体因素的制约。在群体中，他人的言论、行为对自身的行为会产生很大的影响。群体凝聚力、群体中成员之间的沟通、群体动力等都是决定群体行为的重要因素。

3.6.1 群体行为的概念及特征

群体是由个体构成的，因此，群体行为离不开个体行为，但群体行为并不是个体行为的简单相加。当某群体把成员个体凝聚在一起时，成员个体就具有该群体的意识和目的，并且具有其特定的社会性，该群体的活动效果反映着整个行为主体的状况而不再以个体的意识、目的为转移。例如，厂长在考查各车间安全生产状况时，会分析哪个车间安全管理做得好，哪个车间做得不好。安全管理工作的好与坏，可以有许多不同的标准，但这些标准的出发点均不是衡量哪个职工个人，而是衡量整个车间。实际存在的任何一个群体，都是作为整体来进行活动并且产生相应影响的。群体内部的一切活动，其发挥作用的性质、大小、方式等，均属于群体行为。

群体行为一般具有规律性、可测量性、可划分性和对个体的影响等四个方面的特征。

(1) 群体行为的规律性

任何群体中，均存在着活动、相互作用和感情三个要素，群体是通过这三个要素而存在的。在这三要素相辅相成的过程中，群体行为变化具有一定规律性。群体行为作为有意识、有目的的活动，既受到社会特别是所从属的组织的群体规范制约，又受到群体内成员的个体意识、需要、态度和动机等的影响。因此，安全管理对于群体行为的研究目的正是为了掌握群体行为变化规律及其对安全生产的影响。

(2) 群体行为的可测量性

群体行为的某些方面可以进行定性测量和分析，例如，一个车间或班组对安全规章制度的执行程度，车间职工安全意识水平高低，等等。就群体行为的某些具体指标来看，可以进行定量测量，如一个车间或班组的危险隐患整改的个数，违章行为发生的次数，全年安全教育的人数等等。可以通过这些定量指标确定该车间或班组的安全生产基本状况。

(3) 群体行为的可划分性

对群体行为予以定性和定量测量之后，可以根据测量结果把群体行为划分为若干类型。首先，根据群体行为的作用来划分，可以划分为积极行为类型和消极行为类型。其次，根据群体所承担的主要任务来划分，可以划分为主要行为类型与次要行为类型。再次，根据一定时期内在群体中起主导作用的行为来划分，可以划分为主流行为类型和支流行为类型。最后，根据行为持续时间及行为目的来划分，可以分为长期行为类型和短期行为类型。

(4) 群体行为对个体的影响

群体中的个体要受到群体规范和纪律的约束，同时，成员个体在群体中具有归属感，因此，群体的行为必然会对其中个体的行为产生重大影响。例如，一个生产班组在生产作业过程中以遵章守纪为主流行为，则其成员一般都会遵章守纪。某职工违反规章制度的行为会与班组的行为格格不入，这就制约了职工个人违章行为的发生。

3.6.2 群体凝聚力和安全

群体通过一定的规范和角色分配来提高个体的安全可靠性，并通过管理来提高群体的安全可靠性，而这一切都是通过群体凝聚力体现出来。群体的凝聚力是指群体对其成员的吸引力和群体成员之间的相互吸引力。凝聚力大的群体，成员的向心力也大，有较强的归属感，集体意识强，能密切合作，人际关系协调，愿意承担推动群体工作的责任，维护群体利益和荣誉，能发挥群体的功能。

影响群体凝聚力的因素很多，主要有五个方面。

① 成员的共同性，其中最主要的是共同的目标和利益。此外，还有年龄、文化水平、兴趣、价值观等。

② 群体的领导者与成员的关系，主要指领导者非权力性的影响力。此外，民主式领导可使群体成员之间的关系和谐，从而增强群体的凝聚力。

③ 群体与外部的联系。当群体受到外来压力时，其凝聚力会增强。

④ 成员对群体的依赖性。群体能满足成员的个人需要时，其凝聚力会增强。在群体实现其目标时，凝聚力也会增强。

⑤ 群体规模大小与凝聚力成反比。群体内信息沟通时凝聚力高，反之则较低。

群体的凝聚力和安全生产关系，取决于群体的目标和利益与企业是否协调一致以及群体的规范水平。一般来说，群体的目标和利益与企业整体的目标和利益总是相一致的，因此，凝聚力大的群体安全生产的绩效也较好。当安全生产绩效卓越受到奖励时，又会进一步提高群体的凝聚力。心理学家沙赫特（S. Schachter）曾在严格的控制条件下，研究了群体凝聚力与生产效率的关系。实验中的自变量是凝聚力和诱导，因变量是生产效率。四个实验组分别给予四种不同的条件，即以高、低凝聚力和积极、消极诱导进行四种不同的组合，另设一对照组，观察对生产效率的影响，得出如下结论。

① 无论凝聚力高低，积极诱导都可提高生产效率，尤以高凝聚力的群体为佳。消极诱导则明显地降低生产效率，而且以高凝聚力的群体降低更为明显。

② 群体的规范水平极其重要。高凝聚力的群体，若其群体规范的水平很低时，则会降低生产效率。

沙赫特的实验给出两点启示：

① 如果车间、班组的安全生产目标与企业的整体目标一致时，其安全生产目标规范水平较高。当群体凝聚力越高时，安全生产活动的成效就越好，效率也越高。反之，当车间、班组的安全生产目标与企业整体目标不一致时，其安全生产目标规范水平偏低。在群体凝聚力较高时，其安全生产活动的效果亦不会

良好。

② 企业安全生产的领导和管理人员不仅要重视企业各种群体的凝聚力，而且要重视提高企业各群体及其成员对安全生产的认识水平，积极诱导他们不断提高安全生产的规范水平，克服消极因素，使群体的凝聚力在保证实现企业安全生产目标中起到积极的作用。

3.6.3 群体沟通和安全

沟通是指某种信息从一个人、群体、组织传递到另一个人、群体、组织的过程。

群体沟通指的是组织中两个或两个以上相互作用、相互依赖的个体，为了达到基于其各自目的的群体特定目标而组成的集合体，并在此集合体中进行交流的过程。

安全管理需要铁手腕抓落实无可厚非，但从管理长远角度来看，忽略员工思想教育，以罚代管，往往容易使员工产生逆反心理，不能调动大家齐抓共管安全的积极性，最终事倍功半。所以，抓好沟通协调，以柔克刚，推进安全管理，也显得十分重要。

善于沟通能提高职工对安全的认知程度。思想是行动的先导。优秀的管理者在工作中善于加强与职工交流，用亲情、感情让他们从思想上认识到安全工作的重要性，自觉加强生产技术培训，按章规范操作，从而在行动上防微杜渐，杜绝违章行为，由“要我安全”到“我要安全”的质变。优秀的管理者在行使自己职能排查安全隐患、监督制止违章违纪行为的同时，同样要有良好的政治头脑，做好职工的思想工作，对违章违纪人员要动之以情，晓之以理，让他们感受到强硬的安全管理是对他们的关心爱护，接受安全管理，从而增强安全意识，杜绝违章行为，达到提高安全意识。

善于沟通能发现细微的安全隐患。善于沟通能够增强管理者与被管理者的亲和力，能够减小二者之间的心理隔阂。从细微之处消除安全隐患，因为安全隐患往往体现在工作的细节之中。细节包含着细心、细则、细致三层涵义。细心是对事物的用心观察，细则是制订切实可行的办法，细致则是精心周密地完成。职工工作在现场，最容易发现问题，反馈信息；管理者也最容易通过细节之中的问题，不断完善管理措施，实现从实践到理论的转化。每一项规章的制订和执行，背后都是血的教训。我们在施工以前要相互商讨，多方位考虑工作当中存在的多种不安全因素，防患于未然。哪怕存在极小的疑问，都要及时提出，不因小事而放任，这就是工作中的细则。

善于沟通能提高团队精神。安全工作是整体工作，需要整个团队每一个人的凝心聚力、默契合作。善于沟通能够使人与人之间相互关照，相互配合。在现场工作中遇到危险相互提醒多注意，遇到困难相互团结不后退。积跬步至千里，积细流成江河。每个人团结一致，抓好了工作中每一件小事，也就夯实了安全，成就了伟大。

3.6.4 群体动力论与安全

(1) 安全管理中的群体动力

所谓群体动力，就是群体中的各种力量对个体的作用力和影响力。群体动力理论最早由德国心理学家勒温于 20 世纪 40 年代开创。他援引物理学中的力场概念，来说明群体成员之间各种力量相互依存、相互作用的关系，以及群体中的个人行为。他认为，人的行为决定于内在需要与周围环境的相互作用，并提出了以下著名公式：

$$B=f(PE) \tag{3-1}$$

式中，B 表示一个人当前行为的方向和强度；P 表示一个人的内部动力和内部特征；E 表示一个人当时所处的可感知到的环境力量。

上式说明，群体中个人行为的方向和强度取决于个人现存需要的紧张程度（即内部动力）和群体环境力量的相互作用关系。Lewin 认为，群体的行为不等于群体中各个成员个人行为的简单的算术和，它包含集体的智慧，因而产生了一种新的行为形态，即两个人以上的协同活动所产生的力量会超过各个人单独活动时所产生的力量的总和，而且在某些条件下还能起质的变化。马克思在《资本论》中也曾经指出：一个骑兵连的进攻力量或一个步兵团的抵抗力量，同单个骑兵的进攻力量的总和或单个步兵分散展开抵抗力量的总和有本质的差别。也有一些学者提出了不同看法，认为在群体活动中其成员往往会向低水平看齐，他们强求一致，压制了个体独特个性和创造性的发挥。泰勒的管理思想，就是以“工人个别化”为准则。他认为工人在集体活动时所想的，只是不要比别人多卖力气，因而会降低生产率。

总之，群体动力来自于群体的一致性，这种一致性表现为群体成员有着共同的目标观点、兴趣、情感等，群体成员在群体动力的相互作用和影响下，其行为会发生或好或坏的变化。

(2) 群体动力对安全行为的影响

个人在群体中的安全行为和他单独一个人时往往不同。在一些情况下，个人在群体中工作或有别人在场时，其工作效率和安全行为会表现较好，这种现象称为社会促进或社会助长；在另一些情况下，个人由于处于群体中或有他人在场，其工作成绩反而比独自工作时低，或者操作失误性增加，这种现象称为社会促退或社会致弱。群体对个人安全作业究竟起促进还是促退作用主要取决于以下几个因素的影响。

第一，工作性质。研究发现，当从事简单、熟练、机械性的工作时，一个人单独操作，不如与其他人一起工作效率高，甚至易发生违章作业的行为；当从事复杂性工作时，例如，在事故隐患原因较复杂而需要及时判断解决时，有其他人在场将会起干扰作用，使工作者注意力不易集中，效率降低，失误增加。但也有研究指出，如果群体中成员关系融洽，有共同的目标和沟通的机会，则成员在一起可以相互启发和促进。

第二，竞争心理。人们通常都有一种成就动机，个人的成就动机在有他人在场时会表现得较为强烈，希望自己的工作比其他人做得更好。这时，强烈的成就动机会转变为竞争动机，因此，个人的成绩比在单独时好；而个人在单独工作时，缺乏较量的对手，劲头不足，这种现象被称为“结伴效应”。

第三，被他人评价的意识。个人在群体中作业时，不可避免地会产生被他人评价的意识，总认为他人有评价自己的可能性。这种意识一旦产生，就会对个人的行为起推动作用。竞争心理和被他人评价的意识是结伴效应的心理基础。而结伴效应对安全行为是促进还是促退，不可一概而论，要依群体的环境而定。

(3) 群体压力和从众行为

在群体内部，当个人的意见与多数成员的意见不一致时，会感到心理紧张，产生一种无形的心理压力，这种压力就是群体压力。它有两个特点：一是这种压力来自并存在于群体内部，是群体所特有的，不同的群体会形成不同性质和强弱不同的群体压力。二是这种压力与群体规范有关。群体压力不同于权威命令，它不是由上而下明文规定的，也不具有强制性，而是一种群体舆论和气氛，是多数人的一致意向。它对个体心理上的影响和压力有时比权威命令还大，个体在心理上往往难以违抗，感到必须采取相符的行为才有安全感。

在群体压力下，个人放弃自己的意见而采取与大多数人相一致的意见或行为，这种现象称为从众行为，也叫相符行为。影响从众行为的因素很多。对一般人来说，当自己的行为与群体的行为完全一致时，心理上就感到安稳；当与多数人意见不一致时就感到孤立。但是，也有一些人坚持自己的独立性，不愿随便从众。一般说来，个体在群体压力下是否表现从众行为，主要受个体所处的情境、问题的性质和个体的身心特性等因素的影响。

(4) 群体压力和从众行为对安全管理的作用

群体压力和从众行为对安全管理的作用具有双重性质。利用得当，可产生积极作用；放任不管，可能产生消极作用。

其积极作用表现在以下方面。

① 它有助于群体成员产生一致的安全行为，有助于实现群体的安全目标；

② 它能促进群体内部安全价值观、安全态度和安全行为准则的形成，增强事故预防能力，维持群体良好的安全绩效；

③ 它有利于改变个体安全与己无关的观点和不安全行为；

④ 它还有益于群体成员的互相学习和帮助，增强成员的安全成就感。

其消极作用表现在以下方面。

① 它容易引发违章风气，不易于职工形成勇于提出安全整改意见的习惯；

②容易压制正确意见。在行为一致的情况下，产生忽视安全、单纯追求表面生产效益的小团体意识，做出错误的安全决策。

在安全管理工作中，应充分利用和发挥群体压力和从众行为的积极作用，克服其消极作用，使个体行为朝着符合安全要求的方向发展。

全员参与的体现：

• 人因本质"化"的特点

观念文化一致、普遍地认同；

行为文化高度、自觉地践行；

管理文化合理、有效地运行。

• 全员参与"化"的测量

普及化：普及率；

主动化：执行力；

全员化：参与率；

多样化：非强制性比率；

人性化：亲情参与率。

• 人的本质安全化方式

内化于心；

外化于行；

固化于制；

实化于物；

强化于企。

3.6.5 全员安全责任共担

安全责任共担的理论是人人参与、人人有责、人人共享。其理论的基础是事故的原因与后果与人人有关，事故的防线需要人人参与，安全的保障需要人人共担。

传统的安全责任观念认为，安全是领导者的责任，领导既管生产又管安全，企业的安全责任由领导或安全专管部门承担，普通员工和生产、业务管理部门只负责生产和业务，安全与其无关。因此，领导者的安全责任"重如泰山"，普通职工的安全责任"轻如鸿毛"。"人人参与、人人有责、人人共享"的安全责任共担理论表明，企业安全既是企业领导、安全专管部门的责任，也是生产、技术等业务分管领导和部门的责任，更是员工的第一责任，人人都应对安全生产负责。因此，安全生产的责任不仅对于企业负责人"重如泰山"，同时，还需要企业全员"人人共担、人人有责"。只有如同图 3-11 所示共担与稀释安全责任，企业安全生产才能得以根本保障。

落实"人人参与、人人有责、人人共享"的原则，要做到安全保障"横向到边、纵向到底"。

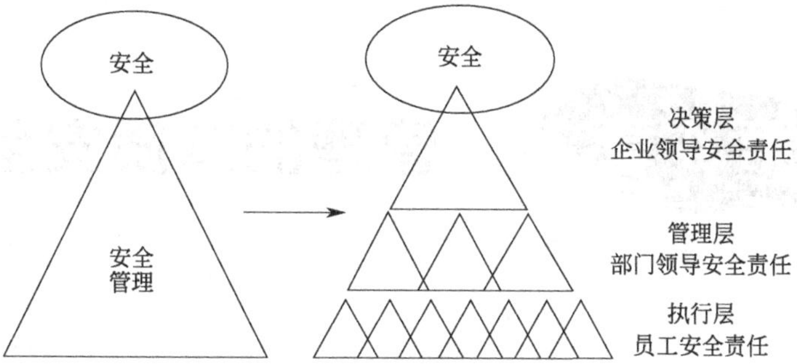

图 3-11 安全责任的共担与稀释模型

首先是横向到边。要将所有的单位和部门都纳入到安全管理的体系当中。而安全管理的各项规章制度、管理活动的运行和检查、考核，本身也是一种体系化的运作，是一个综合的整体，节点就是各个单位、部门之间各负其责、相互协调、相互配合与促进。

其次是纵向到底。每一名职工都意识到企业安全和自身安全息息相关，安全责任落实到每一名职工。职位不分高低，责任不分大小，不管是谁，在责任面前一律平等，每名职工都承担相应的安全责任。只要一名职工发生了伤害或事故，都将使整个企业处于不利的位置。

安全生产的“管理本质安全化”就是通过推行预防型的安全生产管理机制、管理战略、管理模式、管理体系来提高安全生产的本质安全化水平，实现安全生产“零事故目标”。

第4章 管理的本质安全化

4.1 管理本质安全化的概念及思想

4.1.1 管理本质安全化的概念

(1) 管理本质安全化的定义

管理的本质安全化是指企业通过具有超前预防、源头管控、标本兼治特点的管理模式、管理体系、管理措施的运行和实施，运用以风险预控为核心的、持续的、全面的、全过程的、全员参加的、闭环式的安全管理活动和工具，使企业的生产过程做到人员无失误、设备无故障、系统无缺陷、管理无漏洞，进而实现企业生产经营过程的高标准、高水平安全生产状态。

(2) 本质安全化管理的要素构成

企业安全生产系统由“人员”“设备”“环境”和“管理”四要素构成，四要素之间相互联系、相互作用，共同保障企业安全生产目标的实现。本质安全化管理属于企业安全生产系统的全要素“管理”，其管理对象由“人员”“设备”“环境”三个要素构成。

①“人员”包括企业各级领导、管理人员、作业人员及一切与安全生产有关的人员。“人员”既是本质安全管理活动的主体（管理行为的策划与执行者），又是本质安全管理活动的客体（管理行为的控制对象之一），因此，“人员”是本质安全管理工作的最重要的管理要素。

②“设备”是对企业生产过程中涉及的生产设备、设施、装置、工具、物料等的统称，在部分文献中也将“设备”称为“机”。

③“环境”是指企业生产过程中的工作和作业环境，是“人员”“设备”和“生产行为”发生汇集的时空环境。在有些情况下，人们将本质安全管理本身也看作一个要素“管理”，此时，本质安全管理就是由“人员”“设备”“环境”和“管理”四个要素构成。

(3) 本质安全化管理与“人、机、环境”本质安全的关系

管理的本质安全化相对于人的本质安全化、设备的本质安全化和环境的本质安全化具有更为系统、全面、综合的特点。管理的本质安全化需要建立在“人、机、环境”的本质安全化基础之上，同时，对“人、机、环境”的本质安全发挥促进和协调的作用。这是由管理因素在事故预防原理和事故致因规律中的地位和作用所决定的。如图 4-1 所示，给出了人、机、环境和管理因素之间的逻辑关系，管理与事故系统或事故预防是一种条件因素，即管理对“人、机、环境”三个事故直接致因（逻辑“或”的关系）具有逻辑“与”的关系和作用。

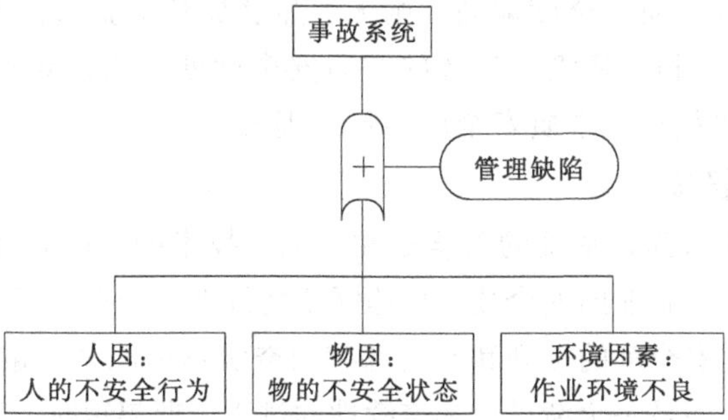

图 4-1　事故致因逻辑关系图

因此，管理的本质安全化会影响和作用于“人、机、环境”因素。

4.1.2　管理本质安全化的基本特征

“人本”靠文化，“物本”“环本”靠科技，“管本”靠体系。管理的本质安全化具有系统化管理、定量性管理、合理性管理和持续性管理四个特征。

（1）系统化管理

本质安全的管理具有系统化的特点，因此，应用管理体系模式是重要的方法。管理本质安全化需要实施“全要素管理”，即将企业所有与安全生产有关的对象或因素，全部纳入管理体系范围，如人员实施全员行为管理，从决策层到管理层，从管理层到执行层；设备实施全生命周期管理，即将设备的设计、选型、制造、采购、安装、使用、储存、维修、报废等生命过程全部纳入管理范围；生产工艺进行“全过程管理”，即将企业各类生产过程的所有环节全部纳入管理范围。本质安全型企业的创建，不仅需要依靠科技提高“设备”和“环境”的本质安全水平，而且需要提高“人员”的安全素质、增强“人员”的安全意识和观念，同时，需要科学、规范的安全管理加以体系化，因此，实施本质安全管理的企业必须统筹兼顾，注重“人员”“设备”“环境”和“管理”的全面、系统和协调发展。

（2）定量性管理

本质安全管理通过对各类要素的固有安全能力进行分析与量化评估，给出本质安全水平的量化值或本质安全度。在本质安全管理过程中，通过往复执行“评估本质安全度→制订本质安全度提升目标→采取措施实现提升目标”这一过程，实现对安全生产的全过程量化管理。

(3) 合理性管理

本质安全管理认为，要实现本质安全的风险最小化目标，需要推行管理效能最大化，因此，需要进行分类、分级的科学管理、合理管理、均衡化管理。企业整体本质安全度的提升是“人员”“设备”和“环境”三要素相互配合、协同作用的结果。当某一要素的本质安全度偏低，将会显著影响企业的整体本质安全度；当某一要素的本质安全度偏高，则无法显著提升企业的整体本质安全度。只有“人员”“设备”和“环境”三者的本质安全度处于均衡状态，才能使企业在有限的投入下，取得整体本质安全度的最大提升。

(4) 持续性管理

本质安全管理认为，系统的安全是相对的，技术的危险是永恒的，企业的风险是动态的，因此，企业的安全技术措施需要持续性，安全管理对策需要发展性和创新性。企业本质安全度的提升和安全基础的夯实不可能“一蹴而就”，需要一个持续改进的过程，即是一个渐进性和连续性的过程，期望短时、高速的提升是不科学和难以实现的。同时，本质安全管理这一管理模式的采用也是一个持续的过程，不能持之以恒地实施本质安全管理，则无法实现企业本质安全度的持续提升。

4.2 国家本质安全的管理机制

4.2.1 国家安全生产宏观安全管理机制的概念

“机制”一词来源于希腊文，开始是用于机构工程学，意指机械、机械装置、机械结构及其制动原理和运行规则等；后用于生物学、生理学、医学等，用于说明有机体的构造、功能和相互关系。随着概念和内涵的延伸，在宏观经济学领域，把社会经济体系比作一架大机器或动物机体，用“机制”说明经济机体内部各构成要素间的相互关系、协调方式和原理。因此，管理机制从系统论的观点看，应是指管理系统的构成要素（主体）、管理要素（客体）间相互协调和作用的方式以及运行规则。

安全管理是一个全人类共同面临的问题，对此，世界各国都具有一些共同的规律和属性。在安全管理体制方面，由于各个国家政治制度、经济体制和发展历史的不同，其安全管理体制也存在一些差异。但随着国际经济一体化、全球化的趋势和发展，各个国家的安全管理产生了相互影响和渗透的趋向。在安全管理体制方面，世界很多国家推行的是“三方原则”的管理体制或模式，即国家-雇主-雇员三方利益协调的原则。这一原则必然建立起国家为社会和整体的利益，通过立法、执法、监督的手段来实现；行业代表雇主或企业的利益，通过协调、综合管理来实现；工会代表员工的利益，通过监督手段来实现的相互督促、牵制和协调、配合的机制。

4.2.2 我国现行安全生产宏观安全管理机制

2014 年颁布新版的《安全生产法》明确了我国宏观安全生产工作机制：“生产经营单位负责、职工参与、政府监管、行业自律、社会监督”。首先，明确了生产经营单位的主体责任，同时，重要的是系统阐明了企业、员工、政府、行业、社会多方参与和协调共担的安全生产保障模式和机制。由此，可以认为安全发展战略的实施有五方主体，其功能和任务是：生产经营单位守法与尽责，职工参与与自律，政府引领与监管，行业协调与管理，社会督促与监督。推进安全发展战略，落实生产经营单位主体责任是根本，职工参与是基础，政府监管是关键，行业自律是发展方向，社会监督是实现预防和减少生产安全事故目标的保障。安全发展战略的五方主体机制如图 4-2 所示，安全发展战略的价值链模型如图 4-3 所示。

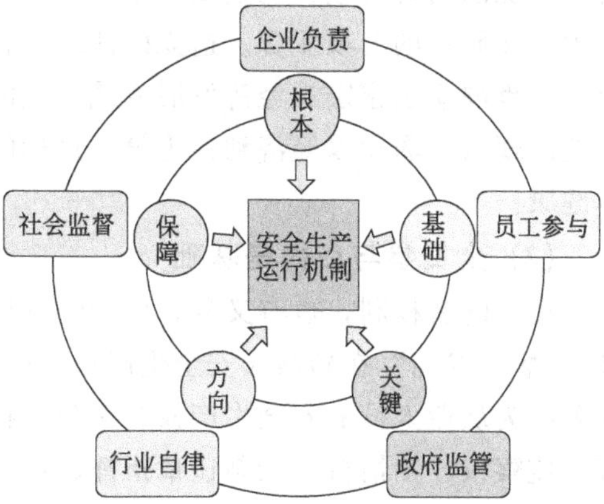

图 4-2　我国安全生产五方工作机制结构示意图

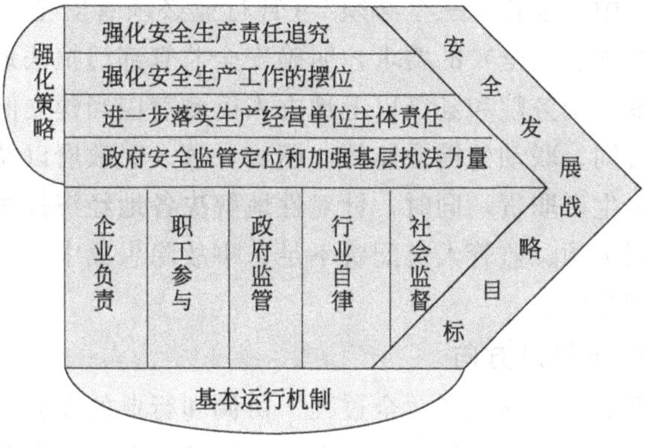

图 4-3　我国安全发展战略五方主体价值链模型

4.2.3 我国安全生产宏观机制的内涵

我国现行的安全生产五方机制体现了如下内涵。

(1) 企业守法尽责是根本

生产经营单位是安全生产的责任主体，其依法尽责是保障安全生产的根本因素。《安全生产法》明确了安全生产的责任主体是生产经营单位，并在第二章生产经营单位的安全生产保障中首先明确负责人的安全生产责任。因此，发挥生产经营单位决策安全生产管理机构和安全生产管理人员作用作为一项重要内容，作出三个方面的重要规定：一是明确委托规定的机构提供安全生产技术、管理服务的，保证安全生产的责任仍然由本单位负责；二是明确生产经营单位的安全生产责任制的内容，规定生产经营单位应当建立相应的机制，加强对安全生产责任制落实情况的监督考核；三是明确生产经营单位的安全生产管理机构以及安全生产管理人员履行的七项职责。这无疑体现了企业在安全生产中附有责任主体的地位提升，也顺应国家宏观经济发展方式转变的改革方向，使企业扭转经济增长方式粗放的现状，弱化以经济利益为第一目标的思想，更加注重员工的生命安全与身体健康。

(2) 全员参与自律是基础

员工既有权利，也有义务，生产经营单位的全员参与和自律是安全生产的根基。“职工参与”在新版《安全生产法》中体现了职工的“话语权”，并且第三章章名改为从业人员的安全生产权利义务。在原来职工在安全生产中依法享有参与权、监察权、知情权、抵制违章指挥、违章作业权等八项权利的基础上，扩大了被派遣从业人员的权利与义务，并且赋予了职工在行使安全生产权利时充分的法律依据，提高职工参与安全生产的热情和能动性。

(3) 政府引领监管是关键

各级政府的领导和相关部门的依法监管是实现安全生产战略的关键因素。在新《安全生产法》中，强化“三个必须”（管行业必须管安全、管业务必须管安全、管生产经营必须管安全）的要求，明确安全监管部门执法地位。同时，扩大了政府部门的范围，国务院和县级以上地方人民政府应当建立健全安全生产工作协调机制，进行协同、联动的综合监管。明确乡镇人民政府以及街道办事处、开发区管理机构安全生产职责，同时，针对性地解决各地经济技术开发区、工业园区的安全监管体制不顺、监管人员配备不足、事故隐患集中、事故多发等突出问题，强化安全生产基础。

(4) 行业协调监管是方向

生产行业主管部门主导生产“全过程”协调和行业的专业管制，是实现安全生产的重要保障。在新《安全生产法》中统称为负有安全生产监督管理职责的部门，强化了行业的监管责任与地位。要求在各自职责范围内对相关的安全生产工作实施监督管理，并且各级安全生产监督管理部门和其他负有安全生产监督管理职责的部门作为执法部门，依法开展安全生产行政执法工作，对生产经营单位执行法律、法规、国家标准或者行业标准的情况进行监督检查。

(5) 社会督促监督是保障

社会各方的督促与监督，是安全生产的重要支持。在新《安全生产法》中强调了增强全社会的安全生产意识，强调了社会各方检举和监督的权利和义务，全社会无论单位还是个人，乃至新闻媒体、社区组织等，都应参与到安全生产的监督工作中来。充分调动全社会的资源，为安全生产的发展提供有力的支撑和保障。

4.3　国家本质安全管理战略

4.3.1　国家本质安全“战略-系统”理论

“战略”决定方向和策略，“系统”指明方法和举措。应用国际成熟的战略理论和系统建模方法是构建我国安全生产本质安全“战略系统”的理论依据。

麦肯锡“7-S”模型是国际公认并得到普遍应用的战略管理模型，“霍尔三维结构模型”则是系统科学最基本的理论建模方法，可分别参见图 4-4、图4-5。

应用麦肯锡“7-S”模型和“霍尔三维结构”模型可以构建出我国安全生产的“发展战略模型”和“系统治理模型”，从而梳理和认清安全生产推进本质安全化建设理论与实践。

图 4-4　战略理论的麦肯锡“7-S”战略模型

4.3.2　国家本质安全战略模型

应用麦肯锡“7-S”战略模型，可构建出我国安全生产本质安全战略的理论模型，如图 4-6 所示。图中指明国家本质安全战略需要明确的 7 个维度战略方向。

战略方向一（维度 1）：明确“基于国家意识的安全发展战略理论”和“安全生产的目标和使命”。本质安全战略要从政治、经济、文化、科技等角度研究社会发展与安全发展的社会基础性战略问题；安全目标和使命主要是明确安全价值理性、安全工具理性、安全领导力、安全目标体系等安全发展的根本性问题；

战略方向二（维度 2）：提出本质安全的战略对策，主要解决不同经济体制、产业结构、发展增速等条件下的安全政策命题，以及科学发展战略目标下的安全决策理论命题；

战略方向三（维度 3）：构建本质安全战略体系，解决安全规划与安全体制的顶层设计问题；

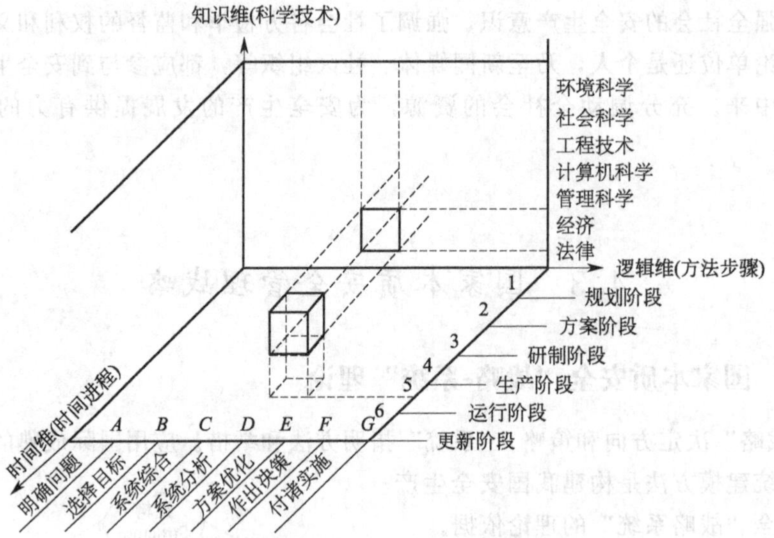

图 4-5　系统科学的“霍尔三维结构”模型

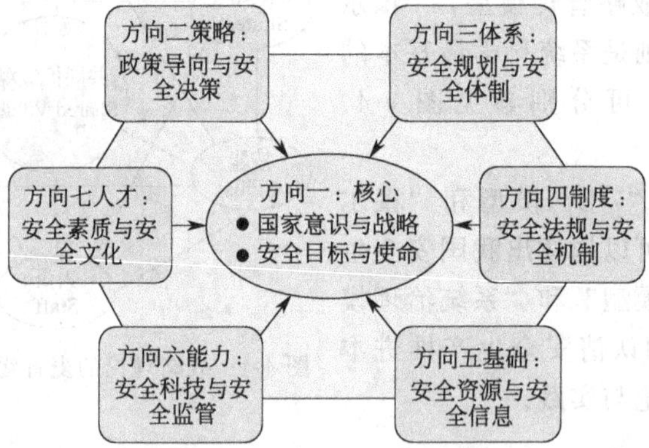

图 4-6　国家本质安全战略模型

战略方向四（维度 4）：建立本质安全制度体系，解决安全法规建设与安全法制机制优化问题；

战略方向五（维度 5）：强化本质安全的基础，解决安全投入与安全资源保障和信息化问题；

战略方向六（维度 6）：提升本质安全能力，解决安全科技与安全监管的支撑能力问题；

战略方向七（维度 7）：推进本质安全人才队伍建设，解决安全人员素质与安全文化建设的问题等。

4.3.3　国家本质安全的“系统思路”

基于国家本质安全的“战略模式”可构建出国家本质安全的“系统思路”。

■ 三大使命——立命：生命安全健康；环境财产安全；社会经济持续发展。

■ 四项战略——引领：文化兴安战略、科技强安战略、综合治理（系统防范）战略、本质安全战略。

■ 五大原理——支撑：安全科学原理、事故致因原理、本质安全原理、安全系统原理、安全发展原理。

■ 六个要素——保障：领导与决策、规划与策略、结构与体系、资源与信息、流程与技术、文化与学习。

■ 六个体系——落实：构建和完善 6 个本质安全体系，提高本质安全的 6 种能力，如图 4-7 所示。

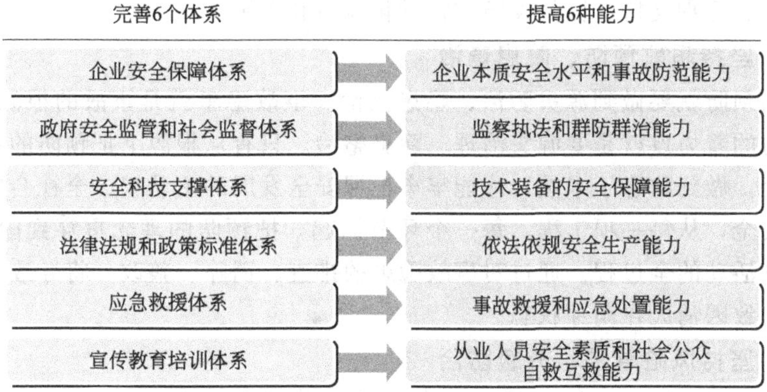

图 4-7　国家本质安全的 6 个体系建设

4.3.4　国家本质安全的“系统治理”对策

发展的本质就是创新和治理，推进国家本质安全战略需要推动国家安全发展的创新和治理体系的建设。依据国家安全发展战略的思想、原则和目标，基于对安全发展的势态和趋势分析，可提出如下“十坚持、十治理”的国家本质安全治理对策。

（1）坚持安全红线，理念为治

全社会要牢固树立“以人为本、生命至上”的安全观，正确处理好安全与发展、安全与经济的关系，把保护人民的生命安全作为国家的核心价值和政府治国理政的最高职责。坚守安全红线意识、树立安全核心价值理念，让安全发展成为全党、全国人民深切理解、普遍接受的，发自内心的自我需求和承诺。

（2）坚持安全第一、标本兼治

要将“安全第一、预防为主、综合治理”作为安全发展的根本方针，既重视安全工程技术，更重视安全行为管理；既重视事故追责，更重视预防担责；既有超前预防，也能危机应对；既要有人力的投入，更要有资金的投入。总之，既要治标，更要治本。

（3）坚持系统安全、综合施治

习近平总书记提出的“党政同责、一岗双责、齐抓共管”安全生产举措，就是“安全生产系统观”和安全综合施治的具体体现。做好安全生产工程需要系统工程的对策措施，全面实施安全综合施治策略。长期坚持安全生产的系统工程对策举措是实现安全生产根本好转和稳定提升的必由之路。

（4）坚持本质安全、科学根治

依靠科学技术的进步提高社会、企业本质安全水平，是提升安全发展保障能力，提高事故和灾害预防水平的重要对策。全社会、各行业、各领域要遵循安全发展的科学规律，强化科技强安，提高安全发展对策措施的针对性、科学性和有效性，推进基于安全本质规律的科学发展导向和科学方法体系，提高安全发展的技术支撑、管理支持、监督保障的科学化能力和水平。

（5）坚持超前预防、隐患查治

超前预防就要做到源头防治、隐患查治。事故隐患就是事故的根源和致因，超前预防的着力点就是要源头治理、隐患整治。只有从根源上把预防的各项措施落到实处，做到防患于未然，才能牢牢把握安全发展的主动权。全社会要坚持从源头抓安全，从每一项工程、每一个环节抓起，把预防的理念贯穿到国家治理、社会经济活动的全过程。通过对事故隐患的排查、消除、整改，将导致事故灾害的根源和致因消灭在萌芽状态。

（6）坚持风险管控、分级防治

基于风险的管控，是现代安全管控的科学模式和方法体系。通过安全风险的分级管控，能够提高安全工作的科学性、合理性和有效性。加强安全风险管控，就是要做到从发展规划布局到立项建设全过程，从社会经济生产到民生生活全领域，从生产安全到公共安全全方面，实行基于安全风险评价的分类分级管控，实现“高危低风险、无险无事故”的国家、社会安全治理状态。

（7）坚持责任体系、全员共治

安全责任制是所有安全制度的第一制，也是安全发展成败的基本保障制度。安全责任体系的内涵是“党政同责任、一岗双责；人人参与、人人有责”。“党政同责任、一岗双责”解决安全发展的领导力和决策力，“人人参与、人人有责”是提高全民的安全执行力和落实力。

（8）坚持改革创新、强化法治

“立善法于天下，则天下治；立善法于一国，则一国治”。同理，立善法于安全发展，则安全发展能治。要注重运用法治思维和法治方式，着力完善安全发展的法律法规和标准，着力强化严格安全执法和规范执法，着力提高全社会的安全法制的意识、履行安全法法律规范的观念，提高安全法规的执行力。

（9）坚持文化兴安、励精图治

人的原因是事故灾害的第一主因，人的因素是安全发展的最基本因素。安全文化是安全发展的根本和灵魂。通过社区安全文化、校园安全文化、企业安全文化的建设，强化全民安全观念，增强全民安全意识，提高全民安全素质，培塑

“本质安全型人”，让社会人成为“安全人”、让企业员工成为“安全员”，以支撑实现社会安全发展、国家长治久安。

(10) 坚持基础建设，固本而治

党的“十八大”报告提出了强化安全生产基础的要求。安全基础建设能够奠定安全发展之根本，安全基础建设决定安全发展之久远。安全发展的基础建设就要重视安全发展的“基础、基本、基层”的“三基”建设，全面提升安全发展的“三基”保障能力。安全发展“三基”建设战略包括安全的人员队伍、资金投入的“基本保障”；安全科技、安全管理、安全培训工作的“基础强化”；社会单元、企业组织的“基层保护”。通过强安全之基，实现固发展之本。

“十坚持、十治理”的本质安全系统对策，给出了推进国家本质安全发展的主要路径，通过不断地落实治理对策，定能实现国家之兴、人民之梦、社会之成。

4.4 企业本质安全管理体系

具有科学性、系统化、预防性特征，并符合安全科学公理、定理以及科学管理的体系方法，都是本质安全的管理体系，如近 20 年我国从国际引入的 NOSA、OSHMS、HSE 等安全管理体系。

4.4.1 NOSA“安全五星”管理体系

(1) NOSA 的起源及优势

NOSA 是南非国家职业安全协会（National Occupational Safety Association）的简称，创建于 1951 年，是一个非营利组织机构。当时，由于南非工矿企业较多，工作环境差，人员素质低，经常发生人身伤亡事故。南非政府迫切需要改善这种不安全状况，由南非劳动局制订一系列的安全审核制度，通过对企业定期进行安全审核，对安全表现提供客观评估，指出需要改善的地方，以减少企业不安全因素，从而提高安全水平，并取得了显著成绩。

从 1987 年开始 NOSA 有了新的发展，逐步走出南非，发展到非洲其他国家、欧洲、美洲和澳洲、亚洲等 50 多个国家 6000 余家企业。

NOSA“安全五星”管理系统是从 20 世纪 70 年代发展起来的，它经过十万多次的调查、考察和评估，发展至今已形成一个集安全、环保、健康于一体的管理体系。该系统以风险管理为基础，强调人性化管理和持续改进的理念，目标是实现安全、健康、环保的综合风险管理。在国际上 2000 多个公司推行后，验证了其在减少人员伤亡、减少职业病和其他损失等方面是非常有效和成功的，它为企业控制风险因素提供了一个优良的平台。

NOSA管理系统是一种讲究“人性化”的管理系统，它的一个显著的特点是注重全员参与，重视开展班前评估和班后总结，这种评估是全员、互动式的，体现安全管理的“以人为本”。针对员工的安全健康，在实施过程中要求全体员工参与。不同于以往的ISO标准体系只注重结果，NOSA管理系统强调的是过程，因此，在操作上更“人性化”。

NOSA五星安全管理系统以危害辨识、风险管理为核心，以海因里希的“冰山理论”为依据，以“PDCA”方式为运行模式。其核心理念是所有意外均可避免，所有危险均可控制，每项工作均应估计安全、健康、环保，通过评估查找风险隐患，制订防范措施及预案，落实整改并消除，实现闭环管理和持续改善，把风险切实、有效、可行地降低至可以接受的程度。

(2) NOSA“安全五星”管理系统适用范围

NOSA“安全五星”管理系统，致力于提高职业健康、安全、环保水平。该系统应用范围较为广泛，如电力、机械制造、矿山、捕鱼等行业。同时，在国际上也得到了广泛的公认，具有一定的权威性。五星安全管理系统在国际上推行以来，验证了该系统在减少人员伤亡、厂房及设备损坏，减少职业病和其他损失等方面是成功的。

自1987年，NOSA开始对南非邻国提供服务，目前，已有10多个国家和地区采用NOSA“安全五星”管理系统，如美国、加拿大、澳大利亚、南非、印度、印尼、孟加拉、智利、巴基斯坦、肯尼亚、尼日利亚、巴西、香港等。广州蓄能水电厂在1995年开始引进NOSA安全五星管理系统，1996年11月份，由南非NOSA“安全五星”评核员对该厂进行正式评核，取得了“三星级”良好成绩，并颁发了“三星级”证书。可以说，中国也成为采用NOSA“安全五星”管理系统的国家之一。NOSA的亚洲总部设在香港，于1999年4月成立。现在北京也有其分公司，负责国内北方客户的服务。

(3) NOSA管理系统星级评审方法

① 评审内容。NOSA五星管理系统是目前世界上具有重要影响并被广泛认可和采用的一种企业综合安全风险管理系统。它特别强调应综合解决安全、健康、环保问题；特别强调在实现“安、健、环”管理过程中员工的积极主动参与；特别注重“安、健、环”管理过程中对风险的认识、控制和管理的有效性。

NOSA五星管理系统共有5大类72个元素，涉及的项目基本涵盖了企业生产经营的所有活动内容。它通过对每一项元素从“四个层次、三个方面、五种等级”进行综合计算，衡量出该项元素风险是否得到了有效控制。“四个层次”是指风险意识、文件制度、依从性、实施效果。“三个方面”是指安全、健康、环境。“五种等级”是指0、25、50、75、100五个得分等级。

a. NOSA系统结构，如图4-8所示。

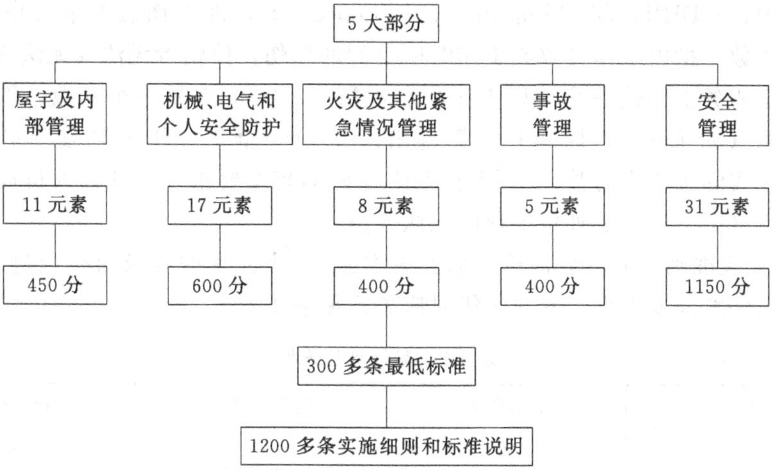

图 4-8　NOSA 系统结构图

b. NOSA 系统判定方法。在审核时对每个适用的单元都要进行评估；对于每个项目都要给出一个百分制评估；评估标准内容以及得分分配如表 4-1。

表 4-1　评估标准内容及得分分配

评估内容	所占百分比/%
是否识别危险源并进行了风险评估	10
是否对上述风险制订了系统、程序和标准	20
上述系统、标准以及程序是否得到执行	30
总体效果如何	40
合计	100

c. NOSA 计分方法。100%（完全符合）：全部符合，完全遵守，受审核方100%满足要求。75%（大部分符合）：能满足大部分要求，无论是从风险、系统、依从还是绩效来看，受审核方都取得重大进展，偏离或不符合地方相当小且容易解决，或者已有明确的解决方案。50%（一半符合）：符合一部分要求，受审核方大约 50%符合要求，有解决方案，但需要一定时间执行，或还没有完全找出合适的解决方案。25%（少量符合）：很薄弱，意识和行动都很缺乏，受审核方了解系统要求，但贯彻系统要求还只是在策划阶段，无正式系统，很少、甚至完全没有贯彻执行系统要求，执行系统要求和实施控制措施不超过 6 个月。0%（完全不符合）：完全不符合系统要求，受审核方可能有系统方面的意识，但还没有采取积极和实质的行动，如执行控制措施、进行风险评估，明确管理系统等。

② 工伤意外事故率（DIIR）计算方法。五星系统除了上述五大类别组成外，还有一个统计工伤意外发生率的指标。它是一个关键指标，显示每年受伤员工占总数百分率，其统计方法：

DIIR＝工伤意外次数×200000/员工全年工作小时数

式中，a. DIIR：Disabling injury incidence rate，即工伤意外事故率；b. 工伤意外次数：指由工作导致或工作时所受到的损伤，使伤者无法或无法完全履行日常指定职务工作达一个或以上工作日次数；c. 200000 是一个基数，按 100 人工作一年（50 周），每周 40h 计算得出；d. 员工全年工作小时数=员工总人数×全年实际工作小时数；e. 统计范围：按 NOSA 要求，被统计人员应包括本企业员工、第三产业及外包工程施工队人员。

③ 评级准则。五星评估员根据五大类别 72 个元素的要求对企业进行评分，并计算工伤意外发生率，其与星级对应关系见表 4-2。

表 4-2 系统评级准则

星级	表示意义	工伤意外率/%	实际得分
五星	优	≤1	91～100
四星	良好	≤2	75～90
三星	好	≤3	61～74
两星	一般	≤4	51～60
一星	差	≤5	40～50

（4）NOSA“安全五星”管理系统的特点

① NOSA 五星管理系统与 OSHMS 职业安全健康管理体系和 ISO 14001 环境管理体系的关系见表 4-3。

表 4-3 NOSA、OSHMS、ISO 14001 的关系

项目	NOSA 五星系统	OSHMS	ISO 14001
目的	提升企业安全、健康、环境管理水平，保护环境和员工健康	改进安全健康状况，保护工人健康	环境保护与污染预防
直接目标	帮助企业建立安全、健康、环境管理体系，并评价安全、健康、环境管理水平	在企业建立安全健康管理体系	在企业建立环境管理体系
核心思想	风险评估、PDCA 和持续改进	风险评估、PDCA 和持续改进	风险评估、PDCA 和持续改进
侧重点	安全、健康与环保	安全与健康	环境
针对性	包括九套不同系统，针对各行各业	针对各行各业	针对各行各业
强制性	企业自身要求	政府要求（对供电企业而言）	政府要求（对供电企业而言）
操作性	包括高层次到低层次要求，操作性强	主要为高层次要求	主要为高层次要求
适用性	经过五十多年全球 6000 多家客户使用，适用性较强	近几年在国内开展，多家企业实施	1996 年颁布标准，多家企业实施
管理性质	模式灵活，强调必要的文件化、程序化、标准化	文件化、程序化、标准化	文件化、程序化、标准化
审核	关注程序、结果等，并提供详细建议书和改进目标	关注文件、程序等，判定是否符合	关注文件、程序等，判定是否符合
效果关注	有详细、明确指标	无明确要求	无明确要求

② NOSA 管理系统的特点和优点主要体现在以下四个方面。

a. 综合安全、健康、环保管理。NOSA 不会把安全、健康、环保分隔成不同的项目，而是把它们合为一体。目前世界上很少有专业机构能够提供一套比较完善的综合管理系统，而 NOSA 通过先进的科学组合，使之有效地整合在一起。

b. 系统先进，操作性及有效性强，效果明显。NOSA 五星系统是经过数十年在审查、训练、顾问的基础上，提炼出的具有前瞻性的系统；NOSA 是通过广泛的成功应用而被证明是行之有效的安全、健康、环境管理体系；NOSA 的操作性突出，比如五星系统的 5 大部分，72 个元素，1200 多条具体的实施细则，具有极强的操作性。

c. 机制完善，目标清楚。NOSA 拥有一整套科学、先进的评分系统，管理过程与实际效果并重，将企业的安全、健康、环境水平分为七个不同的级别，为企业提供了一个完善的激励机制和清楚的持续改进的目标和方案，确保其有效性，并且有利于企业不断地提高其安全、健康、环境管理水平。

d. 增强公司凝聚力、执行力和动力，推动综合管理和文化建设。NOSA 体系的推行，不仅仅体现在安全、健康、环境管理水平的提升，也将同时大大提升企业的综合管理水平，比如企业的凝聚力、执行力、动力等；把“PDCA”等先进管理理念应用于其他方面的管理，加快员工向国际先进思想观念的转变，更快地与国际接轨；此外，NOSA 体系也将有效地增强广大员工“以人为本、全员参与”的意识文化和整体素质。

4.4.2 OHSMS 职业安全健康管理体系

(1) OHSMS 基本思想

OHSMS 的基本思想是实现体系持续改进，采用美国质量管理专家戴明的 PDCA 循环理论，通过周而复始地进行“计划、实施、检查、评审”活动，使体系功能不断加强。它要求企业在实施职业安全卫生管理体系时始终保持持续改进意识，对体系进行不断修正和完善，最终实现预防和控制工伤事故、职业病及其他损失的目标。

① PDCA 循环的原理

a. P（Plan）阶段：计划。要以取得最佳的经济效益和社会效益为目标，并要同时获得最佳绩效水平，通过调查、设计、试制来制订技术经济目标、质量目标、绩效目标，并制订达到这些目标的具体措施和办法。具体可分为四个步骤。

步骤一：分析现状，找出存在的问题，应用排列图、直方图、控制图等工具加以说明，并尽可能运用数据加以说明。

步骤二：分析产生影响质量和绩效的各种因素或原因，运用因果图等工具加以说明。

步骤三：找出主要影响因素，运用排列图、相关图等工具加以说明。

步骤四：针对主要原因，制订措施计划回答“5W1H”。一般要明确为什么制订该措施（Why），达到什么目标（What），在何处执行（Where），由谁或哪个部门负责完成（Who），什么时间完成（When），如何完成（How）。

b. D（Do）阶段：实施。步骤五：将所制订的计划和措施付诸实施。

c. C（Check）阶段：检查。步骤六：对照计划，检查实施的情况和效果，及时发现实施过程中的问题。根据计划要求，检查实施的结果，看是否达到了预期的效果。可采用直方图、决策图、过程控制图以及调查表、抽样检验等工具。

d. A（Action）阶段：行动。对总结检查的结果进行处理，成功的经验加以肯定并适当推广、标准化；失败的教训加以总结，以免重现，未解决的问题放到下一个 PDCA 循环，以利改进。具体可分为以下两个步骤。

步骤七：根据检查的结果总结成功的经验和失败的教训，制订相应标准、制度或修改工作规程、检查规程及其他有关规章制度，以巩固已经取得的成绩。

步骤八：把这一循环未解决或新出现问题转入下一个 PDCA 循环中。

上述四个阶段有八个实施步骤，其示意图如图 4-9 所示。

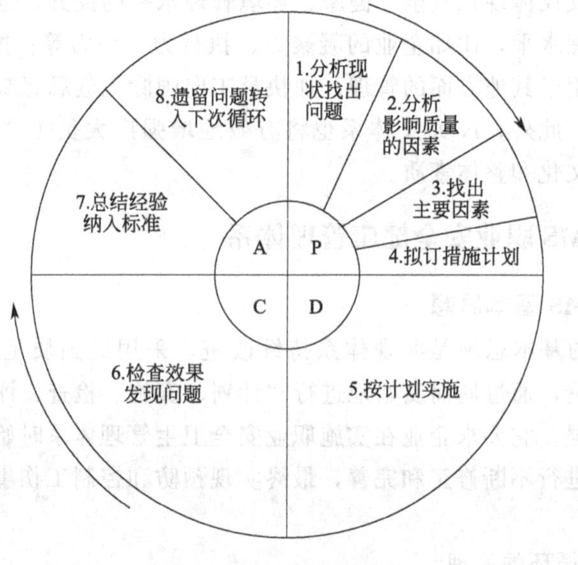

图 4-9　PDCA 循环的四个阶段八个步骤

② PDCA 循环的特点

a. 科学性。PDCA 循环符合管理过程的运转规律，在实在、准确、可靠的数据资料基础上，采用数理统计的方法，通过分析和处理工作过程中的问题而运转的。

b. 系统性。在 PDCA 循环中，大环带小环，环环紧扣，一级带一级，有机地构成一个运转的系统体系。在质量保证体系及 OHSMS 体系中，整个企业的管理构成一个大环，而各部门都有自己的控制循环，直至落实到企业基层

（车间、班组几个人）。上一级循环是下一级循环的依据，下一级循环是上一级循环的组成和保证。在管理体系中就出现了大环套小环、小小环保大环、一环扣一环，都朝着管理的目标方向转动的情形，形成相互促进、共同提高的良性循环。

c. 彻底性。PDCA 循环每转动一次，必须解决一定的问题，提高一步；未解决的问题及新问题在下一次循环中加以解决，再转动一次，再提高一步。循环不止，提高不断。

（2）OHSMS 标准要素

《职业健康安全管理体系标准》主要包括三个部分：第一部分是范围，是对标准的意义、适用范围和目的做概要性陈述；第二部分是术语和定义，对涉及的主要术语进行了定义；第三部分是 OHSMS 要素，具体涉及 18 个基本要素，这一部分是 OHSMS 试行标准的核心内容，在表 4-4 中列出了要素的条目。

表 4-4　OHSMS 要素

一级要素	二级要素
一般要求	—
职业安全卫生方针	—
计划	危害辨识、危险评价和危险控制计划；法律及法规要求；目标；职业安全卫生管理方案
实施与运行	机构和职责；培训、意识和能力；协商与交流；文件；文件和资料控制；运行控制；应急预案与响应
检查与纠正措施	绩效测量和监测；事故、事件、不符合、纠正与预防措施；记录和记录管理；审核
管理评审	—

① 职业安全卫生方针。一个企业的职业健康安全方针体现了开展职业安全卫生管理的基本原则，体现了职业健康安全总目标和改进职业健康安全绩效的承诺。

② 计划。危害辨识、危险评价和危险控制计划，是企业通过 OHSMS 的运行，实行风险控制的开端。企业应遵守职业安全卫生法律法规及其他要求，为开展职业安全卫生管理、实现良好的职业安全卫生绩效，指明基本行为方向。职业安全卫生目标在于实现它的管理方案，是企业降低其安全卫生风险，实现企业安全卫生绩效持续改进的途径和保证。

③ 实施与运行。明确企业或组织内部管理机构和成员的职业安全卫生职责，是组织成功运行职业安全卫生管理体系的根本保证。搞好职业安全卫生工作，需要组织内部全体人员具备充分的意识和能力，而这种意识和能力需要适当的教育、培训和经历来获得及判定。

④ 检查与纠正措施。对企业的职业安全卫生行为要保持经常化的监测，这其中包括遵守法律法规情况的监测及职业安全卫生绩效方面的监测。对于所产生

的事故、不符合要求的事件，要及时纠正，并采取预防措施。良好的职业卫生记录和记录管理，是企业职业安全卫生管理体系有效运行的必要条件。职业安全卫生管理体系审核的目的是检查职业安全卫生管理体系是否得到了正确的实施和保持，它为进一步改进职业安全卫生管理体系提供了依据。管理评审是企业的最高管理者，对企业的职业安全卫生管理体系所做的定期评审，目的是确保体系的持续使用性、充分性和有效性，最终达到持续改进的目的。

(3) OHSMS 的特征及运行特点

OHSMS 的特征包括系统性；先进性；动态性；预防性；全过程控制。OHSMS 的运行特点包括体系实施的起点是领导的承诺和重视；体系实施的核心是持续改进；体系实施的重点是作业风险防范；体系实施的准绳是法律、法规、标准及有关要求；体系实施的关键是过程控制；体系实施的依据是程序化、文件化管理；综合管理和一体化特征；功能特征。

(4) OHSMS 建立方法

职业安全卫生管理体系与环境、质量管理体系有着共同的管理原则，所以，在体系建立上也有许多相似之处。一个企业若要建立和实施 OHSMS，可以参照质量管理体系和环境管理体系的实施方式来进行。职业安全卫生管理体系建立的主要步骤：①领导决策；②成立工作组；③人员培训；④初始状态评审；⑤体系策划与设计；⑥职业安全卫生管理体系文件编制；⑦体系试运行；⑧内部审核。

4.4.3 HSE 健康安全环境管理体系

HSE 是健康、安全、环境管理模式的简称，起源于壳牌石油公司为代表的国际石油行业。为了有效地推动我国石油天然气工业的职业安全卫生管理体系工作，使健康、安全、环境的管理模式符合国际通行的惯例，提高石油工业生产与健康、安全、环境管理水平，提高国内石油企业在国际上的竞争能力，我国 1999 年 6 月 27 日颁布了 SY/T 6276—1997《石油天然气工业职业安全卫生管理体系》标准，使 HSE 管理模式在我国的石油天然气行业得到推广，同时，也对我国各行业的工业安全管理产生影响。HSE 管理模式是一项关于企业内部职业安全卫生管理体系的建立、实施与审核的通用性管理模式。主要用于各种组织通过经常化和规范化的管理活动实现健康、安全与环境管理的目标，目的在于指导、组织、建立和维护一个符合要求的职业安全卫生管理体系，再通过不断的评价、评审和体系审核活动，推动这个体系的有效运行，实现职业安全卫生管理水平不断提高。

(1) HSE 基本思想

HSE 管理体系采用美国质量管理专家戴明的 PDCA 循环理论，基本思想是实现体系的持续改进，通过周而复始地进行“计划、实施、检查、评审”活动，实现动态循环，使体系功能不断完善。同时，体系要求企业应按适当的时间间隔对 HSE 进行审核和评审，以确保其持续改进的适应性和有效性。

HSE 管理体系是三位一体管理体系。H（健康）是指人身体上没有疾病，在心理上保持一种完好的状态；S（安全）是指在劳动生产过程中，努力改善劳动条件、克服不安全因素，使劳动生产在保证劳动者健康、企业财产不受损失、人民生命安全的前提下顺利进行；E（环境）是指与人类密切相关的、影响人类生活和生产活动的各种自然力量或作用的总和，它不仅包括各种自然因素的组合，还包括人类与自然因素间相互形成的生态关系的组合。由于安全、环境与健康的管理在实际工作过程中有着密不可分的联系，因此，把健康（Health）、安全（Safety）和环境（Environment）形成一个整体的管理体系，是现代石油化工企业的必然选择。

(2) HSE 管理体系要素

HSE 管理体系主要包括三个部分，第一部分是范围，是对标准的意义、适用范围和目的做概要性陈述；第二部分是术语和定义，对涉及的主要术语进行定义；第三部分是要素，具体涉及 7 个一级要素和 32 个二级要素，这一部分是 HSE 标准的核心内容，在表 4-5 中列出了要素的条目。

表 4-5　HSE 要素

一级要素	二级要素
领导和承诺	—
方针和战略目标	—
组织机构、资源和文件	组织结构和职责；管理代表；资源；能力；承包方；信息交流；文件及其控制
评价和风险管理	危害和影响的确定；建立判别准则；评价；建立说明危害和影响的文件；具体目标和表现准则；风险削减措施
规划（策划）	总则；设施的完整性；程序和工作指南；变更管理；应急反应计划
实施和监测	活动和任务；监测；记录；不符合及纠正措施；事故报告；事故调查处理文件
审核和评审	审核；评审

(3) HSE 管理体系建立方法

HSE 管理体系与质量管理体系等有着相似的管理原则，所以，在体系建立上也有许多相似之处。HSE 管理体系建立的具体步骤如下：①领导决策和准备；②教育培训；③拟订工作计划；④初始状态评审；⑤危险辨识和风险评价；⑥体系的策划和设计；⑦编写体系文件；⑧体系的试运行和正式运行；⑨内部审核；⑩管理评审。

(4) HSE 管理体系审核与认证

HSE 管理体系认证是依据审核准则，由获得认可资格的认证机构对受审核方的 HSE 管理体系实施认证及认证评定，确认受审核方的 HSE 管理体系的符合性及有效性，并颁发认证证书与认证标志的过程。认证审核实施基本过程包括申请及受理、预审核、认证审核、纠正措施的跟踪、审批发证与证后监督六个方面。

4.5 安全生产标准化建设

安全生产标准化的理论、原则、方法和效能，表明它是一种企业实现本质安全的重要管理方式方法。

4.5.1 安全生产标准化建设的意义

通过建立安全生产责任制，制订安全管理制度和操作规程，排查治理隐患和监控重大危险源，建立预防机制，规范生产行为，使各生产环节符合有关安全生产法律法规和标准规范的要求，人、机、物、环处于良好的生产状态，并持续改进，不断加强企业安全生产规范化建设。安全生产标准化是企业基础工作和基层工作，是全员、全天候、全过程、全方位的工作。

企业开展安全生产标准化活动具有如下意义。

① 有利于进一步落实企业安全生产主体责任。安全生产标准化工作强调安全生产工作的规范化和标准化，建立起自我约束机制，主动地遵守各项安全生产法律、法规、规章、标准，从而真正落实企业作为安全生产主体的责任，保证企业的安全生产。

② 安全生产标准化建设是有效预防事故，保障广大人民群众生命和财产安全的重要手段。开展安全生产标准化工作，要求企业加强安全生产基础工作，建立严密、完整、有序的安全管理体系和规章制度，完善安全生产技术规范，建立健全岗位标准，严格执行岗位标准，杜绝“三违”现象，切实保障广大人民群众生命和财产安全。

③ 安全生产标准化建设是建立安全生产长效机制，实现企业生产过程本质安全的一种有效途径。安全生产标准化借鉴了以往开展质量标准化活动的经验，要求企业自觉坚持“安全第一，预防为主，综合治理”的方针，把安全生产标准化当作关系企业生存发展和从业人员根本利益的“生命工程”“民心工程”来抓，采取有力措施，深入持久地坚持下去，是建立安全生产工作长效机制的有效途径。

④ 有利于进一步维护从业人员的合法权益。安全生产工作的最终目的是为了保护人民群众的生命财产安全，《基本规范》的各项规定，尤其是关于教育培训和职业健康的规定，可以更好地保障从业人员安全生产方面的合法权益。

⑤ 安全生产标准化是企业自身在竞争的市场环境中生存发展的需要。安全生产标准化是企业安全生产工作的基础，是提高企业核心竞争力的关键。只有抓

好安全生产标准化，做到强基固本，才能迎接市场经济的挑战，在市场竞争中立于不败之地。

⑥ 安全生产标准化是企业树立良好社会形象的需要。现代企业在市场中的竞争不仅是资本和技术的竞争，也是品质和形象的竞争。因此，开展安全生产标准化将逐渐成为现代企业的普遍需求。

4.5.2 安全生产标准化的原理

除了矿山、危险化学品、石油等高危行业采用行业专门的安全生产标准化标准、指南外，一般工贸企业的安全生产标准化依照国家标准 GB/T 33000—2016《企业安全生产标准化基本规范》运行。各行业的安全生产标准化都基于最早用于质量管理的戴明管理理论和运行模型，即把全面质量管理工作作为一个完整的管理过程，分解为前后相关的 P、D、C、A 四个阶段。安全生产标准化与 OHSMS 具有共同的原理与目标，如表 4-6 所示。

表 4-6 安全生产标准化与 OHSMS 比较分析

序号	比较项目	OHSMS	安全生产标准化
1	属性	建议指导性	强制性
2	运行原理	PDCA 原理	PDCA 原理
3	一级要素	6	8
4	二级要素	15	28
5	审核周期	内审外审 1 年	外评 3 年;内评 1 年
6	审核结论	认证制:通过不通过	评级制:3 级分级
7	审核机构	国家标准化管理委员会	国家安全生产监督管理总局
8	新增要素（二级要素）	全员参与;安全生产投入;安全文化建设;安全风险管理;隐患排查治理;安全绩效评定等	

4.5.3 安全生产标准化的基本要素

企业安全生产标准化达标建设根据国家标准 GB/T 33000—2016《企业安全生产标准化基本规范》，具有 8 个一级要素和 28 个二级要素。

一级要素 1：确立安全生产目标与职责

① 目标。企业应根据自身安全生产实际，制订总体和年度安全生产与职业卫生目标，并纳入企业总体生产经营目标。明确目标的制订、分解、实施、检查、考核等环节要求，并按照所属基层单位和部门在生产经营活动中所承担的职能，将目标分解为指标，确保落实。企业应定期对安全生产与职业卫生目标、指标实施情况进行评估和考核，并结合实际及时进行调整。

② 机构和职责。企业应落实安全生产组织领导机构，成立安全生产委员会，并应按照有关规定设置安全生产和职业卫生管理机构，或配备相应的专职或兼职

安全生产和职业卫生管理人员，按照有关规定配备注册安全工程师，建立健全从管理机构到基层班组的管理网络。

主要负责人及领导层职责：企业主要负责人全面负责安全生产和职业卫生工作，并履行相应责任和义务。分管负责人应对各自职责范围内的安全生产和职业卫生工作负责。各级管理人员应按照安全生产和职业卫生责任制的相关要求，履行其安全生产和职业卫生职责。

③ 全员参与。企业应建立健全安全生产和职业卫生责任制，明确各级部门和从业人员的安全生产和职业卫生职责，并对职责的适宜性、履行情况进行定期评估和监督考核。企业应为全员参与安全生产和职业卫生工作创造必要的条件，建立激励约束机制，鼓励从业人员积极建言献策，营造自下而上、自上而下全员重视安全生产和职业卫生的良好氛围，不断改进和提升安全生产和职业卫生管理水平。

④ 保障安全生产投入。企业应建立安全生产投入保障制度，按照有关规定提取和使用安全生产费用，并建立使用台账。企业应按照有关规定，为从业人员缴纳相关保险费用。企业宜投保安全生产责任保险。

⑤ 安全文化建设。企业应开展安全文化建设，确立本企业的安全生产和职业病危害防治理念及行为准则，并教育、引导全体人员贯彻执行。企业开展安全文化建设活动，应符合 AQ/T 9004 的规定。

⑥ 全生产信息化建设。企业应根据自身实际情况，利用信息化手段加强安全生产管理工作，开展安全生产电子台账管理、重大危险源监控、职业病危害防治、应急管理、安全风险管控和隐患自查自报、安全生产预测预警等信息系统的建设。

一级要素 2：完善安全生产制度化管理

⑦ 识别和获取相关法规标准。本规定的目的是为了使企业认识和掌握并遵守与其生产经营活动相关的安全生产和职业卫生法律法规、标准规范，提高法律意识，规范企业和员工的安全生产行为，保证企业能及时掌握最新有效的法律法规、标准规范等。

企业应建立安全生产和职业卫生法律法规、标准规范的管理制度，并对适用、有效的法律法规、标准规范进行识别和获取，其主要内容应包括：明确识别、获取、评审、更新安全生产法律法规、标准规范的部门和人员及其职责、周期等；明确获取的有效渠道（如各级政府、安监部门、协会、服务机构、媒体、网络等）；明确范围，包括有关安全生产的法律法规、部门规章、地方法规、国家和行业标准、规范性文件及其他要求等。同时，建立安全生产和职业卫生法律法规、标准规范清单（台账）和文本数据库（含电子版），以便检索、查阅。

⑧ 建立健全安全生产和职业卫生规章制度。企业应根据安全生产和职业卫生法律法规、标准规范，建立、健全安全生产和职业卫生规章制度，并严格执行，为安全生产和职业卫生工作的顺利进行提供制度基础保障。针对不同的工作

岗位，发放相应的规章制度，方便员工熟悉、规范作业行为。还可印制员工安全生产手册，内容包括规章制度、安全操作规程、安全技术知识、个人安全绩效考评等。

⑨ 编制岗位安全生产和职业卫生操作规程。企业应根据各个岗位生产特点，在充分识别、评价岗位存在的安全风险、职业危险有害因素，针对性地提出控制措施的基础上，编制岗位安全生产和职业卫生操作规程，规范从业人员的操作行为，避免事故的发生。

⑩ 建立文件和记录管理制度。企业应有对安全生产和职业卫生规章制度、操作规程的编制、评审、发布、使用、修订、作废以及文件和记录管理的职责、程序和要求等进行明确要求的管理制度，明确职责，规范流程，保证效力。

一级要素 3：保证全员安全教育培训

⑪ 建立健全安全教育培训制度。企业应当建立健全安全教育培训管理制度，明确安全教育培训的主管部门，确立全员培训的目标，将安全培训工作纳入本单位年度工作计划，按照有关安全教育培训的规定，进行经常性的安全教育培训，并保证必要的教育培训设备设施和经费。企业应当依法接受安全监管监察部门对本单位安全培训情况的监督检查。

⑫ 加强人员教育培训工作。首先，主要负责人和安全管理人员教育培训。企业主要负责人和安全生产管理人员初次安全培训时间不得少于 32 学时，每年再培训时间不得少于 12 学时。煤矿、非煤矿山、危险化学品、烟花爆竹等企业主要负责人和安全生产管理人员安全资格培训时间不得少于 48 学时；每年再培训时间不得少于 16 学时。安全教育培训内容按照国家有关规定执行。第二，从业人员的培训。企业对新从业人员，应当在上岗前进行厂（矿）、车间（工段、区、队）、班组三级安全教育培训。煤矿、非煤矿山、危险化学品、烟花爆竹等企业厂（矿）级安全培训除包括上述内容外，应当增加事故应急救援、事故应急预案演练及防范措施等内容；企业新上岗的从业人员，岗前安全培训时间不得少于 24 学时。煤矿、非煤矿山、危险化学品、烟花爆竹等企业新上岗的从业人员安全培训时间不得少于 72 学时，每年接受再培训的时间不得少于 20 学时。三级安全教育培训内容及时间应满足但不限于以上要求。第三，其他人员教育培训。企业要依法承担对相关方作业人员的安全教育培训。要依托企业安全培训部门或委托安全培训机构、劳务派遣单位，组织相关方的作业人员参加安全教育培训，对考核合格的作业人员发放入厂证。培训内容应当包括与企业安全生产相关的法律法规、企业安全生产管理制度、操作规程、现场危险危害因素等。作业现场所在单位在作业人员进入作业现场前，还要有针对性地对其进行作业现场有关规定、安全管理要求及注意事项、事故应急处理措施等的现场安全教育培训。

一级要素 4：加强生产现场安全管理

⑬ 制订相关设备设施管理制度。a. 安全设施和职业病防护设施建设原则；b. 设备设施验收要求；c. 制订设备设施管理制度；d. 建立设备设施检维修管理

制度；e. 定期进行设备设施检测检验工作；f. 建立设备设施报废管理制度。

⑭ 保障生产作业安全。a. 创建良好的作业环境和作业条件；b. 加强作业行为管理；c. 做到岗位达标；d. 做好相关方管理，对相关方的控制过程一般有资格预审、选择、作业人员培训、作业过程检查监督、提供的产品与服务、绩效评估、续用或退出等管理。企业应与选用的相关方签订安全协议书。

⑮ 做好职业健康工作。企业在职业健康保护方面应该履行自己的义务。一是必须贯彻执行相关法规。二是为劳动者提供的工作环境和工作条件，必须符合国家职业卫生标准和职业健康要求。例如，工作场所有害因素的强度或者浓度符合国家职业卫生标准；照明、安全距离等符合国家标准规定；生产布局合理，符合有害与无害作业分开的原则。三是为保护职工健康，建立、健全职业卫生档案和健康监护档案；在工作场所设置预防、控制或消除职业危害的设施；在劳动过程中配备符合工作需要的工器具。

⑯ 设置安全警示标志和职业病危害警示标识。按照《安全标志及其使用导则》等规定了安全色、基本安全图形和符号；烟花爆竹等一些行业根据《安全标志及其使用导则》的原则，还制订了有本行业特色的安全标志（图形或符号）。

一级要素 5：落实安全风险管控及隐患排查治理工作

⑰ 建立安全风险管理制度。a. 建立安全风险辨识管理制度。安全风险辨识是风险管理的首要环节，也是风险管理的基础。只有在正确识别出企业所面临的风险的基础上，才能够主动选择适当有效的方法进行处理。b. 建立安全风险评估管理制度。安全风险评估是指在风险事件发生之后，对于风险事件给人们的生活、生命、财产等各个方面造成的影响和损失进行量化评估的工作。c. 进行分级分类的安全风险管控。风险控制的目的是为了治理、消除安全风险，保障生产安全。d. 制订变更管理制度。变更是指机构、人员、管理、工艺、技术、设备设施、材料、作业过程、环境等永久性或暂时性的变化。

⑱ 建立重大危险源管理制度。重大危险源存在于生产经营场所和有关设施上，是危险物品大量聚集的地方，具有较大的危险性，而且一旦发生生产安全事故，将会对从业人员以及相关人员的人身安全和财产造成比较大的损害。因此，企业应建立重大危险源管理制度，全面辨识重大危险源，对确认的重大危险源制订安全管理技术措施和应急预案。企业应对重大危险源进行登记建档，档案包括危险源类型、名称、数量、性质、地理位置、管理人员、安全规章制度、评估报告、检测报告等内容。企业还应当按照国家有关规定，将本单位重大危险源及有关安全措施、应急措施，报负责安全生产监督管理的部门和有关部门备案，以便负责安全生产监督管理的部门及有关部门及时、全面地掌握重大危险源的分布及具体危害情况，有针对性地采取措施，加强监督管理，经常性地进行检查，防止生产安全事故的发生。

⑲ 组织隐患排查治理工作。

a. 建立隐患排查治理制度。生产经营单位有以下主要职责：一是建立健全事故隐患排查治理和建档监控等制度，逐级建立并落实从主要负责人到每个从业人员的隐患排查治理和监控责任制。二是保证事故隐患排查治理所需的资金，建立资金使用专项制度。三是定期组织安全生产管理人员、工程技术人员和其他相关人员排查本单位的事故隐患。对排查出的事故隐患，应当按照事故隐患的等级进行登记，建立事故隐患信息档案，并按照职责分工实施监控治理。四是建立事故隐患报告和举报奖励制度，鼓励、发动职工发现和排除事故隐患，鼓励社会公众举报。对发现、排除和举报事故隐患的有功人员，应当给予物质奖励和表彰。五是将生产经营项目、场所、设备发包、出租的，应当与承包、承租单位签订安全生产管理协议，并在协议中明确各方对事故隐患排查、治理和防控的管理职责。对承包、承租单位的事故隐患排查治理负有统一协调和监督管理的职责。六是积极配合有关部门的监督检查。七是加强对自然灾害的预防。

b. 制订隐患治理方案。隐患排查的目的是为了治理、消除安全隐患，保障生产安全。企业应根据隐患排查的结果，有针对性地制订隐患治理方案，及时治理、消除隐患。对于一般事故隐患，由生产经营单位（车间、分厂、区队等）负责人或者有关人员立即组织整改。对于重大事故隐患，由生产经营单位主要负责人组织制订并实施事故隐患治理方案。重大事故隐患治理方案应当包括以下内容：治理的目标和任务；采取的方法和措施；经费和物资的落实；负责治理的机构和人员；治理的时限和要求；安全措施和应急预案。

c. 验收与评估。治理完成后，应对治理情况进行效果评估和验收，内容包括验收治理的措施是否得当，是否达到了预期效果，隐患是否已经消除，是否满足生产安全运行，是否产生新的安全隐患等。

d. 信息记录、通报和报送。企业至少每月对隐患排查治理的情况进行统计分析，并及时向从业人员通报。科学运用隐患自查、自改、自报信息系统，对隐患排查、报告、治理、销账等过程进行电子化管理和统计分析。

⑳ 运用安全生产预测预警技术。落实安全生产预防为主，企业必须积极运用安全生产的新思想、新技术、新方法，全面开展安全生产预测预警工作。现实可行的一种安全生产预警工作方法就是对企业定期排查出的安全隐患进行统计、分析、处理，并对隐患可能导致的后果进行定性分级，并结合安全投入、隐患治理、教育培训、建章立制等因素，运用预测预警技术，建立安全生产预测预警体系。

一级要素 6：提高安全应急管理水平

㉑ 做好应急准备工作。a. 建立应急救援组织机构；b. 建立生产安全事故应急预案体系；c. 设置应急设施、装备、物资；d. 开展安全生产事故应急演练；e. 建立生产安全事故应急救援信息系统。

㉒ 及时进行事故应急处置。根据预案要求，启动应急响应程序，即按照相关应急预案规定的职责、程序、措施组织开展事故抢救工作。事故发生后，生产经营单位相关应急预案载明的有关负责人要及时就位组织事故抢救工作，按照预

案规定事故各司其职、各负其责，采取相关措施，调集相关专家、队伍、装备、物资开展救援工作，全力以赴控制险情、遏制事故，并及时向有关方面报告、通报事故，必要时请求有关方面增援乃至启动上一级应急预案。

㉓ 开展应急评估工作。a. 应急响应情况，包括事故发生后信息接收、流转与报送情况、相关职能部门协调联动情况；b. 指挥救援情况，包括应急救援队伍和装备资源调动情况、应急处置方案制订情况；c. 应急处置措施执行情况，包括现场应急救援队伍工作情况、应急资源保障情况、防范次生衍生及事故扩大采取的措施情况、防控环境影响措施执行情况；d. 现场管理和信息发布情况。

一级要素 7：严格生产安全事故查处

㉔ 建立事故报告程序。《生产安全事故报告和调查处理条例》（国务院令第 493 号）第 9 条规定："事故发生后，事故现场有关人员应当立即向本单位负责人报告；单位负责人接到报告后，应当于 1h 内向事故发生地县级以上人民政府安全生产监督管理部门和负有安全生产监督管理职责的有关部门报告。"

㉕ 建立内部事故调查和处理制度。根据《生产安全事故报告和调查处理条例》第 25 条的规定，事故调查组履行下列职责：a. 查明事故发生的经过、原因、人员伤亡情况及直接经济损失；b. 认定事故的性质和事故责任；c. 提出对事故责任者的处理建议；d. 总结事故教训，提出防范和整改措施；e. 提交事故调查报告。第 30 条规定，事故调查报告应当包括下列内容：a. 事故发生单位概况；b. 事故发生经过和事故救援情况；c. 事故造成的人员伤亡和直接经济损失；d. 事故发生的原因和事故性质；e. 事故责任的认定以及对事故责任者的处理建议；f. 事故防范和整改措施。

㉖ 建立事故档案盒管理台账。生产安全事故档案（以下简称事故档案），是指生产安全事故报告、事故调查和处理过程中形成的具有保存价值的各种文字、图表、声像、电子等不同形式的历史记录。企业应建立事故档案和管理台账，将承包商、供应商等相关方在企业内部发生的事故纳入本企业事故管理。

一级要素 8：推动安全生产持续改进

㉗ 组织安全绩效评定工作。企业负责人每年至少组织一次绩效评定工作，把握好评定依据及相关信息的准确性，并组织相关人员对上述的适宜性、充分性、有效性进行认真分析，得出客观评定结论，并把评定结果向所有部门、全体员工通报，让他们清楚本企业一段时期内安全管理的基本情况，了解安全生产标准化工作在本企业推行的主要作用、亮点及存在的主要问题，以利于下一步更好地开展安全生产标准化工作。评定结果同时作为考评相关部门、相关人员一定时期内安全管理工作成效的一个重要依据。

㉘ 推进持续改进工作。持续改进，顾名思义，就是不断发现问题、不断纠正缺陷、不断自我完善、不断提高的过程，使安全状况越来越好。企业负责人还要根据安全生产预警指数数值大小，对比、分析查找趋势升高、降低的原因，对可能存在的隐患及时进行分析、控制和整改，并提出下一步安全生产工作的关注

重点。

4.5.4 安全生产标准化的评审

① 企业自评。应每年进行 1 次自评，形成自评报告并网上提交。

② 申请评审（第三方机构）。申请安全生产标准化评审的企业应具备以下条件：设立有安全生产行政许可的，已依法取得国家规定的相应安全生产行政许可；申请评审之日的前 1 年内，无生产安全死亡事故；申请安全生产标准化一级企业还应符合以下条件：在本行业内处于领先位置，原则上控制在本行业企业总数的 1%以内；建立并有效运行安全生产隐患排查治理体系，实施自查自改自报，达到一类水平；建立并有效运行安全生产预测预控体系；建立并有效运行国际通行的生产安全事故和职业健康事故调查统计分析方法；相关行业规定的其他要求；省级安全监管部门推荐意见。

③ 评审与报告。评审组织单位收到企业评审申请后，应在 10 个工作日内完成申请材料审查工作。经审查符合条件的，通知相应的评审单位进行评审；不符合申请要求的，书面通知申请企业，并说明理由。评审单位收到评审通知后，应按照有关评定标准的要求进行评审。评审完成后，将符合要求的评审报告，报评审组织单位审核；评审结果未达到企业申请等级的，申请企业可在进一步整改完善后重新申请评审，或根据评审实际达到的等级重新提出申请。

④ 审核与公告。评审组织单位接到评审单位提交的评审报告后应当及时进行审查，并形成书面报告，报相应的安全监管部门；不符合要求的评审报告，评审组织单位应退回评审单位并说明理由。

⑤ 颁发证书与牌匾。经公告的企业，由相应的评审组织单位颁发相应等级的安全生产标准化证书和牌匾，有效期为 3 年；证书和牌匾由国家安全生产监督管理总局统一监制，统一编号。

4.6 企业管理本质安全化的关键方法

4.6.1 RBS 基于风险的管控方法

实现本质安全的管理理念、推行全面系统的管理体系、实施超前预防的管理机制、应用合理有效的管理方法，将是现代安全生产科学管理的必然发展趋势。其中，在未来相当一段时期内，最为前沿的安全科学管理模式是基于风险的安全管控模式，即 RBS/M（Risk Based Supervision/Management）。

RBS/M——基于风险的管控是一种科学、系统、实用、有效的预防型安全管理方法论。相对于传统的基于事故、事件，基于能量、形式、规模，基于危险、危害，基于规范、标准的安全管理，RBS/M 方法以风险分析理论作为基本理论，结合风险定量、定性分级，要求以风险分级水平，实施科学的分级、分类管理。管理的方法和措施与管理对象的风险分级相匹配（匹配管理原理，见表4-7）是RBS/M的本质特征。

表4-7　基于风险分级的管理原理——与风险水平相应的匹配管理原理

管理等级 风险等级	风险状态/ 管理对策和措施	管理级别及状态			
		高	中	较低	低
Ⅰ(高)	不可接受风险:高级别管理措施——一级预警;强力管理;强制终止、全面检查;否决制等	合理 可接受	不合理 不可接受	不合理 不可接受	不合理 不可接受
Ⅱ(中)	不期望风险:中等管理措施——二级预警;较强管理;高频率检查等	不合理 可接受	合理 可接受	不合理 不可接受	不合理 不可接受
Ⅲ(较低)	有限接受风险:一般管理措施——三级预警;中等管理;局部限制;有限检查;警告策略等	不合理 可接受	不合理 可接受	合理 可接受	不合理 不可接受
Ⅳ(低)	可接受风险:委托管理措施——四级预警;弱化管理;关注策略;随机检查等	不合理 可接受	不合理 可接受	不合理 可接受	合理 可接受

(1) RBS/M的优势及特点

① 优势。具有全面性：进行全面的风险辨识；体现预防性：强调系统的潜在的风险因素；落实动态性：重视实时的动态现实风险；实现定量性：进行风险定量或半定量评价分析；应用分级性：基于风险评价分级的分类管理。RBS/M的应用对提高安全管理的效能和安全保障水平发挥高效的作用。

② 特点。a. 从管理对象的视角，实现变静态危险管理为动态风险管理；b. 从管理过程的视角，实现变事故结果、事后、被动的管理为全过程、主动、系统的管理；c. 从管理方法的视角，变形式主义式的约束管理方式为本质安全的激励管理方式；d. 从管理模式的视角，变缺陷管理模式为风险管理模式；e. 从管理生态的视角，需要变安全管理的对象为安全管理的动力；f. 从管理效能的视角，实现变随机安全效果为持续安全效能。

(2) RBS/M的ALARP原则

RBS/M应用的基本原理之一是ALARP，如图4-10所示，ALARP是As Low As Reasonably Practicable的缩写，即“风险最合理可行准则”。ALARP原则将风险划分为三个等级。

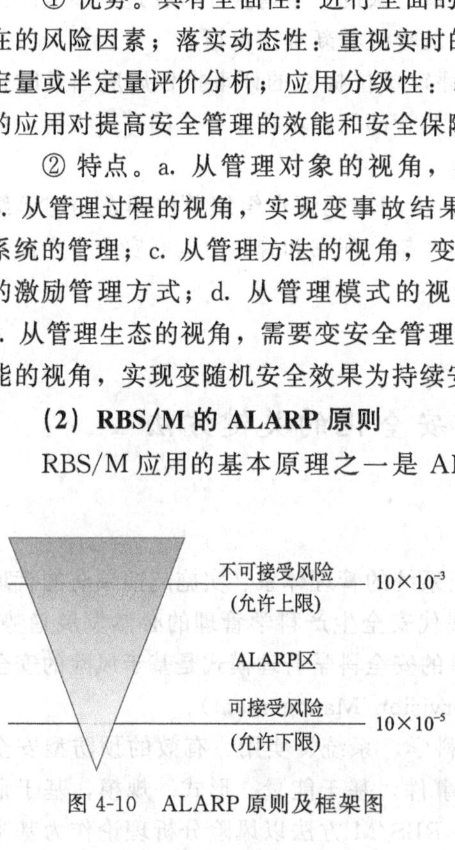

图4-10　ALARP原则及框架图

一是不可接受风险：如果风险值超过允许上限，除特殊情况外，该风险无论如何不能被接受。对于处于设计阶段的装置，该设计方案不能通过；对于现有装置，必须立即停产。

二是可接受风险：如果风险值低于允许下限，该风险可以接受。无需采取安全改进措施。

三是 ALARP 区风险：风险值在允许上限和允许下限之间。应采取切实可行的措施，使风险水平“尽可能低”。

（3）RBS/M 分级管理的匹配原理

RBS 的应用核心原理就是基于 ALARP 原则的匹配管理原理，如表 4-7 所示。基于风险分级的匹配管理原理，要求实现科学、合理的管理状态，即应以相应级别的风险对象实行相应级别的管理措施，如高级别风险的管理对象实施高级别的管理措施，如此分级类推。而两种偏差状态是不可取的，如高级别风险实施了低级别的管理策略，这是可怕、不允许的；如果低级别的风险对象实施了高级别的管理措施，这种状态可接受但是不合理。因此，最科学合理的方案是采取与相应风险水平相匹配的应对策略或措施。表 4-7 中还给出了风险管理匹配原理的科学化、合理化的管控策略。

（4）RBS/M 的应用模式及方法

图 4-11 给出了 RBS/M 的运行模式及应用原理，通过 5W1H 的方式展现了 RBS/M 的运行规律。

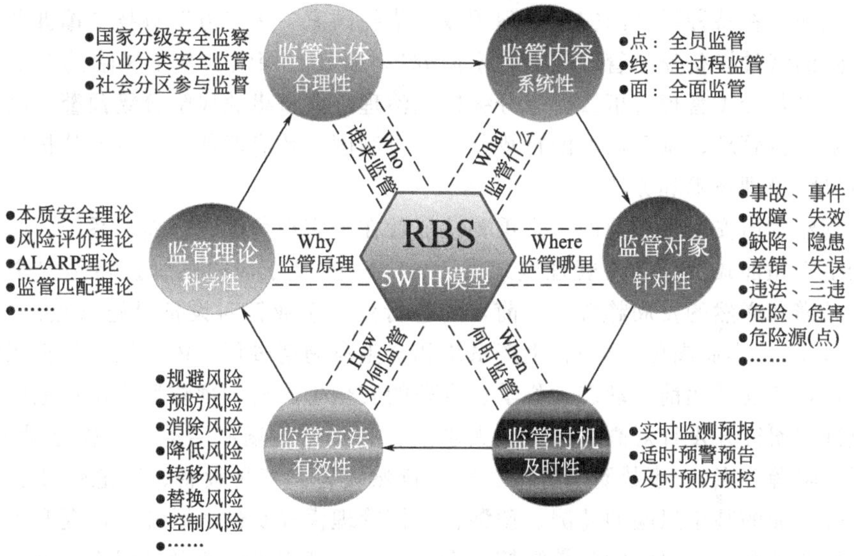

图 4-11 RBS/M 管理原理及方法体系

Why——揭示安全管理的理论基础：讲求科学性，搞清管理的本质、规律和依据；

Who——清晰安全管理的主体：讲求合理性，明白让谁管、谁来管，落实管理主体；

What——掌握安全管理的内容：讲求系统性，构建管理的体系；

Where——明确安全管理的对象：讲求针对性，精准管理的对象；

When——抓住安全管理的时机：讲求及时性，掌控管理的时机；

How——实施安全管理的方法：保证有效性，合理应用管理策略和方法。

（5）RBS/M 的方法应用

目前，安全生产风险管控的理论和方法受到来自政府和各行业企业的关注和重视。国务院安全生产委员会 2016 年发布的《标本兼治遏制重特大事故工作指南》，把安全风险管控明确作为首要的安全生产保障举措。近年，RBS/M 方法已普遍应用于生产安全和公共安全等方面。RBS/M 技术方法可应用于政府监管的行业企业、工程项目、大型公共活动等宏观综合系统的风险分类分级监管；也可以针对企业设备、设施、危险源（点）、工艺、作业、岗位等生产过程具体的微观生产活动等进行安全分类分级管理。可以为政府的安全执法分层、分类监管；也可以为企业的生产过程安全动态分级管控提供管理策略和方法。如为政府管理部门的行政分类许可、危险源分级监控、技术分级检验、行业分级监察、企业分级检查（抽查）等；企业的项目、设备、全生命周期风险分层级管控，以及生产作业现实的实时分类巡查、隐患分级查治、过程分级管控等提供技术方法支持。RBS/M——基于风险的监管与国际的 RBI（基于风险的检验）原理与方法一脉相承。RBI 在石油工程领域长输管线的检验、检查等风险管理方面获得了巨大的成功。在特种设备的安全管理领域，依托国家“十二五”科技支撑课题“基于风险的特种设备安全管理关键技术研究”，研发、探索了基于风险的企业分类管理、设备分类管理、事故隐患分级排查治理、典型事故风险分级预警、高危作业风险预警管理、基于风险的行政分级许可制度、政府职能转变风险分析等特种设备风险管理技术和方法。

创建本质安全型企业的一个重要特征就在于实现科学、全面、系统、高效的安全生产超前式及预防型管理模式。RBS/M——基于风险的管控将是安全生产管理必需和必然的发展趋势。当前，一些行业、企业针对设备设施（点）、作业工艺（线）、作业岗位（面）、生产系统和全生命周期过程（体）推行基于风险分级管控，实现了超前、动态、科学、合理的安全生产科学预防型管理；地区政府安监部门研究开发针对高危行业重大事故、人员密集场所活动、工程建设项目、区域危险源（点）、事故隐患查治、气象自然灾害、特种设备、高危作业、职业危害等方面的基于风险的监测、预警、预控管理模式及信息系统等，提升了政府和各行业宏观安全风险的预警管控能力和水平。基于风险的管理理论、方法、技术需要进一步深化、强化和精化。随着安全管理科学理论的发展和管理技术的进步，安全管理对安全生产保障和事故预防发挥了重要作用，人类安全生产能力和水平将会不断得到优化、增强和提高。

4.6.2 源头治理隐患查治

事故隐患的查治是安全生产源头治理、关口前移、超前预防的体现，是安全治本的基本措施。

(1) 事故隐患的基本概念及涵义

事故隐患（Non-Conformance or Danger Potential Accident）有如下基本定义。

定义一：可能导致事故发生的物的不安全状态、人的不安全行为及管理上的缺陷。

定义二：指违反安全法律、法规、规章、标准、规程和管理制度的规定及要求，或者在系统中存在可能导致事故或灾害发生的物的不安全状态、人的不安全行为、环境的不安全状态和管理上的缺陷。

定义三：指控制危险源及危险危害因素的安全措施失效或缺少，以及事故损害防护及应急措施不具备或不达标，如图 4-12 所示。

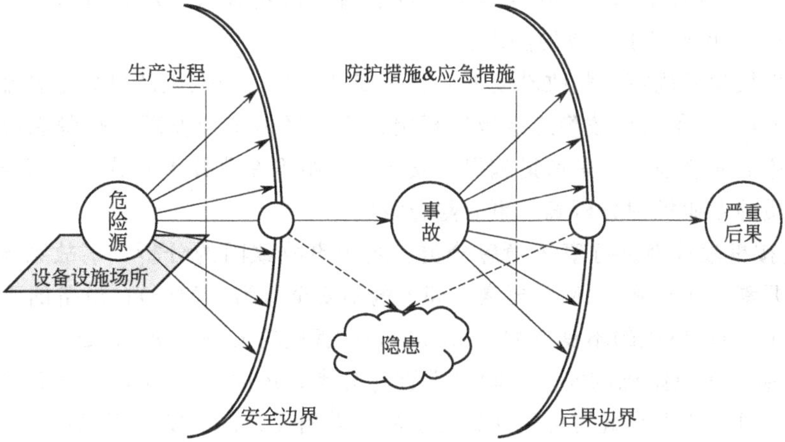

图 4-12　危险源、隐患和事故之间的关系

因此，安全生产事故隐患（Non-conformance or Danger Potential Accident of Production safety）是指生产经营单位违反安全生产法律、法规、规章、标准、规程和安全生产管理制度的规定，或者因其他因素在生产经营活动中存在可能导致事故发生的物的不安全状态、人的不安全行为、作业环境的不良状态和生产管理过程的缺陷。

一般事故隐患（General Non-Conformance or Danger Potential Accident）是指危害和整改难度较小，发现后能够立即整改排除的事故隐患。

重大事故隐患（Severe Non-Conformance or Danger Potential Accident）是指国务院安全生产监督管理部门和其他安全生产监督管理部门针对相关行业、领域制订的重大事故隐患。如国家安全生产监督管理总局颁布的《安全生产事故隐患排查治理暂行规定》中的定义：重大隐患为危害和整改难度较大，应当全部或者局部停产停业，并经过一定时间整改治理方能排除的隐患，或者因外部因素影响致使生产经营单位自身难以排除的隐患。

(2) 事故隐患的分类方法

事故隐患分类是政府和企业监督管理的基础，基于合理的分类有助于提高监管的科学性。应从已发生事故基本信息、安全工程基本原理和分类学理论借鉴等方面确定事故隐患分类体系。

① 按程度进行事故隐患分类。一般按程度划分，事故隐患分为重大隐患和一般隐患。区分重大隐患和一般隐患有以下三种原则方式。

以能量释放程度划分，例如《危险化学品重大危险源辨识》GB 18218—2009 和《危险化学品重大危险源监督管理暂行规定》主要从能量释放的角度辨识危险源，侧重于对爆炸性、易燃、化学活性及有毒物质的辨识。

以可能的事故后果严重程度划分，例如《安徽省重大、特大安全事故隐患监督管理办法》第 3 条规定：本办法所称重大安全事故隐患，是指可能造成一次死亡 10 人以上（含 10 人）30 人以下，或者直接经济损失 500 万元以上（含 500 万元）1000 万元以下事故的隐患。

以事故隐患危害和整改难度划分，例如《上海市安全生产事故隐患排查治理办法》的第 13 条（事故隐患定级）规定：生产经营单位发现事故隐患后，应当启动相应的应急预案，采取措施保证安全，并组织专业技术人员、专家或者具有相应资质的专业机构分析确定事故隐患级别。

② 按事故致因进行事故隐患分类。基于事故致因的分析，事故系统涉及 4 个基本要素，通常称“4M”要素，即人的不安全行为（Men）；设备的不安状态（Machinery）；环境的不良影响（Medium）；管理的欠缺（Management）。

③ 基于事故隐患的安全风险水平进行分类。风险是危险演变为事故后果的可能性，风险的大小既与可能导致的事故后果相关，也与发生概率相关。由于事故后果与发生概率是两个不同的维度，因而风险大小通常采用风险矩阵的方法表达，通过对风险矩阵的适当划分确定其风险等级。基于风险的事故隐患分级方法是一种较为科学的分级方法，在风险发生概率和可能导致的事故后果严重度的二维基础上引入敏感性的概念，形成一个三维立体的事故隐患分级模型。

(3) 基于风险的事故隐患分级方法

应用 RBS——基于风险的监管理论，实现对现场排查出的事故隐患进行风险分级，可应用事故隐患的“三维-四步”的隐患分级方法。所谓“三维”是指风险分级的三维函数，即可能性函数、严重性函数和敏感性函数。

① 事故隐患演化为事故的可能性是指事故隐患可能确实发生的概率。事故发生的可能性取决于事故隐患的易识别性、演化条件、事故频率、暴露程度、使用环境和使用者类型等因素。

② 事故隐患的严重性是指事故隐患对人员、设备财产及环境造成伤害的严重程度，反映在隐患存在情景描述的条件下该缺陷或隐患对人员、设备财产及环境的影响。严重度取决于隐患种类、强度大小、作用时间、作用部位及人员类型

和人员行为等。

③ 事故隐患的敏感性界定为事故隐患在特定空间和时间对事故或系统伤害的敏感程度，反映隐患可能导致事故的空间和时间外在影响特质。事故隐患是处于休眠（dormant）状态的，通常借助于事故空间和时间的相互作用，从而引发事故的可能性，直至最终演化为事故乃至伤害。

所谓“四步”是指实现对隐患的风险分级采取四个步骤进行。

第一步：隐患定性，确认一般隐患或重大隐患；

第二步：在隐患定性基础上，与隐患的地区、时间或系统的敏感性相结合，确定事故隐患的现实风险水平，分为红、橙、黄、蓝四级；

第三步：根据隐患事故可能性与严重性，确定隐患固有风险水平，分为红、橙、黄、蓝四级；

第四步，依据“现实风险”和“固有风险”结合情况，确定事故隐患风险的最终水平，即最终的事故隐患风险分级，采取 4 级制：一级风险隐患（红色）；二级风险隐患（橙色）；三级风险隐患（黄色）；四级风险隐患（蓝色），如图4-13所示。

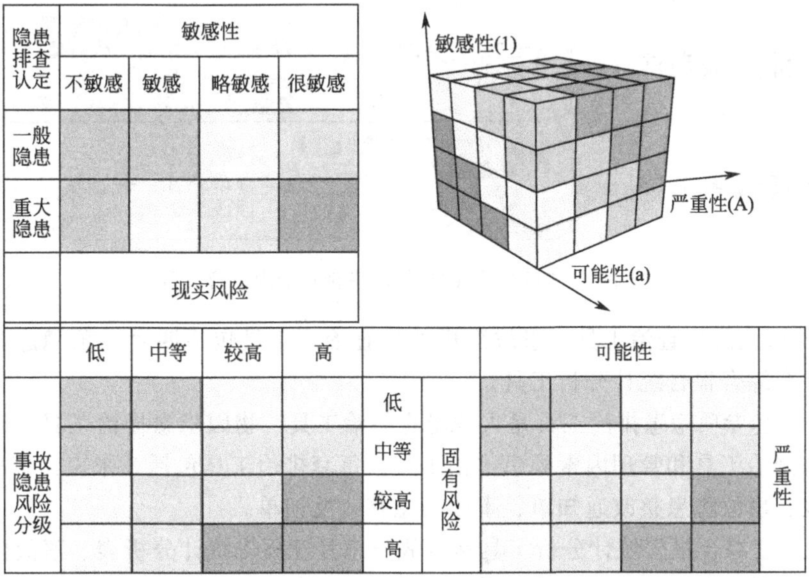

图 4-13　基于风险的事故隐患“三维-四步”分级模型方法

(4) 事故隐患的查治技术及工具

① 事故隐患的辨识与认定。隐患辨识与分析是安全生产事故隐患查治的基础。隐患的辨识是对尚未发生的各种隐患进行系统的归类和全面的识别。常用的隐患辨识方法有直接问询法（专家调查法）、现场观察法、事故数据统计法、标准对照法、工作任务分析法、获取外部信息法、案例分析法、定性分析法、规范

反馈法、系统分析法等。事故隐患的辨识与认定需要根据企业的行业特点，有针对性地建立事故隐患认定标准库（清单）、确定重大事故认定标准。

② 事故隐患查治工程模式。针对企业行业的生产特点，按照“12345”的事故隐患排查治理监管模型进行事故隐患查治，如图 4-14 所示，其涵义是一个科学理念、两种基本定性、三个评价函数、四种分级方法、五套查治工具。

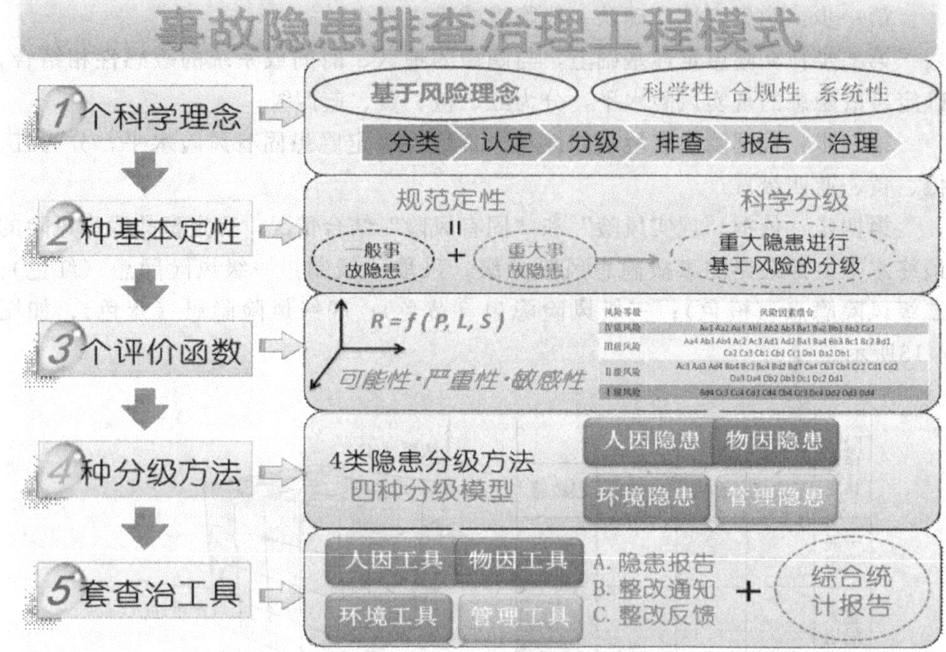

图 4-14 “12345”的事故隐患排查治理监管模型

③ 事故隐患查治工具。事故隐患的排查治理工具包括四套专项隐患排治工具和一套综合报告统计分析工具。

● 四套专项隐患排治工具是人因隐患排治工具、物因隐患排治工具、环境因素隐患排治工具和管理因素隐患排治工具。每套排治工具包括 3 张表：事故隐患报告表、事故隐患整改通知单、事故隐患整改反馈单。

● 一套综合报告统计分析工具是事故隐患月度报告统计分析表、事故隐患季度报告统计分析表、事故隐患年度报告统计分析表。

第5章　技术本质安全化

技术本质安全也称“物的本质安全”，或简称“物本”，包括工业生产的机械设备、电子系统、设备设施、工具物料等技术系统因素。

5.1　设备本质安全特征

5.1.1　技术本质安全化概念和定义

本质安全一词的提出源于20世纪50年代世界宇航技术的发展，这一概念的广泛接受是和人类科学技术的进步以及对安全系统的认识密切相连的，是人类在生产、生活实践的发展过程中，对事故由被动接受到积极事先预防，以实现从源头杜绝事故和人类自身安全保护需要，在安全科学与安全系统认知上取得的一大进步。

本质安全狭义的概念指的是通过设计手段使生产过程和技术性能本身具有防止危险发生的功能，即使在误操作的情况下也不会发生事故。广义的本质安全就是通过各种措施（包括设计、标准、制度、环境条件、教育培训等）从源头上控制事故发生的可能性，即利用科学技术手段和管理规范化等使生产活动全过程实现本质安全化。

技术本质安全化是指通过设计、制造等手段使生产设备或生产技术系统本身具有功能安全性，即使在人的误操作或技术发生故障的情况下也不会造成事故的性能，即“失误-安全”（误操作不会导致事故发生或自动阻止误操作）、“故障-安全”（设备、工艺发生故障时还能暂时正常工作或自动转变安全状态）的功能。

在技术本质安全系统中，首要是设备的本质安全，设备的本质安全是指人的操作失误或设备出现故障时，能自动发现并自动消除，能确保人身和生产系统的安全。为使设备达到本质安全而进行的研究、设计、改造和采取各种措施的最佳组合称为设备的本质安全化。

设备是构成生产技术系统的物质条件，由于物质系统存在各种危险与有害因素，为事故的发生提供了基础条件。要预防事故发生，就必须消除物的危险与有害因素，控制物的不安全状态。本质安全的设备具有高度的可靠性和安全性，可以杜绝或减少伤亡事故，减少设备故障，从而提高设备利用率，实现安全生产。技术本质安全化正是建立在以物为中心的事故预防的理念之上，它强调先进技术手段和物质条件在保障安全生产中的重要作用。

本质安全化和技术本质安全化管控既是国际的潮流，同时也是适于中国安全生产国情的需要。其思路和原则是：以全面管控事故发生的因果链为根本目标，以超前预控为核心，以固有危险因素辨识和风险管控为标准和基础，实现技术系统根本性的安全功能。相比较传统安全管控，技术的本质安全对事故的防范更科学、更系统、更高效、更合理，能使企业生产过程的安全保障能力得到加强，事故预防水平显著提高。因此，技术的本质安全化是国际先进的现代安全工程理论和方法。

5.1.2 设备本质安全化的概念

设备本质安全化是指针对设备或工具实现或尽可能趋于固有安全、功能安全的根本性安全属性，而实施的一系列调节、控制、管理的方法或过程的总称，用以保持和持续提升设备和工具的本质安全水平。设备本质安全化是一种基于“本质安全”理念的设备和工具的安全管控模式，重视设备或“物源”的“固有安全功能”的保持和提升，着眼于提升生产技术系统自身事故预防性能，强调对事故的“根源控制”和“主动防范”。

(1) 设备全生命周期安全要求

在企业生产的过程中，经常会对设备进行设计、制作、安装、改造与维修，在其实施的过程中，提出全生命周期的安全要求，即本质安全、失效安全、定位安全、机器布置、机器安全装置。

(2) 实施设备全生命周期安全方法

① 采用本质安全技术，在预定的条件下执行机械的预定功能满足机械自身的安全要求，如避免锐边、尖角和凸出部分；

② 限制机械力，并保证足够的安全系数；

③ 用以制造机械的材料、燃料和加工材料在使用期间不得危及人员的安全和健康；

④ 履行安全人机工程学的原则，提高机械设备的操作性和可靠性，使操作者的体力消耗和心理压力降到最低，从而减少操作差错；

⑤ 设计控制系统的安全，如重新启动原则、零部件的可靠性、定向失效模式、关键件的加培、自动监控等。

做好设备本质安全的重要性在于：事故的直接原因是物的不安全状态和人的

不安全行为，因此，消除设备和环境的不安全状态是确保生产系统安全的物质基础。设备是安全生产的基础，企业的本质安全主要起始于设备的安全基础牢固程度，即利用设备本身构造的安全性和运行的适应性，防止事故的发生。设备从投入运行之日起，就必须具备其本身应该具备的安全指数。本质安全必须从设备的设计抓起，要通过不断改进，杜绝因设备本身故障可能导致的事故，以保护人员不受伤害。

5.1.3 具有“本质安全”的机械设备特征

① 对环境无害。所有情况下，不产生有毒害的排放物，不会造成污染和二次污染，例如，使用环境无害化技术的设备。环境无害化技术又称清洁生产技术，它是清洁生产全过程中最核心的部分。清洁生产包括清洁的能源、生产过程和产品三个方面的内容。

② 符合安全人机学原则。能最大限度地减轻操作人员的体力消耗，缓解精神紧张状态。安全人机工程学是从安全的角度运用人机工程学的原理和方法去解决人机结合面的安全问题的一门新兴学科。它作为人机工程学的一个应用学科的分支，以安全为目标、以工效为条件，将与以安全为前提、以工效为目标的工效人机工程学并驾齐驱，并成为安全工程学的一个重要分支学科。研究人、机械、环境三者之间的相互关系，探讨如何使机械、环境符合人的形态学、生理学、心理学方面的特性，使人-机械-环境相经协调，以求达到人的能力与作业活动要求相适应，创造舒适、高效、安全的劳动条件的学科。

③ 明显的警示。充分地表明有可能产生的危险和遗留风险。工作场所职业病危害警示标识有明确规定，根据《中华人民共和国职业病防治法》和《使用有毒物品作业场所劳动保护条例》制订警示标识。

④ 充分的防护装置。发生非预期的失效或故障时，装置能自动切除或隔离故障部位，并同时发出声或光报警信号。目的是为进一步明确“安全第一、预防为主”的安全生产工作方针，加强安全防护装置、设施的管理，免遭或减轻事故伤害和职业危害，保障员工人身安全和创造良好的生产环境。安全防护设备包括机械设备设施上完全固定、半固定密闭罩；机械或电气的屏障；机械或电气的联锁装置；自动或半自动给料出料装置；手限制装置、手脱开装置；机械或电气的双手脱开装置；限制导致危险行程、给料或进给的装置；防止误动作或误操作装置；警告或警报装置；除尘设施、通风设施、降噪声设施和净化设施等。

⑤ 有效的应急措施。一旦产生危害时，人和物受到的损失程度应当在可接受的水平之下。

5.2 技术系统本质安全模式

5.2.1 技术系统本质安全的概念

(1) 技术系统

所谓“技术系统”，是指由多个设备、装置按照一定的技术工艺组成的系统。技术系统是科技生产力的一种具体形式，如炼钢技术同与其相联系的炼铁技术、选矿技术、采矿技术及冶金机械设备制造等技术组成的技术整体。技术系统受自然规律和社会因素的制约。技术与技术之间的联系、作用受自然规律的影响，例如炼钢，不但要掌握炼钢技术，还要掌握能源、信息、机械生产等一系列的准备技术，即各专业技术之间存在广泛的联系。同时，各项技术之间的联系又受到社会因素制约，因时代、地理、国家的不同，技术之间的联系方式便不同，如从能源技术与其他技术之间的联系看，有水力、煤、石油等能源与其他技术之间的联系，也有原子能、太阳能与其他技术的联系。所以，在现实社会和工业生产中，技术系统是一个极其复杂的纵横交错的立体网络结构。

(2) 技术系统本质安全

本质安全是指技术系统在发生故障或者操作者误操作、误判断时，能够自动地保证安全的属性。例如，《职业安全卫生术语》(GB/T 15236—2008) 中给出的概念，本质安全是指通过设计等手段使生产设备或生产系统本身具有安全性，即使在误操作或发生故障的情况下也不会造成事故。本质安全是指操作失误时，设备能自动保证安全；当设备出现故障时，能自动发现并自动消除，能确保人身和设备的安全。为使设备达到本质安全而进行的研究、设计、改造和采取各种措施的最佳组合称为本质安全化。

本质安全化是建立在以物为中心的事故预防技术的理念之上，它强调先进技术手段和物质条件在保障安全生产中的重要作用。希望通过运用现代科学技术(特别是安全科学的成就)，从根本上消除能形成事故的主要条件；如果暂时达不到，则采取两种或两种以上的安全措施，形成最佳组合的安全体系，达到最大限度的安全。同时，尽可能采取完善的防护措施，增强人体对各种伤害的抵抗能力。设备本质安全化的程度并不是一成不变的，它将随着科学技术的进步而不断提高。

5.2.2 技术系统本质安全化原则

(1) 系统安全性原则

系统安全性是指企业拥有的设备设施、工具与物质均应达到本质安全状态。

系统安全性是指企业拥有的设备设施、工具与物质均应达到本质安全状态。本质安全是指各类硬件依靠自身的安全设计和完善有效的防护装置和设施，在发生机电故障或人为轻微的失误时，仍能保证操作者和设备设施系统的安全。硬件系统控制危险的十项原则：消除、预防、减弱、隔离、联锁、设置薄弱环节、加强、减少接触时间、合理布局、用自动代替手工等。对系统中的危险源（因素），根据各自的类别与现状，选用不同的控制危险的原则，从软件查证硬件，从硬件考核软件，逐一评价各项目是否真正达到了系统安全性原则。

(2) 系统可靠性原则

应对企业设备设施、工具与物质进行系统可靠性考评，做到可知、可信、可靠，动态试验与静态查核相结合。

(3) 系统整体性原则

从对企业设备系统整体性的认识出发，理顺设备系统中各子系统的管理关系，掌握全局，即为系统整体性原则。设备设施安全考评是指系统地考评企业的设备、设施、工具、物质等固有的危险源（因素）与安全状态。

5.2.3 技术本质安全模型

技术设备本质安全模型有两种：

一是“失误-安全”(Fool-Proof)：指操作者即使操作失误，也不会发生事故或伤害，或者说设备、设施或技术本身具有自动防止人的不安全行为的功能。

二是“故障-安全”(Fail-Safe)：指设备、设施或技术工艺发生故障或损坏时，还能暂时维持正常工作或自动转变为安全状态。

设备本质安全表现出如下特点：

“自稳性”是指本质安全的设备具有保障本身安全和稳定运行的性能。

“他稳性”是指本质安全的设备具有保障本身不对外部输出风险的性能。

“抗扰性”是指本质安全的设备具有有效抵御和防范系统外部输入风险影响的性能。

比如本质安全型仪表又叫安全火花型仪表。它的特点是仪表在正常状态下和故障状态下，电路、系统产生的火花和达到的温度都不会引燃爆炸性混合物。它的防爆主要通过以下措施来实现：

① 采用新型集成电路元件等组成仪表电路，在较低的工作电压和较小的工作电流下工作；

② 用安全栅把危险场所和非危险场所的电路分开，限制由非危险场所传递到危险场所去的能量；

③ 仪表的连接导线不得形成过大的分布电感和分布电容，以减少电路中的储能。本制安全型仪表的防爆性能，不是采用通风、充气、充油、隔爆等外部措施实现的，而是由电路本身实现的，因而是本质安全的。它能适用于一切危险场

所和一切爆炸性气体、蒸气混合物，并可以在通电的情况下进行维修和调整。但是，它不能单独使用，必须和本安关联设备（安全栅）、外部配线一起组成本安电路，才能发挥防爆功能。

5.2.4 机械系统本质安全模式

机械是指机器与机构的总称。机械就是能帮人们降低工作难度或省力的工具装置，像筷子、扫帚以及镊子一类的物品都可以被称为机械，它们是简单机械，而复杂机械就是由两种或两种以上的简单机械构成。通常把这些比较复杂的机械叫做机器。从结构和运动的观点来看，机构和机器并无区别，泛称为机械。机械，源自于希腊语之 Mechine 及拉丁文 Machina，原指“巧妙的设计”，作为一般性的机械概念，可以追溯到古罗马时期，主要是为了区别于手工工具。现代中文之“机械”一词为英文单词 Mechanism 和 Machine 的总称。机械是一种人为的实物构件的组合。机械各部分之间具有确定的相对运动，故机械能转换机械能或完成有用的机械功，是现代机械原理中最基本的概念。中文机械的现代概念多源自日语的“机械”一词。

在安全专业领域内，机械是由若干个零部件组合而成的（图 5-1），其中至少有一个零件是可运动的，并且有适当的机器制动机构、控制系统和动力系统等。它们的组合具有一定的应用目的。

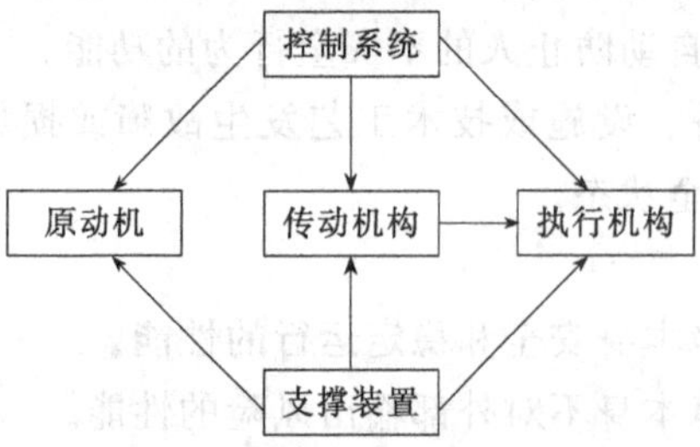

图 5-1　机械系统组成

一般而言，机器的组成通常包括动力部分、传动部分、执行部分和控制部分。各部分的作用如下：动力部分把其他形式的能量转化成机械能，以驱动机器各部件运动等；传动部分将原动机的运动和动力传递给执行部分的中间环节；执行部分直接完成机器工作任务的部分，处于整个传动装置的终端，其结构形式取决于机器的用途；控制部分包括自动检测部分和自动控制部分，其作用是显示和反映机器的运行位置和状态，控制机器的正常运行和工作。

机械的主要作用部件是运动部件，如流体输送机械、过滤机械、粉碎机械、破碎机械和搅拌机械等。

设备的主要作用部件一般是静止的，如容器（槽、罐、釜）、分离设备、换热器、反应器和反应炉等。

5.2.5 设备本质安全全生命周期模式

设备生命周期指设备从开始投入使用时起，一直到因设备功能完全丧失而最终退出使用的总的时间长度。衡量设备最终退出使用的一个重要指标是可靠性。

设备的寿命通常是设备进行更新和改造的重要决策依据。设备更新改造通常是为提高产品质量，促进产品升级换代，节约能源而进行的。其中，设备更新也可以是从设备经济寿命来考虑，设备改造有时也是从延长设备的技术寿命、经济寿命的目的出发的。

可靠性是指设备在规定条件下和规定时间内，完成规定功能的能力。规定条件是指使用条件与环境条件，具体条件如负荷、温度、湿度、压力、振动、冲击、噪声、电磁场等，此外还包括使用、操作、维修方式以及维修水平等有关方面。规定时间是指系统失效的经济寿命期，即在考虑到陈旧老化期和经济磨损期的条件下，能正常发挥功能的总时间。在实际中，规定的时间可指某一时间段或使用的次数等。规定功能是指设备系统的预期功能，即设备所应实现的使用目的。对不同类型的设备要有相应的具体规定，对于失效也应确切给定。从不同角度可以将设备寿命划分为物质寿命（自然寿命）、经济寿命、技术寿命和折旧寿命。

① 物质寿命是根据设备的物资磨损而确定的使用寿命，即从设备投入使用到因物资磨损使设备老化损坏，直到报废拆除为止的年限。

② 经济寿命是指设备的使用费处于合理界限之内的设备寿命。在设备物资寿命的后期，因设备故障频繁而引起的损失急剧增加。购置设备后，使用的年数越多，每年分摊的投资越少，设备的保养和操作费用却越多。在使用期最适宜的年份内设备总成本最低，这即是经济寿命的含义。

③ 技术寿命是指由于科学技术的发展，不断出现技术上更先进、经济上更合理的替代设备，使现有设备在物资寿命或经济寿命尚未结束之前就提前报废。这种从设备投入使用到因技术进步而使其丧失使用价值所经历的时间称为设备的技术寿命。

④ 折旧寿命是指按国家有关部门规定或企业自行规定的折旧率，把设备总值扣除残值后的余额，折旧到接近于零时所经历的时间。折旧寿命的长短取决于国家或企业所采取的政策和方针。

长期的统计表明，任何设备从出厂之日起，其故障发生率并不是一成不变的。由多种零部件构成的设备系统，其故障率曲线明显呈现 3 个不同的区段。

① 初期故障期。在设备开始使用的阶段，一般故障率较高，但随着设备使用时间的延续，故障率将明显降低，此阶段称初期故障期，又称磨合期。这期间的长短随设备系统的设计与制造质量而异。

② 偶发故障期。设备使用进入下一阶段，故障率大致趋于稳定状态，趋于一个较低的定值，表明设备进入稳定的使用阶段。在此期间，故障发生一般是随机突发的，并无一定规律，故称此阶段为偶发故障期。

③ 损耗故障期。设备使用进入后期阶段，经过长期使用，故障率再一次上升，且故障带有普遍性和规模性，使用寿命接近终了，此阶段称损耗故障期。在此期间，设备零部件经长时间的频繁使用，逐渐出现老化、磨损以及疲劳现象，

设备寿命逐渐衰竭，因而处于故障频发状态。

5.2.6 技术系统本质安全的双重防护模式

安全防护措施是指采用特定的技术手段，防止人们遭受不能由设计适当避免或充分限制的各种危险的安全措施。

(1) 安全防护措施的类别

安全防护措施的类别主要有防护装置及安全装置。

① 防护装置。通过设置物体障碍方式将人与危险隔离的专门用于安全防护的装置。

② 安全装置。用于消除或减小机械伤害风险的单一装置或与防护装置联用的保护装置。

安全防护装置即是采用壳、罩、屏、门、盖、栅栏、封闭式装置等作为物体障碍，将人与危险隔离。它是设备本质安全最直接的体现形式之一。

(2) 防护装置的功能

① 防止人体任何部位进入机械危险区触及运动部件；

② 防止飞出物的打击、高压液体的意外喷射或防止人体灼伤、受到腐蚀伤害；

③ 容纳可能由机械跑出的零件或碎片；

④ 在有特殊要求的场合，防护装置还应对电、高温、火、爆炸物、振动、放射物、粉尘、烟雾、噪声等具有特别阻挡、隔绝、密封、吸收或屏蔽作用。

(3) 防护装置的类型

防护装置有单独使用的防护装置和与联合使用的防护装置。按使用方式可分为固定式和活动式两种。固定式防护装置是指踏实保持在所需位置关闭或固定不动的防护装置，不用工具不可能将其打开或拆除。

(4) 防护装置的安全技术要求

固定防护装置应该用永久固定（通过焊接等）方式或借助紧固件（螺钉、螺栓、螺母等）固定方式，将其固定在所需的地方，若不用工具就不能使其移动或打开。出料的开口部分尽可能地小，应满足安全距离的要求，使人不可能从开口处接触危险。活动防护装置或防护装置的活动体打开时，尽可能与防护的机械借助铰链或导链保持连接，防止挪开的防护装置或活动体丢失或难以复原。

(5) 防护装置标准遵循的原则

① 防护装置尽可能成为机器的组成部分；

② 除无法避免的情况（如砂轮机）外，尽可能使用全封闭式护罩；

③ 防护装置尽可能靠近危险部位，将其封闭；

④ 防护装置不应妨碍生产；

⑤ 防护装置应考虑维修工作能在危险最小的情况下进行；

⑥ 防护装置使用的材料，除特殊情况使用木材外，一般应使用金属材料、特制塑料板和玻璃。

5.3 设备本质安全技术方法

5.3.1 设备本质安全的原则、任务和基本方法

设备本质安全技术的原则之一是利用该技术进行机械预定功能的设计和制造，不需要采用其他安全防护措施，就可以在预定条件下执行机械的预定功能时满足机械自身的安全要求。

实现设备本质安全的基本措施和方法包括以下方面。

① 在不影响预定使用功能前提下，机械设备及其零部件应尽量避免设计成会引起损伤的锐边、尖角、粗糙或凹凸不平的表面和较突出的部分。

② 安全距离原则。利用安全距离防止人体触及危险部位或进入危险区，这是减小或消除机械风险的一种方法。

③ 限制有关因素的物理量。在不影响使用功能的情况下，根据各类机械的不同特点，限制某些可能引起危险的物理量值来减少危险。如将操纵力限制到最低值，使操作件不会因破坏而产生机械危险；限制噪声和振动等。

④ 使用本质安全工艺过程和动力源。对预定在有爆炸隐患场所使用的机械设备，应采用全气动或全液压控制系统和操纵机构，或本质安全电气装路，并在机械设备的液压装路中使用阻燃和无毒液体。

设备的本质安全要从两个生命阶段来保障。

① 设计阶段本质安全应考虑的重点。本质安全是个不断完善的过程。虽然不能苛求一下子做到绝对本质安全，但要求在设计的时候应该尽可能地做到本质安全，尤其不能犯低级错误。因此，希望在设计前，需广泛听取一线生产工人、技术管理人员和领导的各方面意见，经过筛选，汲取有益的经验，使设计尽可能做到完美。

② 设备投入使用后的安全措施。虽然在设计阶段做了种种努力，但是，要真正做到设计100%的本质安全并不是件容易的事。本质安全是一个过程，人类认识客观世界的水平在不断地发展和提高，加上国家对安全生产的要求也随着科学技术的进步在不断地提高，因此，本质安全问题要从设计时得到完全实现也是不现实的。所以，在生产装置、设备设施投用后，还有一个不断完善改进的过程，使之尽快达到本质安全的要求。

5.3.2 本质安全技术层次体系

事故风险控制的技术措施有很多，从技术层次上划分主要分为消除、取代、

工程控制、标识、警告和管理控制、个体防护等。其中消除、取代、工程控制是实现设备本质安全的主要方法，如图 5-2 所示。

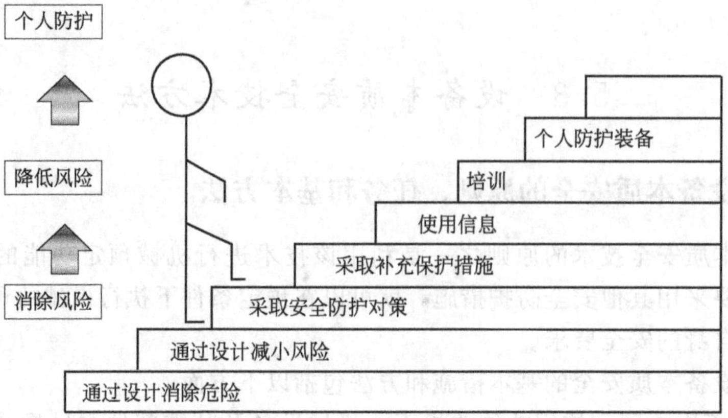

图 5-2　设备本质安全的技术方法层次体系

① 消除潜在危险的方法。通过利用新技术成果来消除人体操作对象和作业环境的危险因素，从而最大可能地达到安全的目的，这是一种积极、进步的措施。例如，在较高设备周边增加安全平台和护栏，方便职工操作和维修，消除高处作业带来的危险源。

② 实施替代的方法。使用替代的方法，可以通过以不可燃材料代替可燃材料或改良设备等方式，将设备潜在的危险消除。如果不能消除这种潜在的危险，那么也可以通过改用机器、器械手、自动控制器、机器人等替代人的某些操作，以达到人体摆脱有害危险的目的。如进行设备改良，将危险性较大的核子秤更换为电子皮带秤，消除放射源。

③ 利用互锁。通过利用机械联锁或电气互锁，实现自动防止故障、保证安全的目的。如我们在切片机两道检修门上加装门限位开关，使检修门的开、关与切片机生产联动起来，确保检修门开启状态下，设备处于停机状态，以保证职工人身安全。

④ 设置防护屏障。在有害或危险因素作用的范围内，可以设置屏障，以达到人体防护的目的。这种方法将人与危险的环境或设备相隔离，切断了危险源到人体的途径，从而实现了保护人身安全的目的。在一些危险场所或设备旁，我们可以看到这些防护的屏障，如我们在薄片生产区域，用隔音房将粉碎机封闭起来，大大降低了噪声危害，保护职工职业健康安全。

⑤ 增加防护距离。当有害或危险因素的伤害作用随着距离而减弱时，可以采取人体远离有害或危险因素的方法，以提高安全程度的目的。如我们要求职工作业时，保持与微波设备的安全距离。

⑥ 利用警告或警示信息。可以利用声、光、色、标识等手段，在设备中设置技术信息目标，以达到人体和设备安全的目的。例如，红色表示禁止、停止，

可用于机器、车辆的紧急停止手柄或按钮，以及禁止人们接触的部位；黄色表示指令必须遵守的规定，如必须佩戴个人防护用具以及道路上指引车辆和行人方向的指令都用黄色。另外，黄色也作为警戒的标识，如厂内危险机器、齿轮箱上都有黄色的标识。

⑦ 时间防护。这种方法主要是通过缩短人体处于有害或危险因素之中的时间来实现的。如果能将这种时间缩短到安全限度内，那么就可以大大减少危险因素对人体的伤害。

⑧ 个人防护。采取个人防护的方法是指根据不同的作业性质和使用条件，工作人员配备相应的劳动防护用品。这些防护用品可以包括脚部和头部的保护、眼睛和面部的保护、听力以及呼吸的保护等。

5.3.3 设备本质安全技术方法

(1) 设备本质安全遵循的三个设计原则

① 安全存在原理。零件和零件之间在规定载荷和时间内安全，如受力、试验负荷、腐蚀、温度、老化等。

② 有限损坏原理。功能被破坏或干扰时，破坏次要部件，如安全销、安全阀、易损件等。

③ 冗余配置原理。重复的备用系统，如飞机的多驱动和副油箱、压力容器的两个安全阀、矿山排水的水泵系统采用三套配置（运转、维修、备用）。

(2) 机械性危险最小化技术方法

① 挤压危险。减小运动件的最大距离。

② 剪切危险。消除运动件的间隙。

③ 切割危险。消除运动件的尖角、锐边、减少粗糙度等。

④ 缠绕危险。降低运动速度，凸出物被覆盖等。

⑤ 冲击危险。限制往复运动的速度、加速度、距离等。

⑥ 摩擦磨损危险。尽量使用光滑的表面等。

(3) 非机械性危险最小化技术方法

① 电的危险。减少电击、短路、过载、静电。

② 热危险。降低相对速度、冷却、防止高温流体喷射。

③ 噪声危险。提高配合精度、减少振动。

④ 振动危险。加强平衡、减振。

⑤ 辐射危险。尽量少用、严格密封等。

⑥ 材料或物质产生的危险。少用易燃、有害等物质、密封、隔离。

(4) 使用过程的风险控制技术方法

① 确定范围与边界。明确公司设备安全管理的重点区域，形成设备重点管理清单。

② 危险识别。对清单中的设备存在的危险进行系统识别。

③ 风险评估。运用系统的风险评估工具，对设备的风险程度进行评价。

④ 确定风险控制措施。根据风险评估的解决，确定应该采取的控制措施。

⑤ 实施与效果评估。实施拟订的控制措施，并对效果进行再评估，确认残留风险是否可接受。

5.3.4 机电系统的本质安全方法

机电系统是各行业生产普遍使用的技术系统，其本质安全在设计之初就得以充分考虑。下面以电梯为例进行研究。

(1) 使用前的固有安全

电梯在设计及制造阶段或使用之前就有了充分的固有安全防护装置，如制动闸、曳引绳、安全电路、称重装置、缓冲器、报警按钮、门安全装置、限速器和安全钳。电梯主要故障的保护程序如图 5-3 所示，由曳引机故障、轿厢故障、安全故障、端站未停四大类故障引起的危险，最终都通过各种保护机制归结为电梯停止运行，需要进行维修，从而避免了事故的发生。

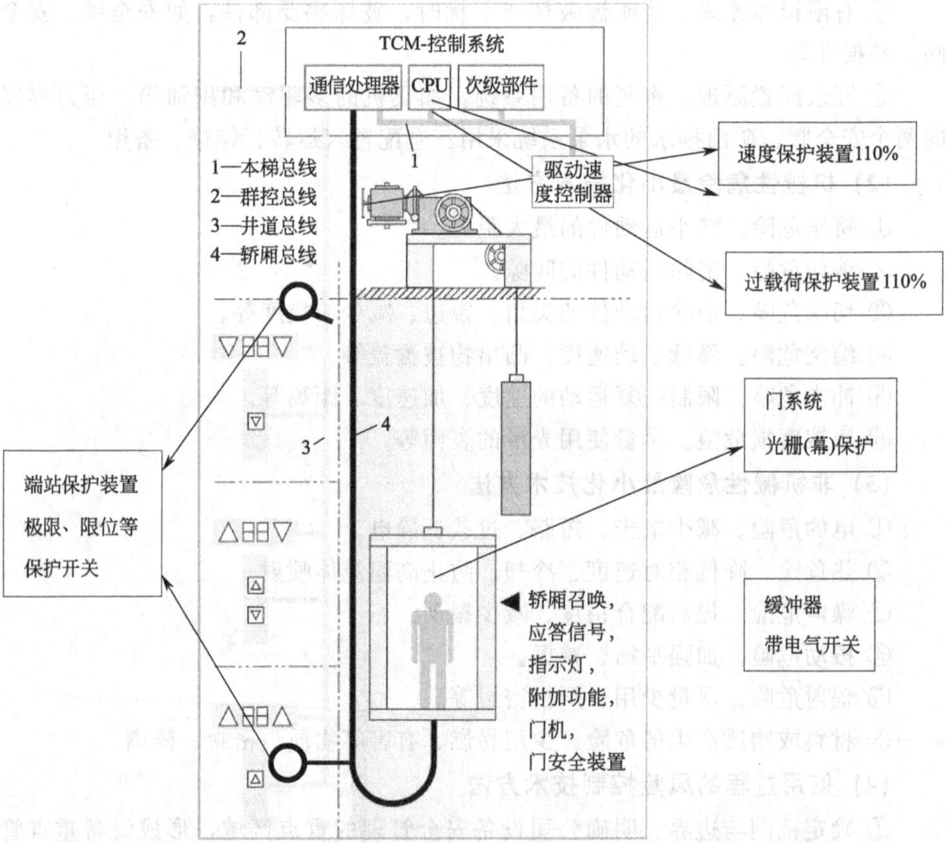

图 5-3 垂直电梯防护装置

(2) 使用中的功能安全

电梯是载人的垂直交通运输工具，必须将安全运行放在首位。电梯的安全首先应是对人员的保护，同时，也要对电梯本身和所载货物以及电梯所在的建筑物进行保护。电梯可能发生的危险一般包括人员被挤压、撞击和发生坠落、剪切；人员被电击、轿厢超越极限行程发生撞击；轿厢超速或因断绳造成坠落；由于材料失效、强度丧失而造成结构破坏等。电梯的安全性除了在结构的合理性、可靠性，电气控制和拖动的可靠性方面予以充分考虑外，还针对各种可能发生的危险，设置专门的安全装置。具体的功能安全技术有：①防超越行程的保护；②防电梯超速和断绳的保护；③防人员剪切和坠落的保护；④缓冲装置；⑤报警和救援装置；⑥停止开关和检修运行装置；⑦消防功能装置；⑧防机械伤害的保护；⑨电气安全保护。

5.4 设备本质安全管控方法

5.4.1 设备危险因素辨识

危险因素辨识是风险管理的第一步，也是风险管理的基础，做好这一步，才能准确并有效地进行风险评价和风险预控工作。这是用感知、判断或归类的方式对现实的和潜在的风险性质进行鉴别的过程，只有在正确识别出自身所面临的风险的基础上，人们才能够主动选择适当有效的方法进行的处理。危险因素辨识要符合充分性、系统性、准确性、科学性的原则，全面充分没有遗漏，描述准确简洁，避免模糊重复。在危险因素辨识的过程中，要明确危险因素辨识对象，进行辨识单元及作业的划分，根据不同的辨识单元及作业过程采用与其相应的辨识方法。

危险因素辨识首先要进行辨识及评价的单元划分，采取科学、系统、符合实际情况的单元划分方法，确保既有利于辨识及评价工作的顺利进行、保证工作进度和质量，又同时避免辨识及评价过程中出现遗漏、重复、模糊等弊端。辨识单元要根据待辨识对象的共性、类型、特点、原理等进行划分，这是危险因素辨识及评价的基础和必要前提。危险识别一方面可以通过感性认识和历史经验来判断；另一方面，也可通过对各种客观的资料和风险事故的记录来分析、归纳和整理以及必要的专家访问，从而找出各种明显和潜在的风险及其损失规律。因为风险具有可变性，因而风险识别是一项持续性和系统性的工作，要求风险管理者密切注意原有风险的变化并随时发现新的风险。实际的危险因素辨识的方法和模式要符合实际情况并且与相关的国家、行业标准、参照三类风险因子和十类风险形式进行危险因素辨识。

危险因素辨识后，可将全面危险因素辨识的结果进行系统的整理，建立系统、完整的风险数据库，备案查找，有利于风险管理的有效发展。

设备危险因素的辨识的主要目的是辨识出可能组合导致发生危险的危险因素及其组合方式，从而避免事故的发生。具体操作，以清单的方式列出本设备所涉及的所有业务活动、活动场所及每项业务活动的具体内容，对照相关的规程、条例、标准，结合实际工作经验，综合考虑人、机、环、管四个方面可能出现的不安全因素，分析工作中存在的或潜在的危险源。危险因素辨识的缺点是易受工作人员主观因素影响。其结果通常以清单方式呈现。

5.4.2 投用前设备安全检查程序 PSSR

设备启动前安全检查（Pre-Start-up Safety Review）是指在工艺设备投用前对所有相关因素进行检查确认，并将所有必改项整改完成，批准投用的过程。

① 目的。为加强工艺、设备启动前安全管理，所有影响工艺、设备安全运行的因素在启动前应被识别并得到有效控制，确保设备安装规范、操作维护准备就绪、人员培训到位、安全信息更新、改进措施落实。

② 应用领域。本规范应用于所有新、改、扩建项目，工艺、设备变更项目，也可应用于停车检修项目启动前的安全管理。

③ 人员。车间管理层；工艺、设备、检维修、主要操作和安全环保专业人员；必要时，可包括承包商、电气仪表专业人员、具有特定知识和经验的外部专家。

④ 资料。PSSR 清单范例（适用于停用检修没有变更的项目）、PSSR 清单范例（适用于新、改、扩建和变更项目）、PSSR 检查问题汇总表、PSSR 报告。

⑤ 流程。PSSR 要求→组建小组→召开计划会→实施检查→召开审议会→审查和跟踪→文件管理。

⑥ 职责。各企业应根据本规范制订、管理和维护本单位的 PSSR 程序，企业相关职能部门具体执行 PSSR 程序，并提供培训、监督、考核。企业 HSE 部门对本规范的执行提供咨询、支持和审核。企业生产部门执行本单位 PSSR 程序，并对程序实施提出改进建议。

⑦ 要求。PSSR 应作为各级单位针对新、改、扩建项目（包括租借）和工艺设备变更、停车检修安全验收的一个必要条件。根据项目管理权限，应成立相应的 PSSR 小组，按照事先编制好的检查清单进行 PSSR。根据项目规模和任务进度安排，可分阶段、分专项多次实施 PSSR。

⑧ 意义。保证了新、改、扩建装置或设备设施投用的顺利进行，对新、改、扩建装置和设备设施进行全面系统检查，使检查更加细致化、具体化，确保问题及隐患得以合理的控制。

在做 PSSR 时，应注意对 PSSR 清单范例中每个小项逐一检查。在实施检查过程中，可以按照不同专业分别检查，但每一专业负责项应有具体负责人，最后都汇总在 PSSR 报告中。

5.4.3 新设备质量保证 QA

新设备质量保证（Quality Assurance）由《新设备质量保证程序》控制，在 ISO 8402：1994 中的定义是“为了提供足够的信任表明实体能够满足质量要求，而在质量管理体系中实施并根据需要进行证实的全部有计划和有系统的活动”。推行 ISO 9000 的组织会设置这样的部门或岗位，负责 ISO 9000 标准所要求的有关质量保证的职能，担任这类工作的人员就叫做 QA 人员。

关于 QA，中国质量管理协会的定义是“企业为用户在产品质量方面提供的担保，保证用户购得的产品在寿命期内质量可靠。”美国质量管理协会（American Society of Quality Control，ASQC）的定义为“QA 是以保证各项质量管理工作实际地、有效地进行与完成为目的的活动体系”。著名的质量管理权威、美国的质量管理专家朱兰（J. M. Juran）博士认为：“QA 是对所有有关方面提供证据的活动，这些证据是为了确立信任所需要的，表明质量职能正在充分地贯彻着。”由此可见，QA 对企业内部来说是全面有效的质量管理活动；对企业外部来说则是对所有的有关方面提供证据的活动。QA 就是包括制造企业各个部门组成的一个保证生产高质量产品的系统。FDA、EMEA（欧洲医药评价署）的阐述是这样的：QA 是 GMP（质量管理体系）的一部分，GMP 只关心与生产和检验有关的所有事务，与 GMP 无关而与产品质量有关的事务就属于 QA。

实施 QA 涉及的人员包括车间领导，设备、工艺专业技术管理人员；涉及的资料包括设备开箱检查记录、投用前安全检查报告、机组试车条件确认记录、设备试车记录。

QA 流程：①单位需求；②委托设计；③参与招标；④参与设备到货验收；⑤施工安装检查；⑥设备试运；⑦设备投用。

意义：规范保证了设备从审批至投用过程管理，保证设备制造和安装质量更加安全合理。

注意：各环节应指定专人负责，并做好记录。

5.4.4 设备完整性管理 MI

设备完整性（Mechanical Integrity）由《设备完整性管理程序》控制。1992 年美国 OSHA 颁布了过程安全管理办法（29CFR 1910.119Process Safety Management for Highly Hazardous Chemicals），分析了 20000 多台设备，调查世界范围内约 25 家石油化工厂，与政府和检测机构充分交流；其中心是“避免灾难性事故的发生”；其中第 8 条款是关于设备完整性的要求；与传统的设备管理事后维修（BM）、定期维修（TBM）、状态维修（CBM）相比更强调安全、效率、效益、环保。企业需要担负更多的 HSE 的责任。MI 具有整体性，是全过程的、动态的，需要持续改进。

(1) 设备完整性的概念和基本要素

一般而言，设备完整性是指设备的机能状态，即设备正常运行情况下应有的状态，也就是采取技术改进措施和规范设备管理相结合的方式来保证整个装置中关键设备运行状态的完好性。其特点为：一是设备完整性具有整体性，即一套装置或系统的所有设备的完整性；单个设备的完整性要求与设备的重要程度有关。二是设备完整性贯穿设备设计、制造、安装、使用、维护，直至报废全过程。三是设备完整性管理是采取技术改进和加强管理相结合的方式来保证整个装置中设备运行状态的良好性，其核心是在保证安全的前提下，以整合的观点处理设备的作业，并保证每一作业的落实与品质。四是设备的完整性状态是动态的，设备完整性需要持续改进。

设备完整性管理包含关键设备的识别和分类、检验试验与预防性维修、设备异常管理、品质保证、作业程序文件化以及培训等 6 个要素。它不仅仅是企业设备管理部门的责任，而是涉及每一部门，并且涉及的部门和个人职责分工明确。

(2) MI 涉及的人员和资料

① 人员。车间领导、车间工艺人员、设备（安全）管理人员、机动设备处理室、仪表专业人员、电气专业人员、信息中心人员等。

② 资料。安全附件（安全阀、压力表、呼吸阀等）、可燃或有毒气体报警器探头、防雷接地、静电接地的统计台账，包括现场安装位置、检测周期和结果；消防及应急设施的安全检查；联锁、报警、紧急按钮的确认或核对；关键静设备定期检查与主动维护的计划；关键动设备状态检测计划及结果；关键性仪表的识别、维护与结果；DCS 室的 UPS 电源检查与维护。

(3) 设备完整性管理体系构架及环节

设备完整性管理体系由四个部分构成：生产经营管理和 HSE 政策、设备完整性管理策略、程序文件和操作文件。这四个部分从上至下有层次地构成了整个体系。

设备完整性管理体系的实施包括策略的制订、计划和组织、体系的实施、体系的检查和评审等环节，是一个相互关联的活动和程序步骤。所有的程序都是 PDCA 循环中的重要组成部分，通过 PDCA 实现持续的改进和不断的提高。

(4) 有效的设备完整性管理的优势

① 通过缩短装置设备检修时间、延长检修周期以及使用基于风险的检测技术进行检维修的优化，可以大幅度降低炼油和石化装置的成本。这种优化不但注

重于减少直接检修成本，而且还增强了工艺装置整体的可靠性。

② 使设备在合理期限内确实贯彻维修保养检查作业，预知设备运转状况，并依据维修保养检查结果执行适当的维护改善及更换，使设备保持正常运作状态，在提高生产能力的同时，提高品质。

③ 实施完善的设备完整性管理制度，能改善企业现行的设备管理体制。在设备生命周期每一个阶段，通过程序化、标准化的实施过程，可强化工厂中推行的全员化设备管理、预知保养等工作。

④ 设备完整性管理制度以基于风险的检验技术（RBI）、以可靠性为中心的维修技术（RCM）、安全完整性水平分析技术（SIL）等作支撑，其效果将更好，不仅可延长机械运转周期，亦能降低人力工时及维修设备费用，达到延长寿命、提高生产力、减少设备故障及安全事故的发生。

⑤ 设备完整性管理制度除一般检查保养工作外，还允许使用先进的设备检查诊断仪器，获取并记录设备运转状况数据，配合诊断分析记录发现、预知设备状态及潜在异常，了解何时需要维修，可消除突发性故障与保养不足等现象，确实掌握设备运转状况，制订最佳保养周期，达到设备零故障的目标。

⑥ 设备完整管理体系与现有的 HSE、ISO 9001、ISO 14000 等管理体系相融合，将完善企业的管理体系，可全面提高企业的管理水平。

(5) 设备完整性管理的主要流程

① 设备技术资料管理。车间应按机动设备处规定的编码规则对设备进行编码；建立、完善设备台账；应建立设备技术档案，其内容包括设备图纸、设备原始出厂资料、各项设计计算书、使用说明书（使用保养手册）、采购证明单据、产品质保证明、随机附件清单等。

② 备品配件管理。车间应按照分解图编制设备的各组成构件清单，并根据设备过去三年的大修、小修的维修记录和配件更换频率等情况，编制设备备品配件的年度需求计划。

③ 检维修规程的编制与审批。车间应组织专业技术人员配合维护车间编制检维修规程。机动设备处应组织对编制完成的检维修规程进行审核，车间配合运用 JCC、JSA 进行验证，并根据实施情况进行修订。

④ 测试与检查。车间应制订设备测试与检查计划，可以时间/状况或风险为基础进行测试与检测。检查后将数据汇总并对数据趋势分析形成分析报告。

⑤ 设备检维修。车间按照程序中有关规定制订检维修计划并实施，要求设备检维修后将资料汇总并存档。

⑥ 可靠性分析。车间应指派专人建立有效的监测制度对设备进行监测，并及时根据监测结果对设备进行维护。

5.4.5 设备变量管理 MOC

设备变量管理（Management Of Change）由《技术和设施变更管理程序》控制。

首先，变更是指用于以下生产过程中的工艺变更：生产运行，检维修作业，开、停工过程，技改，技措。

变更管理涉及的人员包括项目负责人、与变更有关的维修人员、操作人员、设备技术人员、工艺技术人员、车间领导等。

变更管理涉及的资料包括微小变更申请审批表、技术和设施变更申请审批表、变更检查表、变更登记表、技术变更结项报告。

设备变量管理的基本流程如下：

(1) 变更分类

① 同类替换：符合原设计规格的替换。

② 微小变更（一般变更）：影响较小，不造成任何工艺参数、设计参数等的改变，但又不是同类替换的变更，即“在现有规范范围内的改变”。

③ 重大变更（工艺设备改变）：涉及工艺技术的改变或设施功能的变化、工艺参数改变（如压力等级的改变、压力参数报警值的设定等）的变更，即“超出现有设计范围的变更”。

④ 紧急变更（临时变更）：满足紧急情况下，正常的变更流程方式无法执行时的需求。

(2) 成立 MOC 小组

MOC 小组成员应该包含各专业人员、各级领导和各个部门。

(3) 审核相关资料

变更的极限（时间、范围和数量等）；相关连带的变更（图纸、操作规程及应急响应预案等）。

(4) 申请与审查

包含目的、变更技术基础、对目前生产状况的影响（HSE、生产操作、检维修、费用和法律法规等）。审查应该包含潜在的安全风险评估、潜在的环境风险评估、潜在的健康风险评估以及方案实施讨论。

(5) 实施变更

严格按照变更审批确定的内容和范围实施，并对变更过程实施跟踪。涉及作业许可的，应按照《作业许可管理规范》要求办理许可证。涉及启动前安全检查或工艺危害分析时，应执行相关规范。

(6) 跟踪、验证

当变更执行完成后，应依变更的范围及试验的期间内观察变更的效果。若变更效果无法达成预期效果，则应终止变更并回复原状。如能满足期望，则需填写变更完结通知，成为永久变更，并将变更效果验证及结论详述于通知内。

(7) 结项报告、文件归档

将变更从开始至结束的所有相关资料整理归档，不得遗漏。

(8) 培训沟通

变更的工艺设备在运行前，应对影响人员进行宣贯或沟通，包括变更所在区域的人员变更管理涉及的人员或涉及的相关直线组织管理人员，包括承包商、供应商人员、外来人员、相邻装置（单位）或社区的人员及其他相关的人员。设备启动前应完成试车前的安全检查（PSSR）。

设备变量管理有效识别和控制变更风险，确保变更后工艺设施安全。及时更新工艺安全信息，确保信息的有效性和完整性。

5.5 特种设备本质安全特性分析

5.5.1 特种设备风险强度概念及理论

(1) 绝对风险强度概念及理论

绝对风险强度是基于事故概率和事故后果严重度计算的，反映整类设备设施危险点（源）宏观综合固有风险水平的指标。其理论基础是基于风险模型 $R=F(P,L)$，然后引入概率指标和事故危害当量指标对基本理论进行拓展。绝对风险强度主要体现某一类危险点（源）和特定时期宏观固有风险水平。绝对风险强度的分析技术关键是确定事故概率或可能性指标（P）和事故危害严重度指标（L）。

① 事故概率指标（P）。若某一事故情景频繁发生或事故数据较多，则最好使用历史数据来估算该事件的概率。概率最常见的度量是频率。事故发生的可能性（P）则可以用事故频率指标来表示，如万台设备事故率、万台设备死亡率、万车事故率、千人伤亡率、百万工时伤害频率、亿元 GDP 事故率等。不同的行业采用不同的事故指标，例如，特种设备、核设施、石油化工装置、交通工具等可以用万台设备事故率和万台设备死亡率等，工业企业则可以用百万工时伤害频率和亿元 GDP 事故率等。

当缺乏历史数据时，可使用积木法，将事故情景所有单元的估算概率加以组合，以联合概率预测该情景的总体概率，则某一事故情景发生概率可用下面模型表示。

$$P_s=P_a\prod_{i=1}^{n}P_{ci} \tag{5-1}$$

式中，i 为事故发生后引起的某种后果，如人员伤亡、经济损失、环境破坏、社会影响等；n 为事故后果类型总数；P_s 为情景的发生概率；P_a 为事故发生的概率；P_{ci} 为事故发生后引起后果 i 的概率。

② 事故严重度指标（L）。事故后果严重度（L）可以用事故相对指标、绝对指标、当量指标等来表示，如事故起数、死亡人数、受伤人数、经济损失、人均损失工时、事故危害当量等。为了反映特种设备宏观事故综合严重度，采用事故危害当量作为事故后果严重度的量化指标。事故危害当量能够反映死亡、伤残和经济损失等方面的综合危害，用于衡量某类设备的各种事故或一个企业、一个地区发生的各种事故综合危害的程度。其模型为：

$$L=\sum_{i=1}^{n}L_i \tag{5-2}$$

式中，L 为事故危害当量，单位为当量；i 为事故发生后引起的某种后果，如人员死亡、受伤、经济损失、环境破坏、社会影响等；n 为事故后果类型总数。

(2) 相对风险强度概念及理论基础

相对风险强度，又称风险强度系数，是绝对风险强度进行归一化后的无量纲系数。相对风险强度主要以量纲归一理论和数值归一理论为基础。特种设备作为重大危险点（源），其相对风险强度主要是以某类设备绝对风险强度为基准进行归一化处理，能直观地反映各类设备的相对风险水平和风险强度关系。量纲归一是一种简化计算的方式，即将有量纲的表达式经过变换转化为无量纲的表达式，成为纯量，直接反映问题本质。由于不同类特种设备的事故指标不同，量纲不同，且研究所选事故涉及范围较广、数量较大，难免出现量纲及数量级差别所带来的影响。为了更好地评价不同事故的严重度，对所选取的事故作量纲归一化处理，使其具有可公度性。

5.5.2 特种设备风险强度分析模型和方法

(1) 绝对风险强度分析模型

当历史事故数据足够多时，采用事故频率指标作为事故发生可能性的量化指标。结合事故危害当量模型，整类设备危险点（源）绝对风险强度模型为：

$$R_a=W_j\sum_{i=1}^{n}L_i \tag{5-3}$$

式中，R_a 为整类危险点（源）绝对风险强度；W_j 为危险点（源）j 的事故发生频率指标；i 为事故发生后引起的某种后果，如人员死亡、人员受伤、职业病、经济损失、环境破坏、社会影响等；n 为事故后果类型总数；L_i 为事故引起后果 i 的危害当量，单位为当量。

当缺乏历史数据时，使用积木法预测事故的总体发生概率。结合事故危害当量模型，整类设备危险点（源）绝对风险强度模型为：

$$R_a = P_a \prod_{i=1}^{n} P_{ci} \sum_{i=1}^{n} L_i \tag{5-4}$$

式中，R_a 为危险点（源）绝对风险强度；i 为事故发生后引起的某种后果，如人员死亡、人员受伤、职业病、经济损失、环境破坏、社会影响等；n 为事故后果总数；P_a 为事故发生的概率；P_{ci} 为事故发生后引起后果 i 的概率；L_i 为事故引起后果 i 的危害当量，单位为当量。

特种设备种类多、数量大、环境复杂，并且特种设备历史事故数据足够多，适宜采用各类设备历史事故数据来估算事故发生的概率。根据行业事故指标，特种设备事故发生的频率指标 W_j 可以用万台设备事故率表示；事故发生的后果危害当量 L 用综合当量指标来表示，包括死亡当量、伤残当量和经济损失当量。特种设备绝对风险强度数学模型如下式。

$$R_a = W_j \sum_{i=1}^{n} L_i = \frac{\sum_{\lambda=1}^{N} \sum_{i=1}^{n} m_{\lambda i}}{\sum_{\lambda=1}^{N} c_\lambda}(l_1 + l_2 + l_3) \tag{5-5}$$

式中，R_a 为特种设备绝对风险强度，单位为起·当量/台；λ 为某时间段，这里以一年为一段，单位为年；N 为总时间段，单位为年；i 为事故发生后引起的某种后果，如人员死亡、人员受伤、职业病、经济损失、环境破坏、社会影响等；n 为事故后果类型总数；m 为事故起数；c 为特种设备总台数，单位为台；l_1为（事故死亡当量）＝每起事故死亡人数×20 当量/人，单位为当量；l_2 为（事故伤残人员损失当量）＝每起事故重伤人员数×13 当量/人，单位为当量；l_3 为（事故经济损失当量）＝事故经济损失×10000 当量/(人均净劳动生产率＋人均工资＋人均医疗费用)，单位为当量。

(2) 相对风险强度模型

相对风险强度模型如式(5-6)，其主要利用绝对风险强度，以某指定设备绝对风险强度为基准，对其进行归一化处理，计算各类设备相对风险强度。

$$R_r = \frac{R_a}{R_0} \tag{5-6}$$

式中，R_r 为设备相对风险强度；R_a 为设备绝对风险强度，单位为起·当量/台；R_0为某指定设备绝对风险强度，单位为起·当量/台。

5.5.3 特种设备风险强度计算分析

(1) 风险强度分析基本数据

根据我国近十余年各类特种设备的事故数据，进行数理统计处理，可得到各类设备风险强度模型参数的基本数据，如表 5-1 所示。

表 5-1　8 类特种设备绝对风险强度模型参数

特种设备	平均设备总数(c)/万台、万公里、万条	平均事故总数(m)/起	死亡当量(l_1)/当量	伤残当量(l_2)/当量	经济损失当量(l_3)/当量
锅炉	56.1	39.7	14.8	19.9	1.6
压力容器	165.9	34.1	19.6	21.7	4.0
压力管道	64.3	11.0	27.4	50.3	2.6
电梯	81.0	41.3	16.4	4.6	1.2
起重机械	86.1	74.1	23.4	8.3	3.8
客运索道	0.06	0.4	5.0	22.8	3.2
大型游乐设施	1.7	4.6	10.4	13	1.4
场(厂)内专用车辆	28.3	18.4	18.6	3.9	1.3

(2) 绝对风险强度计算分析

利用模型式(5-5)，结合 8 类特种设备绝对风险强度参数，8 类特种设备绝对风险强度如表 5-2 所示。

表 5-2　8 类特种设备绝对风险强度表

设备类型	锅炉	压力容器	压力管道	电梯	起重机械	客运索道	大型游乐设施	场(厂)内专用车辆
绝对风险强度	25.77	9.51	13.65	11.32	30.53	198.09	65.97	15.47

由表 5-2 可知，8 类特种设备绝对风险强度由小到大依次为：压力容器、电梯、压力管道、场（厂）内专用车辆、锅炉、起重机械、大型游乐设施、客运索道。其中，压力容器绝对风险强度最小为 9.51，客运索道最大为 198.09。计算结果可宏观分析和评价各类设备的综合风险水平，反映各类设备客观风险强度，并且可用于相对风险强度分析。

(3) 相对风险强度计算分析

通过对 2001—2010 年我国 8 类特种设备绝对风险强度的计算，以压力容器绝对风险强度为基准，利用模型式(5-6) 对各类特种设备绝对风险强度进行归一化计算，得到 8 类特种设备绝对风险强度系数（相对风险强度），如表 5-3 所示。

表 5-3　8 类特种设备绝对风险强度系数

设备类型	绝对风险强度系数	相对风险强度
压力容器	9.51	1.0
电梯	11.32	1.2
压力管道	13.65	1.4
场(厂)内专用车辆	15.47	1.6
锅炉	25.77	2.7
起重机械	30.53	3.2
大型游乐设施	65.97	6.9
客运索道	198.09	20.8

各类特种设备风险强度系数如图 5-4 所示。

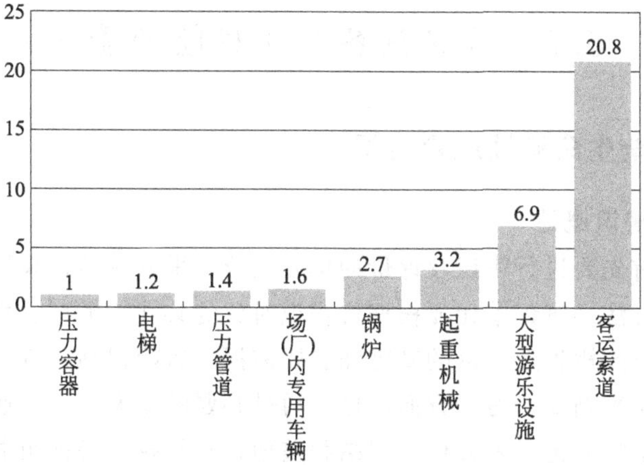

图 5-4　各类特种设备风险强度系数图

为了方便比较分析每两类特种设备的风险强度系数，将 8 类特种设备风险强度系数进行矩阵分析，如图 5-5 所示。

项目	压力容器	电梯	压力管道	场内专用车辆	锅炉	起重机械	大型游乐设施	客运索道
压力容器	1	0.8	0.7	0.6	0.4	0.3	0.1	0.05
电梯	1.2	1	0.8	0.7	0.4	0.4	0.2	0.06
压力管道	1.4	1.2	1	0.9	0.5	0.4	0.2	0.07
场(厂)内专用车辆	1.6	1.4	1.1	1	0.6	0.5	0.2	0.08
锅炉	2.7	2.3	1.9	1.7	1	0.8	0.4	0.1
起重机械	3.2	2.7	2.2	2.0	1.2	1	0.5	0.2
大型游乐设施	6.9	5.8	4.8	4.3	2.6	2.2	1	0.3
客运索道	20.8	17.5	14.5	12.8	7.7	6.5	3.0	1

图 5-5　特种设备风险强度系数矩阵图

从图 5-4 中可以看出，风险强度系数从小到大依次为：压力容器、电梯、压力管道、场（厂）内专用车辆、锅炉、起重机械、大型游乐设施、客运索道，强度系数最大的客运索道是最小的压力容器的 20.8 倍，即一条客运索道的风险强度相当于 20.8 个压力容器。我们用矩阵图进一步分析，如图 5-5 所示，从下三角矩阵中可以看出，一部电梯的风险强度相当于 1.2 个压力容器，1km 压力管道的风险强度相当于 1.4 个压力容器，一条客运索道的风险强度相当于 20.8 个压力容器、17.5 部电梯、14.5km 压力管道；同样，在上三角矩阵中，一个压力容器的风险强度相当于 0.8 部电梯、0.7km 压力管道、0.05 条客运索道。

5.6 特种设备基于风险的管控

5.6.1 设备全生命周期风险辨识

(1) 风险辨识概述

风险辨识首先要进行辨识及评价的单元划分，采取科学、系统、符合实际情况的单元划分方法。辨识单元要根据待辨识对象的共性、类型、特点、原理等进行划分，这是风险辨识及评价的基础和必要前提。风险识别一方面可以通过感性认识和历史经验来判断，另一方面，也可通过必要的专家访问，通过对各种客观的资料和风险事故的记录来分析、归纳和整理，从而找出各种明显和潜在的风险及其损失规律。因为风险具有可变性，因而风险识别是一项持续性和系统性的工作，要求风险管理者密切注意原有风险的变化，并随时发现新的风险。实际的风险辨识的方法和模式要符合实际情况并且符合相关的国家、行业标准，一般按三个维度、十类风险的思路进行风险的全面、系统辨识。

①“点、线、面”三个维度风险辨识。点是指设备、设施或重大危险源；线是指作业过程、工艺或工况；面是指作业岗位或人员生产状况。在三个维度的风险辨识过程中，FMEA 可用于对设备、设施或重大危险源的风险辨识；JHA 可用于对作业过程、工艺或工况的风险辨识；LEC 可用于对作业岗位或人员生产状况的风险辨识。

② 十类风险因素（因子）。显现风险：停电、触电、坠落、噪声、中毒、泄漏、火灾、爆炸、坍塌、踩踏等突发事件及危害因素；

潜在风险：异常、超负荷、不稳定、违章、环境不良等危险状态及因素；

静态风险：隐患、缺陷、坠落、爆炸、物击、机械伤害等不随时间变化的风险；

动态风险：火灾、泄漏、中毒、水害、异常、不稳定、环境不良等随时间变化的风险；

短期风险：坠落、爆炸、物击、机械伤害、中毒、不安全行为、环境不良等发生过程短或存在时间不长的风险；

长期风险：隐患、缺陷、火灾、泄漏、水害、异常、不稳定等过程长或发展时间较长的风险；

人因风险：失误、三违、执行不力等；

物因风险：隐患、缺陷等；

环境风险：环境不良、异常等；

管理风险：制度缺失、责任不明确、规章不健全、监督不力、培训不到位、证照不全等。

风险辨识后，可将全面风险辨识的结果进行系统的整理，建立系统、完整的风险数据库。

(2) 特种设备全生命周期风险管理

特种设备全生命周期管理包括前期管理、中期管理和后期管理，涵盖设备设计、制造、安装、使用、改造、维修、检验和报废八个阶段。为了保证系统的安全，在设备生命周期的各个阶段有着不同的控制要点。如果要对设备各个阶段进行有效的管理，首先就要对每个阶段的管理内容和特点进行分析，做到有的放矢。

(3) 特种设备全生命周期风险辨识体系

风险辨识技术是现代工业安全管理中常用的技术和手段，在煤矿、石油等行业应用较广。为了科学、系统、全面地辨识特种设备风险因素，应结合其行业特点制订出适合的辨识技术。在全生命周期风险管理理论研究的基础上，设计构建了特种设备风险因素辨识体系，该体系的系统性和全面性体现在“两个全过程”和“两个全类型”。

两个全过程：一是特种设备生命周期全过程。风险因素的辨识分析将从设备设计、制造、安装、使用、维修、改造、检验检测、报废八个环节逐个展开。二是风险管理活动全过程。风险管理的基本范畴包括风险分析、风险评估和风险控制，也称风险管理三要素，本体系的风险辨识技术在这三个方面均有具体体现。

两个全类型：一是设备全类型，即八大类特种设备。二是风险因素全类型。根据特种设备事故致因模型，导致设备事故发生的直接原因、间接原因和基本原因包括人的不安全行为、物的不安全状态、生产环境的不良影响、管理的欠缺以及政策法规、行业标准的缺失、不完善，这些都是导致事故发生的重要因素。因此，可能引发特种设备事故的人的因素、物的因素、环境因素、管理因素、政策法规因素就构造了风险因素的全类型。

基于“两个全过程”“两个全类型”，构建特种设备风险辨识体系，即以各类设备为分析“点”，以设备生命周期为分析“线”，以“人、机、环境、管理、法规政策”为分析“面”，构建“点、线、面”的三维风险因素辨识分析体系，建立各类设备全生命周期的风险因素数据库，如图 5-6 所示。

(4) 特种设备风险辨识模板设计

特种设备风险辨识体系基于作业安全分析法（JSA）、故障类型及影响分析法（FMEA）、危险预先分析法（PHA）、安全检查表法、风险矩阵评价法、故障分析评点法、作业环境 LEC 评价法等安全评价方法，基本结构和框架见表 5-4。

表 5-4　特种设备风险因素辨识表结构

系单元划分		风险辨识						风险分级	风险控制			
识别系统	单元划分	风险代码	风险类型	风险名称	风险具体描述	风险产生原因	可能导致的后果及影响	风险等级划分	风险管理措施和技术防范措施	风险应急、救援处置措施	责任归属	备注

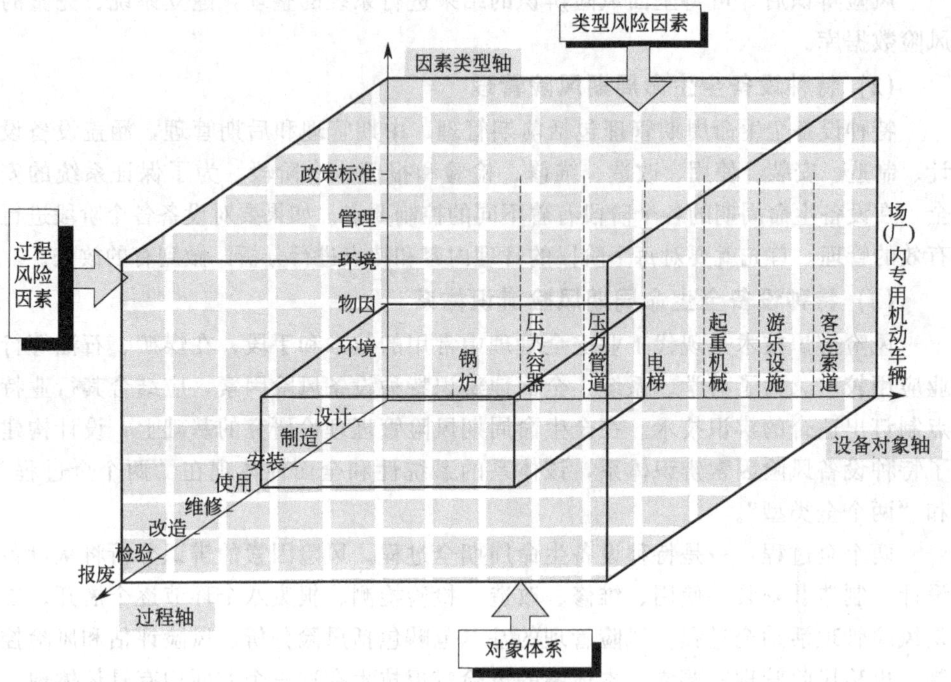

图 5-6　三维风险因素辨识体系

① 确定辨识系统。确定辨识系统是风险辨识的第一步，是保证风险辨识全面有序的关键工作。针对特种设备各生命周期的特点，可以划分两种系统识别的模式。

一是针对业务活动板块的识别，主要适用于各类设备的设计、制造、安装、改造、维修、检验几大生命过程。在进行某设备某一生命过程的风险辨识时，主要从以下三个方面的业务活动进行辨识，即作业活动；企业组织管理；政策法规标准。

二是针对风险致因体系识别，主要适用于设备的使用过程：机——设备等物的因素导致的风险；人——人的因素导致的风险；环——环境的不良等导致的风险；管——企业管理和政府职能管理的因素导致的风险；法——政策法规标准的缺失、滞后或不适用。

② 单元划分。单元划分也可叫系统划分，将识别出的单元系统再进行细化和分解，从而出现子系统、孙系统等。单元划分方式如下：a. 作业活动，按作业流程和作业内容进行子系统和孙系统的划分。b. 组织管理，按专业管理及管理制度进行子系统和孙系统的划分。c. 人员，按不同作业岗位和作业内容进行子系统和孙系统的划分。d. 设备，按设备系统、零部件进行子系统和孙系统的划分。e. 环境，按作业场所不同进行单元划分。f. 管理，按专业管理和管理制度进行子系统和孙系统的划分。

(5) 风险辨识方法

风险辨识与分析是安全生产风险管理的基本内容之一，也是完成风险预警预控的必要前提。风险的辨识是对尚未发生的各种风险进行系统的归类和全面的识别。常用的风险辨识方法有直接问询法（专家调查法）、现场观察法、事故数据统计法、标准对照法、工作任务分析法、获取外部信息法等。下面详细说明案例分析法、定性分析法、规范反馈法、系统分析法。

① 案例分析法。案例分析法是指对大量的特种设备事故案例进行分类统计整理，发现风险因素发生部位及分布规律。事故案例分析的核心是事故发生的过程、事故发生的原因（即风险因素）和风险因素的概率及后果，在此基础上分析事故的教训与预防措施。

② 定性分析法。定性分析法是依靠预测人员的丰富实践经验及主观的判断和分析能力，推断事物的性质和发展趋势。应向专业技术人员和经验丰富的工人或管理人员广泛征询意见。可采取座谈会方式，运用头脑风暴和德尔斐法，找出各项风险因素及危害。也可采取专家预测法，事先设计好相关问卷，发给各位被征询意见者，回收后进行分类或筛选出正确的风险因素。定性分析法虽然带有一定主观性，但因其较强的预测性和运用灵活的特点在风险辨识中有较广泛的应用。

③ 规范反馈法。规范反馈法是指根据行业相关法规和标准的要求和规范辨识确定分析结果。

④ 系统分析法。系统分析方法是根据特种设备行业所具有的系统特征，从设备安全的整体出发，着眼于整体与部分、整体与结构、层次结构与功能系统和环境等的相互联系和相互作用，求得优化的整体目标，也就是最大化实现特种设备安全的现代科学方法。应用较为广泛的系统分析的方法包括故障类型及影响分析（FMEA）、危险预先分析（PHA）、作业安全分析（JSA）、故障树分析（FTA）。

(6) 风险分级管控方法

基于风险的管控方法如图 5-7 所示。

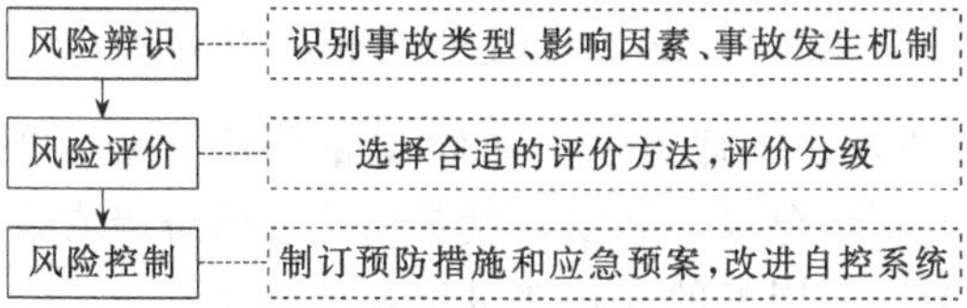

图 5-7　风险评价程序流程图

5.6.2 设备风险评价分级

(1) 风险评价

基于风险管控的重要特点之一就是进行科学的分级管控。因此，对辨识出的各种风险因素要进行评价分级，从而为制订防范措施和监管控制决策提供科学依据。

根据风险评价对象的复杂程度，将风险评价方法分为三类，即定性平价、定量评价或半定量评价。

① 定性评价方法。主要是根据经验和判断对生产系统的工艺、设备、环境、人员、管理等方面的状况进行定性的评价，如安全检查表法、危险与可操作性研究法。

② 半定量评价法。这种方法大都建立在实际经验的基础上，合理打分，根据最后的分值或概率风险与严重度的乘积进行分级。由于其可操作性强且还能依据分值有一个明确的级别，应用比较广泛，如作业条件危险性评价法、评点法。

③ 定量评价方法。定量评价方法是根据一定的算法和规则，对生产过程中的各个因素及相互作用的关系进行赋值，从而算出一个确定值的方法。此方法的精度较高，且不同类型评价对象间有一定的可比性，如事故树分析法、危险概率评价法、道化学评价法等。

(2) 设备风险分级的基本方法

① 定性分级方法。根据风险的定量模型：风险 R = 概率 P × 严重度 L，可以建立如图 5-8 的风险定性评价分级矩阵模型。即根据概率可能性等级与后果严重度等级的组合，将风险评价分为“红——高风险、橙——中高风险、黄——中等风险、绿——低风险”四个级别。

项目		频率/(次/年)				
		A (<0.001)	B (0.01~0.001)	C (0.1~0.01)	D (1~0.1)	E (10~1)
后果严重程度	1. 灾难(数人死亡)	高	高	高	高	高
	2. 重大(一人死亡)	中	高	高	高	高
	3. 严重(终身残疾)	中	中	高	高	高
	4. 一般(需医疗救助)	低	低	中	中	高
	5. 较小(较小伤害)	低	低	低	低	中

图 5-8　设备风险定性评价分级矩阵图

② 半定量分级方法——评点法。风险定量评价分级一般较为麻烦，因此，常用半定量方法进行评价分级，其中，设备风险评价分级常常采用评点法。评点法实质上是基于风险影响因素的 5 种变量组合评分法。

该方法主要用于对设备技术系统单元的风险分级评价。

数学模型：

$$C_S = \prod C_i \tag{5-7}$$

式中，C_S 为总评点数，$0<C_S<10$；C_i 为评点因素，$0<C_i<10$。

参考表 5-5 对 5 个评点因素 C_i 的分数值进行量化。

表 5-5　评点因素及评点数参考表

评点因素	内　　容	点数 C_i
风险后果程度 C_1	造成生命财产损失	5.0
	造成相当程度的损失	3.0
	元件功能有损失	1.0
	无功能损失	0.5
对系统的影响程度 C_2	对系统造成两处以上重大影响	2.0
	对系统造成一处以上重大影响	1.0
	对系统无过大影响	0.5
发生可能性(概率)C_3	很可能发生	1.5
	偶然发生	1.0
	不易发生	0.7
防止故障的难易程度 C_4	不能防止	1.3
	能够防止	1.0
	易于防止	0.7
是否为新设计的系统 C_5	内容相当新的设计	1.2
	内容和过去相类似的设计	1.0
	内容和过去同样的设计	0.8

分级标准如表 5-6 所示。

表 5-6　评点数 C_S 与风险等级 R 的对照表

评点数 C_S	风险等级 R	评点数 C_S	风险等级 R
$C_S>7$	Ⅰ(高)	$0.2\leqslant C_S\leqslant 1$	Ⅲ(较低)
$1<C_S\leqslant 7$	Ⅱ(中)	$C_S<0.2$	Ⅳ(低)

评价分级步骤如下：

第一步：参照表 5-5，分别查出该生产设备（设施）、设备部分或设备元件各评点因素 C_i 的对应数值。

第二步：根据公式 $C_S=\prod C_i$，计算出该生产设备（设施）、设备部分或设备元件的危险性分值。

第三步：参照表 5-6，查出该生产设备（设施）、设备部分或设备元件的总评点数 C_S 所对应的风险等级。

5.6.3　RBI——基于风险的检验

基于风险的检验（Risk Based Inspection，简称 RBI）技术主要是针对承压设备在石化行业的管理，以风险评价为基础，通过获得储罐原始数据，了解储罐服役情况，并结合工艺参数、设计条件、历史检测和腐蚀状况等数据，运用失效分析技术对储罐失效可能性和失效后果两方面进行综合评价，得出风险等级，并对储罐群的风险进行排序。在当前可接受风险水平的条件下，区分储罐群中的高风险项和低风险项，有针对性地提出合理的检验策略，使检验和管理行为更加有效，在降低成本的同时提高储罐的安全性和可靠性。装置中的所有设备虽然共同承担着一定风险，但每台设备所存在的风险是不同的。实际上，在装置所有设备所构成的总风险中，大部分的风险仅与少部分的设备有关。以一个储罐群为例，大约 80%～90%的风险集中在 10%～20%的储罐上，见图 5-9。大量事实证明，石油化工设备风险分布的不均匀不是偶然现象，是具有普遍性的。

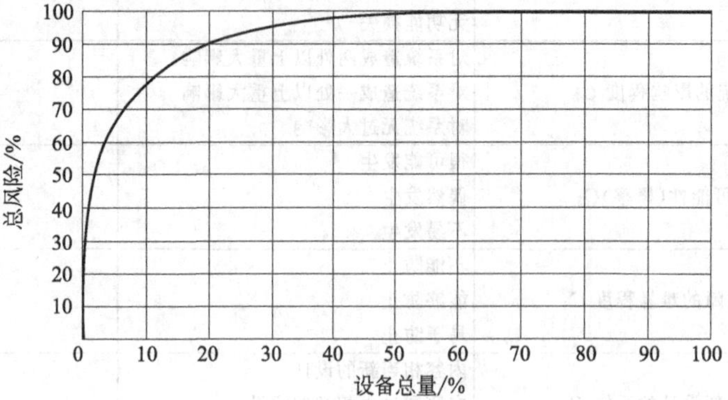

图 5-9　设备风险分布状况

石油化工设备传统的检验方式基本上实行基于时间的检验（定期检验）或基于条件的检验（抽检），这种方式往往造成两方面弊端。一方面，由于风险分布不均匀，大部分设备无严重缺陷，使得有些设备检验过剩，造成了不必要的检验和停产损失；另一方面，一些具有较大潜在风险的设备需要更多的资源投入，平均对待的方法使得有些设备检验力度不足，带来安全隐患。基于风险的检验方法针对风险分布不均匀和传统检验方法的不足，基于大量历史经验数据和科学的理论模型，提出了区分风险分布情况的方法。从风险的二元性入手，分别对设备的失效可能性和失效后果进行分析，最后通过风险矩阵的形式，直观地反映出不同设备的风险状况，为合理分配资源，提高设备安全，实现安全性和经济性的统一提供了科学有效的方法。

5.6.4　基于风险的行政许可

随着我国特种设备的规模和数量的发展，国家和社会监管资源有限与监管质量标准要求提高的矛盾日益突出。我国的特种设备监管制度包括行政许可和监督检查两大制度。对设备的使用登记是行政许可的一个方面，也占据了一大部门监管资源。

依据 RBS/M 原理，对设备进行风险 ABC 分级，为我们解决这一问题提供了科学、合理的思路方法，即基于风险的特种设备行政许可策略。将特种设备的行政许可分为新设备的使用许可和旧设备的变更许可。新设备即首次投入使用的设备，在投入使用前，需向登记机关申请使用许可；而若在首次投入使用后，进行过修理改造、过户、移装等改变的设备，即为旧设备，则需要在变化后向登记机关申请变更登记。两类许可的技术路线如图 5-10 所示。

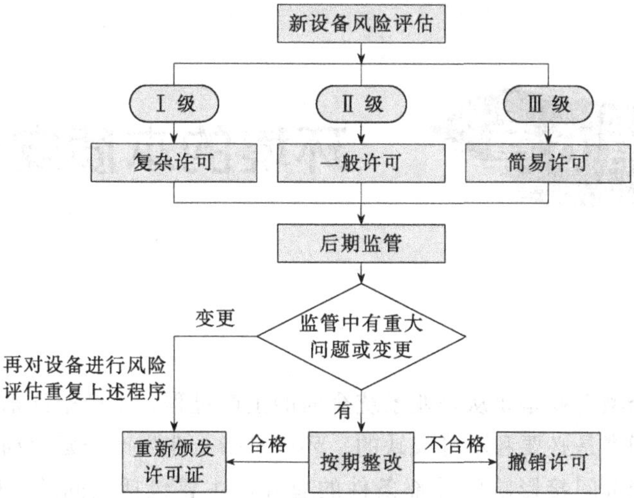

图 5-10　基于风险的新特种设备行政许可策略

第6章 环境的本质安全化

本质安全型企业是要从企业系统全面的生产过程、生产条件来衡量安全。因此，环境的因素是必要和不可或缺的。环境是指企业生产经营活动过程中对系统安全产生直接或间接影响的外部条件的总和，主要包括空间的、时间的、自然的、人工的、物理的、化学的环境因素，如温度、湿度、洁净度、气象、天气、风速、照明、高度、宽度、通道、距离、粉（灰）尘、有毒有害气体、易燃易爆气体、噪声、安全防护设施、设备机器及环境等。环境本质安全是指企业生产、作业区域内的环境条件具备较高的安全稳定性和可靠性，首先，不对生产系统产生不利于安全的外在因素影响，二是使生产系统具有自愈的适应环境因素变化的能力，同时，系统产生不安全状态时，环境条件因素仍能保证不产生危害和引发事故的特性。

6.1 空间环境本质安全

6.1.1 生产作业空间的安全

生产空间就是人进行生产所需的活动空间以及机器、设备、工具所需空间的总和。人在各种情况下劳动都需要有一个足够的、安全、舒适、操作方便的空间。这个生产空间的大小、形状与工作方式、操作姿势、持续时间、工作过程、工作用具、显示器与控制器的布置、防护方式及工作服装等因素有关。生产空间包括三种不同的空间范围，即生产接触空间、生产活动空间、安全防护空间。生产接触空间是人体在规定的位置上进行生产时必须触及的空间。人们为完成劳动任务，大部分工时都在这个范围内。生产活动空间是指在生产或进行其他活动时(如进出工作岗位、在工作岗位进行短暂的休息等)，人体自由活动所需的范围。安全防护空间是为了保障人体安全，避免人体与危险源直接接触所需的空间。

针对企业生产空间的内容和要求，整合国家、行业标准和规章以及企业的具体规定，现提炼出了通用性、专业性及一般性标准要求。

(1) 通用性标准要求

通用性标准要求是对企业生产区域内某类危险提出的常规要求，例如，高处作业空间、机械设备附近区域、金属容器内、易燃易爆场所、密闭场所、电气设备附近区域、起重作业现场、电焊和切割作业现场、土石方工作现场等。

(2) 专业性标准要求

专业性标准要求是对化工、建筑、煤矿、电厂等类型企业中危险性较大的生产空间提出的具体要求，例如，石化行业发电锅炉燃烧室清扫作业、锅炉除焦作业、煤粉仓内清理积粉作业等。

(3) 一般性标准要求

一般性标准要求是对生产空间的基本要求，例如，作业零部件、工器具摆放位置，转动设备安全防护，作业场所内楼梯、平台、通道、栏杆、井、坑、孔、洞等。

空间达到本质安全，又能给生产人员操作时带来舒适和方便。设计生产空间一般应遵循以下原则：总体布局和局部协调，着眼于人。首先，应该总体考虑生产现场的总体布局，避免在某个局部的空间内安排得过于密集，造成劳动负荷过大。然后，再进行各局部之间的协调。生产空间设计要着眼于人，落实于设备。即以人为主体进行设计，首先考虑人的需要，为人创造舒适的生产条件，再把有关的作业对象（机器、设备和工具等）进行合理的排列布置。其中，考虑人的活动特性时，必须考虑人的认知特点和人体动作的自然性、同时性、对称性、节奏性、规律性、经济性和安全性。在应用有关人体测量数据设计作业空间时，必须至少在90%的操作者中具有适应性、兼容性、操纵性和可达性。

6.1.2 安全设施及环境条件

安全设施就是为保证安全生产，避免发生对人员造成伤害、造成直接经济损失及环境破坏等安全生产事故而使用的硬件保障设施，包括控制企业中危险有害因素在安全范围内的基础设施、对有害因素进行检测及能够预警事故的设施以及对事故发生后能用来进行应急救援、降低事故危害的设施等。

从企业的角度来讲，应该从以下几个方面来加强生产安全设施的建设。

(1) 完善生产项目监督机制

生产企业作为人员较为集中的场所，加强安全设施的审批监管尤为重要。要按照“三同时”的规定要求，生产作业项目立项时，未进行安全条件论证的，不予立项；未进行安全预评价的项目，初步审核不予通过审批；安全设施和安全条件未达到预期要求的项目，不得通过安全设施验收和投入使用。从监管的角度确保项目按法规要求建设使用。

(2) 确保安全设施经费列入项目预算

① 企业应当编制《安全专篇》，对项目周边安全环境、建筑及场地布置、生

产过程危险、有害因素分析、安全设施设计采取的防范措施、安全专项投资概算等内容进行分析，采取工程技术对策，从设计采取消除危险、预防危险、减弱危险、隔离危险、危险连锁、危险警告等工程技术措施实现本质安全。

② 企业应当根据设计所采用的工程技术手段解决安全问题，预防事故发生，减小事故造成的伤害和损失，是事故预防和控制的最佳安全措施。通过设计来消除和控制各种危险，防止所设计系统在研制、生产、使用、运输和贮存等过程中发生可能导致人员伤亡和设备损坏的各种意外事故，确保物的安全状态。一项生产活动中，无数的安全隐患必将导致意外事故的发生，无数次意外事故的发生必将导致重大安全事故的出现。说明所有的安全生产事故都不是一次孤立的事件偶然发生的，事故也绝不是某个瞬间突然就无缘无故发生了，必然是一系列原因事件的发生和积累的结果，最终才导致危险状态不能得到有效的控制，而使能量释放出来，超出设备或者人的承受能力，造成安全事故。安全设施的不安全状态往往是我们能够很容易发现的事故发生的直接原因，而往往容易忽视安全管理这个根本原因的存在。要意识到安全设施是安全生产的基础，安全管理是安全生产的保障。只有两手同时抓，且两手都要硬才能保证安全生产，避免出现安全生产事故。

6.1.3 道路安全条件

在企业建设中，厂区道路作为厂区的重要组成部分，其功能主要在于：为工厂提供经济、合理、有效的运输条件；有效组织和顺利排除工业场地内雨水；引导空间，提供较好的视觉效果。良好的厂区道路设计，应是三者有机的结合和统一。在以往的一些工程设计中，忽视了三者之间的关系，对其设计未予以充分的重视，从而给企业本质安全建设造成一些缺陷和隐患。

(1) 物流运输环境条件

厂区道路是为汽车运输服务的，它直接关系到企业的安全生产、供应、销售。它要为具有一定载重量和行驶速度的汽车车辆通行提供保证，亦要提供合适的行驶条件，从而获得良好的安全、社会、环境效益。合理设计的道路（包括良好的线型、适宜的坡度、稳定的路基、合适的路面结构等），对于降低汽车运输的成本、改善环境状况、提升企业安全状况均具有很大的作用。

(2) 排水条件

无论是企业还是城镇，当决定采用暗管作为排水方式后，其道路便成为一个有效的汇水通道和排水渠道。根据经验，为保证场地内雨水能尽快顺利地排走，道路有一定的纵坡是有利的，可有时不顾实际情况而勉力为之，便会造成一些不良后果。对于过于平坦的工业场地，我们可以通过加大建筑物与室外地平的高差，利用建筑物外部场地作一个大型蓄水池和缓冲池，消除场地和道路平缓带来的矛盾，避免暴雨来临时，可能对工厂生产带来的危害。如果既要满足排水要求，又要获取良好的线型，我们还可以采取另一种措施达到目的。

6.1.4 视觉环境条件

国内及国外许多企业相关资料，认为厂区外观整齐是工厂现代化的标志之一。许多大型工厂皆追求道路平直、分区方整的厂区布置形式，这对于创造一个安全的工作环境、提高劳动者的安全意识和注意力、改善劳动条件、激发劳动热情、提高劳动生产率具有很大促进作用。道路，作为一种线条而论，它自然也有安全心理学的意义：平直的道路给人以安定、平和的心理感受；上升的道路则永远予人以希望和积极的力量。企业可以通过对道路的合理规划和建设来达到提高安全的效果。

6.2 时间环境本质安全

6.2.1 设备时间管理

设备管理这门学科是随着工业生产、社会现代化水平以及管理科学和技术的发展而诞生的。其管理过程体现了全员参与的思想，从经济、技术、管理角度对设备进行从设计到报废的一生的综合管理。在确保根据设备使用说明和设备定期评价报告来对设备进行修理和更新的基础上，追求设备寿命周期最长的安全状态。

设备管理可以实现设备正常、安全、可靠的运行。只有在设备可靠运行得以实现的情况下，安全生产才有保证。在设备的使用阶段，可以采取安全检查与检测的技术手段与管理措施来确保设备稳定、安全运行。随着运行时间的增加，设备在使用过程中，其零部件产生磨损、腐蚀、疲劳、老化变形或因意外事故而造成不同程度的损坏，其结果是由于设备的技术性能恶化导致设备在运行中出现故障的次数增多，事故发生的可能性增大。只有准确地掌握设备在运行中的各种异常信息，才能确保安全生产，从而可以有针对性地采取有效措施来消除隐患。

(1) 设备的安全检查

企业经常用到的安全检查方法有安全检查表、流程诊断检查法、仪器诊断检查法。

(2) 设备的安全检测

设备的安全检测是利用仪器对设备的某些参数进行检验、测定，获取被检验对象相关数据的过程。如果是在某个时间内作检验、测定，则称为检测；如果是较长时间连续检验、测定，则称为实时检测或监测。如果在监测的基础上加上控制系统，就称为监控系统。监控不仅能显示出系统所处的状态，而且根据监测的结果对系统进行调节、调整、纠偏、控制，使系统回到人们所设定的运行状态。企业常见的安全检测有有毒有害气体检测、噪声检测、振动检测、辐射检测设备的全检测。

(3) 设备的故障诊断

安全管理的重要内容和预防事故发生的重要技术手段是设备故障诊断。设备故障诊断在系统的软件方面与一般的监测、监控系统有很大区别。它通过监测设备运行的参数，对监测结果进行评价，从而分析出设备的故障类型与原因，真正地将监测、诊断、评价融为了一体。设备故障诊断的主要方法有测振诊断法、超声波诊断法、声发射诊断法、红外线诊断法、计算机监测诊断与故障诊断专家系统等。

事后维修、点检与修理 IR、时间基准维修、状态基准维修 CBM（Condition Based Maintenance）是实际中常见的维修方式。针对不同的设备选择不同的维修模式，一个生产车间内往往会出现不止一种维修模式。维修模式对设备安全性有着非常大的影响，状态维修占的比例越高，设备的安全性就越能更好地得以保证，同时，也能更好地保护维修人员的安全。设备检修是一种主动行为，能保证设备安全正常地运行。检修工作具有危险性、复杂性，因此，检修作业前要有风险评价，检修作业必须严格按照设备检修规程展开。对危险性和危害性较大的设备和场所更要注意作业的安全性，要通过建立完善的设备检修安全管理制度来加强对检修作业的安全管理和监督，保证检修工作安全地开展。在企业中，根据设备检修的时间和内容的不同可以将一般性检修划分为小修（周检）、中修（月检）、大修（年检）。

6.2.2 人员时间管理

工时，又称为工作时间，是指劳动者根据法律和法规的规定，在企业、事业单位、国家机关、社会团体以及其他组织中用于完成本职工作的时间。工时是劳动者进行劳动的时间，是劳动的自然尺度，是衡量每个劳动者的劳动贡献和付给劳动报酬的计算单位。工时的主要表现形式是工作日，即指法律规定的劳动者在一昼夜内的工作时间长度。所谓标准工时制度，是指通过立法的形式规定劳动者为履行劳动义务而消耗时间的最长限度的一种工时制度。根据国务院《关于职工工作时间的规定》的有关规定，我国现行的标准工时制度是劳动者每日工作时间不超过八小时，平均每周工作时间不超过四十小时。在正常的情况下，任何单位和个人不得擅自延长劳动者的工作时间。作为企业的管理人员，应该确保作业人员受到劳动法的保护，使人员在体力能承受的法定工作时间内从事工作，避免人员的疲劳作业。疲劳是一种非常复杂的生理和心理现象，它并非由单一的、明确的因素构成，目前对疲劳的定义也有很大的差异。一般来说，在生产过程中，劳动者由于生理和心理状态的变化，产生某一个或某些器官乃至整个机体力量的自然衰竭状态，称为疲劳。

疲劳对作业安全产生如下影响。

(1) 反应迟钝

这是人疲劳后很常见的症状，长时间或高强度劳动后人的思维缓慢、行动呆板、手脚不灵。特别是在遇到紧急状况时，头脑反应迟钝，结果造成事故。常见的案例就是许多长途驾驶员在行驶中遇到障碍物或其他紧急状况时，应急不及时，造成事故。

(2) 判断不准

疲劳直接影响着人的判断能力，人在疲劳时容易对外界信息做出错误的判断，进行错误的操作而造成事故。此方面的案例很多，常见的比如许多夜间工作的信号员发出错误指令，有些操作人员疲劳后错误启动造成事故。

(3) 思想懈怠

人在疲劳之后思维活动减少，容易丧失安全生产的警惕性，结果造成事故。这种事故特别表现在工作结束之时，忘记开启某些安全装置，常见的案例，比如停车时忘记扳刹车装置，引起跑车，下班时忘记拉电闸引起火灾等。

(4) 注意力分散

人疲劳时精神分散，注意力难以集中到所操作的机器上，结果造成事故。这方面的事故常见于一些与机器直接接触的工种，比如车床工、木工等。

(5) 操作错误

人在疲劳后，肌肉的劳动能力下降，显得手足不灵，有时甚至不听使唤，易进行错误的操作，从而造成事故。这方面常见的案例，比如操作人员长时间工作后错把油门当刹车，按错电钮等。

企业相关的部门应该制订合理的生产作业人员工作制度，确保每一个人员身体机能在工作时都能处在一个安全的状态，而且要定期地对雇佣人员进行体检。作为工作人员自身，要主动地维护自身的合法劳动休息权利。当意识到自己有疲劳的倾向或者已经感受到影响，则应该及时地中止工作，避免因错误操作导致安全生产事故的发生。

6.3 物化环境本质安全

物化环境是物理环境和化学环境的总称。物化环境本质安全是以国家标准为依据，对采光、通风、温湿度、噪声、粉尘及有毒有害物质采取有效措施，加以控制，以保护劳动者的健康和安全。

6.3.1 物理环境安全

(1) 物理环境对作业环境的特点

物理环境对劳动安全的影响，是劳动安全学研究的一个重要方面。不舒适、紧张、疲劳、差错、事故，这一切，常常会跟多米诺骨牌那样，产生连锁反应，演变成安全生产的大敌。而物理环境，有时会在不知不觉之中，成为这些连锁反应的策源地。生产和作业环境中，存在着许多物理性因素。目前，生产中经常接触的物理因素有：气象条件如气温、气湿、气流、气压、噪声和振动；电辐射如X射线、γ射线、紫外线、可见光、红外线、激光、微波和射频辐射等。这些物理因素可能引起中暑、手臂振动病、电光性皮炎和电光性眼炎等职业病及职业有关疾病。

与化学因素相比，物理因素具有以下特点。

① 自然环境存在。作业场所常见的物理因素，多数在自然界中均有存在。正常情况下，有些因素不但对人体无害，反而是人体生理活动或从事生产劳动所必需的，如气温、可见光等。

② 参数特定。每一种物理因素都具有特定的物理参数，如表示气温的温度，振动的频率、速度、加速度，电磁辐射单位面积（或体积）的能量或强度等。物理因素对人体是否造成危害以及危害的程度是由这些参数决定的。研究物理因素的职业危害及其预防，需要结合其具体参数加以研究和分析。在进行卫生学评价时要全面测量和考虑各种参数。

③ 来源明确。作业场所中存在的物理因素一般有明确的来源，称作“源”。当产生物理因素的“源”处于工作状态时，作业环境中存在这种因素，可以造成环境污染，影响人体健康。一旦“源”停止工作，则作业场所相应的物理因素即不复存在，如噪声、电磁辐射等。

④ 强度不均。作业场所空间中物理因素的强度一般是不均匀的，多以该因素产生“源”为中心，向四周传播，其强度一般随距离增加呈指数关系衰减。如果在传播的途中遇到障碍，则可产生反射、折射、绕射等现象，改变了这类因素在空间的分布特点。在研究对人体危害和进行现场评价时需要注意这种特点，在采取防护措施时也可以利用这种特点。有些物理因素，如噪声、微波等，可有连续波和脉冲波两种存在状态，性质的不同使得这些因素对人体危害的程度有所不同。

⑤ 作用不对称。许多情况下，物理因素对人体的危害程度与物理参数不呈直线相关关系，常表现为在某一范围内是无害的，高于或低于这一范围对人体会产生不良影响，而且影响的部位和表现可能完全不同。比如气温，正常气温对人体是必需的、有益的，高温则引起中暑，低温可引起冻伤或冻僵；又比如高气压可引起减压病，低气压则引起高山病等。某些物理因素，除了研究其不良影响或

危害以外，还研究“适宜”范围，如合适温度、合理照明等，以便创造良好的工作环境。

(2) 采光环境

生产作业现场的采光包括自然采光和人工照明。生产作业现场的自然光或照明应充足，照度应符合 GB 50034—2004 规定。自然采光是最主流的办公建筑照明形式，通过建筑设计充分发掘自然光照明的可能性是节能的有效途径之一。另外，人们利用自然光照明的另一个重要原因是自然光更适合人的生物特性，对心理和生理的健康尤为重要，因而自然光照程度也成为考察作业环境质量的重要指标之一。影响自然光照水平因素如窗户的朝向、窗户倾斜度、周围的遮挡情况(职务配置，大型设施设备等)、周围建筑的阳光反射情况、窗户面积、平面进深和剖面层高、窗户内外遮光装置和设置等。采光问题应从总图设计和平面布局时就开始，在现场考察时，对用地外障碍物、建筑等要自行调查。如果外部障碍物过于遮挡用地，应考虑适当减少建筑的平面进深。窗户的数量和面积应该仔细斟酌，要根据建筑形象处理要求、自然光照、自然通风和能耗问题综合确定。大面积的窗户允许透过更多的自然光，同时，也可能带来更大的热损失或者热获得，增加室内热负荷。一般来说，窗户面积最好是室内面积的 20%左右。对于人工照明，在厂区内尽可能设置合理的自动控制系统，可设置时间性控制、区域性控制等各种模式，自动地按时、按区关闭灯具，但应留下人工干预的可能以适应各种需要，比如靠近窗户的灯具应该可以独立开闭。

(3) 通风环境

生产环境通风系统的设计应满足温度、湿度和 CO_2 浓度控制的需要。通风系统设计应考虑不同季节的外界环境特征，考虑室内温度、湿度、CO_2 浓度的要求在不同季节表现出的突出性。冬季通风应考虑改善因厂区密闭造成的高湿、高 CO_2 浓度及高浓度有害气体的环境；夏季通风重点考虑改善可能造成的室内高温，可结合其他降温措施。生产厂区应首先采用自然通风，当自然通风系统不能满足要求时，应设置通风机系统。

通风系统的设计通风量应满足生产区使用期最大必要通风量的要求，即 $L_S \geqslant L_{b,max}$。

生产区必要通风量包括排除多余热量、防止室内高温的必要通风量；维持室内的 CO_2 浓度的必要通风量；排除水汽、防止室内高湿度的必要通风量。设计采用的最大必要通风量应为上述三个必要通风量的最大值。

(4) 温湿度环境

气温的测定应用通风温、湿度计，每一测定点一日测定三次（9～10 时，13～14 时，18～19 时），如在规定时间内停产，则可适当提前或错后，连续测定 3 天，取其平均值。

相对湿度的测定应用通风温、湿度计，选点和测定次数与测定气温相同。

工作地点是指作业人员进行生产操作或为了观察生产情况需要经常或定期停留的地点。若因劳动需要，作业人员在车间内不同地点进行操作，则整个车间可称为工作地点。

① 高温环境作业。高温环境作业是在生产劳动过程中，其工作地点平均WBGT指数等于或大于25℃的作业。生产性热源是指生产过程中能够散发热量的生产设备、产品和工件等。接触高温作业时间是指作业人员在一个工作日(8h)内实际接触高温作业的累计时间(min)。本地区夏季通风设计计算温度是指近十年本地区气象台正式记录每年最热月，每月每日13～14时的气温平均值。根据GB/T 4200—2008，按照工作地点WBGT指数和接触高温作业的时间将高温作业分为四级，级别越高表示热强度越大。

② 低温环境作业。低温环境作业是指在生产劳动过程中，其工作地点平均气温等于或低于5℃的作业。按工作地点的温度和低温作业时间率，可将低温作业分为四级，级别高者冷强度大。

劳动时间率是指一个劳动日内净劳动时间占劳动日总时间的百分比。计算公式如下：

$$\text{劳动时间率}(\%)=\frac{\text{工作日总时间}-\text{休息时间}}{\text{工作日总时间}}\times 100\% \tag{6-1}$$

(5) 噪声环境

根据环境保护部公布的工业企业厂界环境噪声排放标准（GB 12348—2008）的定义，工业企业厂界环境噪声是指工业生产活动中使用固定设备等产生的、在厂界处进行测量和控制的干扰周围生活环境的声音。厂界是指由法律文书（如土地使用证、房产证、租赁合同等）中确定的业主所拥有使用权（或所有权）场所或建筑物边界。各种产生噪声的固定设备的厂界为其实际占地的边界。

工业企业若位于未划分声环境功能区的区域，当厂界外有噪声敏感建筑时，由当地县级以上人民政府参照GB 3096和GB/T 15190的规定确定厂界外区域的声环境质量要求，并执行相应的厂界环境噪声排行限值。

物理因素的本质安全，在各个环节都有可行、有效的方法。在技术措施中，加强“源”的控制显得十分重要，如辐射源、声源和热源的屏蔽。通过各种措施，将某种因素控制在某一限度或正常范围内。如果条件容许，使其保持在适宜范围则更好。除了某些放射性物质进入人体可以产生内照射以外，绝大多数物理因素在脱离接触后体内没有该种因素的残留，因此，物理因素对人体所造成的伤害或对疾病的治疗，一般不需要采用“驱除”或“排出”有害因素的治疗方法，主要是针对人体的病变特点和程度采取相应治疗措施。目前，对于许多物理因素引起的严重损伤，尚缺乏有效治疗措施。对于物理因素引起的职业危害，主要应加强预防措施。由于物理因素向外传播的方向和途径容易确定，在传播过程中加以控制也能收到较好的效果。如果采用技术方法不能有效控制有害因素，采取个人防护措施也是切实可行的方法，如防护服、防护眼镜或眼罩、耳塞或耳罩等。

6.3.2 化学环境安全

工业中作业环境的化学有害因素主要包括生产性粉尘和生产性毒物。

(1) 生产性粉尘

粉尘是指悬浮于作业场所空气中的固体微粒。其中，呼吸性粉尘是指按照呼吸性粉尘标准测定方法所采集的可进入肺泡的粉尘粒子，其空气动力学直径均在 7.07μm 以下。空气动力学直径为 5μm 的粉尘粒子的采样效率为 50%。而总粉尘是指可进入整个呼吸道（鼻、咽和喉、胸腔支气管、细支气管和肺泡）的粉尘。技术上采用总粉尘采样器按标准方法在呼吸带测得所有粉尘。

时间加权平均容许浓度是以时间为权数规定的 8h 工作日、40h 工作周的平均容许接触浓度。时间加权平均浓度是以时间为权数规定的 8h 工作日、40h 工作周的平均接触浓度。超标倍数即为作业场所粉尘时间加权平均浓度超过粉尘职业卫生标准的倍数，计算公式如下：

$$B=\frac{c_{\mathrm{TWA}}}{c_{\mathrm{PC\text{-}TWA}}}-1 \tag{6-2}$$

式中，B 为超标倍数；c_{TWA} 为 8h 工作日接触粉尘的时间加权平均浓度，单位为毫克每立方米（mg/m^3）；$c_{\mathrm{PC\text{-}TWA}}$ 为作业场所空气中粉尘容许浓度值，单位为毫克每立方米（mg/m^3）。

采用超标倍数作为粉尘作业场所危害程度的分级指标，分级如表 6-1 所示。

表 6-1 粉尘作业场所危害程度分级表

超标倍数	危害程度等级	备注
$B \leqslant 0$	0	达标
$0 < B \leqslant 3$	Ⅰ	超标
$B > 3$	Ⅱ	严重超标

有关资料表明，由各种生产性有害因素引起的职业病中，尘肺（肺尘埃沉着病，下同）约占 60%，据报道，我国有多种因尘肺引起的职业病，在有粉尘产生的生产过程中，作业人员长期在超过国家规定的最高容许浓度条件下作业，加上其他因素的影响，就有可能发生尘肺病。粉尘中的有害化学因素为游离二氧化硅、硅酸盐等。根据接触不同成分和浓度的粉尘，尘肺又可分为矽肺（游离二氧化硅所致）、硅酸盐肺（如滑石肺、石棉肺系硅酸盐所致）、煤肺（煤尘所致）、金属粉末沉着症、铸工尘肺、电焊工尘肺等。

(2) 生产性毒物

① 生产性毒物类型。生产性化学毒物可引起急、慢性职业中毒。作业人员可能接触到的生产性毒物类型很多，取决于实际生产条件。常见的生产性毒物有：a. 氮氧化物、硫化氢、一氧化碳等窒息性气体。b. 氟、氯、溴、二氧化硫等刺激性气体。c. 正己烷、苯、三氯乙烯、二氯乙烷等有机溶剂。d. 铅、汞、

砷等金属毒物和类金属毒物。例如刺激性毒物常引起呼吸系统损害，严重时可使人发生肺水肿；氰化物、砷、硫化氢、一氧化碳、有机氟等易引起中毒性休克；砷、锑、钡、有机汞、三氯乙烷、四氯化碳等易引起中毒性心肌炎；黄磷、四氯化碳、三硝基甲苯、三硝基氯苯等可能引起肝损伤；重金属盐可造成中毒性肾损伤；窒息性气体、刺激性气体以及亲神经毒物均可引起中毒性脑水肿；苯的慢性中毒主要损害血液系统，表现为白细胞、血小板减少及贫血，严重时出现再生障碍贫血；汞、铅、锰等可引起严重的中枢神经系统损害。橡胶行业、石油行业、印染行业、油漆涂料行业还多发职业性肿瘤。毒物引起中毒是有条件的，与机体健康状态、毒物的性质和剂量，以及作用方式、接触时间等都有关系。

② 生产性毒物危害分级。按照 GB 5044—85《职业性接触毒物危害程度分级》，将有毒物质危害程度分为四级：极度危害（Ⅰ级）、高度危害（Ⅱ级）、中度危害（Ⅲ级）和轻度危害（Ⅳ级）。标准中未列入的有毒物质，根据标准中分级原则设定的六项指标，选择急性毒性和致癌性作为分级标准，致癌性的分类参见《国际癌症研究中心最新公布的对人致癌性总评价表》。两项指标中只要一项符合标准，即可确定相应的危害程度。有毒物质危害程度分级标准见表 6-2。

表 6-2 有毒物质危害分级标准

指标	分级			
	Ⅰ	Ⅱ	Ⅲ	Ⅳ
吸入 $LC_{50}/(mg/m^3)$	<200	200～2000	2000～20000	>20000
急性经皮 $LC_{50}/(mg/kg)$	<100	100～500	500～2500	>2500
毒性经口 $LC_{50}/(mg/kg)$	<25	25～500	500～5000	>5000
致癌性	无致癌性	实验动物致癌	可疑人体致癌	人体致癌

对作业场所根据有毒物质检测结果，按照 GB 12331—90《有毒作业分级》，将有毒作业分为五级：无危害作业（0 级）、轻度危害作业（1 级）、中度危害作业（2 级）、高度危害作业（3 级）和极度危害作业（4 级）。有毒作业分级指数 C 的计算公式为：

$$C=DLB \tag{6-3}$$

式中，D 为毒物危害程度级别权数；L 为有毒作业劳动时间权数；B 为毒物浓度超标倍数。

③ 生产性毒物的防护。有害物质危害劳动者健康的途径有三条：通过呼吸道吸入空气中的有害物质；皮肤接触有害物质；由消化道进入人体。要预防尘毒物质的危害，最根本的措施是从原料、工艺、设备方面减少尘毒污染源，降低有害物质在空气中的含量以及减少劳动者与尘毒物质直接接触的机会。控制作业环境中尘毒物质危害的防护措施包括以下几个方面。

a. 工艺技术措施：采用无毒物质代替有毒物质，或以低毒物质代替高毒物质的工艺技术措施；采取改变工艺过程，消除或减少有害物质的散发，保护劳动者健康。

b. 设备技术措施：采用密闭的生产设备可以防止有毒气体和有害粉尘外逸，使人体免受损害；增设通风设备可以消除或减少作业环境中有害物质对人体的危害，在尘毒物质无法完全消除或封闭的情况下，应根据工作场所的条件分别采取自然通风或机械通风设备措施。

c. 个体防护措施：在生产技术条件有限，即对有害物质无法从工艺、设备措施上加以控制时，为保证工人的身体不受损害，往往要采取人体防护这一辅助性措施。所谓人体防护，系指工人在劳动场所中佩戴使用各种劳动防护器具，防止外界有害物质侵入危害人体。人体防护按其防护部位不同可分为头部、面部、呼吸道、耳朵、躯干及肢体的防护。根据有害物质主要通过呼吸道和皮肤侵入人体这一特点，常用的人体防护器有防尘（毒）口罩、防尘（毒）面具、空（氧）气呼吸器等。

d. 管理措施：用人单位是职业卫生主体责任的落实者，应当依法为劳动者创造符合国家职业卫生标准和卫生要求的工作环境和条件，并采取措施保障劳动者获得职业卫生保护。用人单位负责人对本单位职业病防治工作负有直接的责任，不仅要使本单位作业场所化学环境达到国家卫生标准，而且要建立健全环境监测、安全检查、定期健康监护制度，加强职业病患者处理、疗养管理和宣传教育等工作。此外，用人单位要采取各种控制措施，定期进行作业场所职业危害因素的检测与评价，确保作业场所职业病危害因素浓度符合职业卫生标准。对于作业场所一时达不到要求的，应给劳动者佩戴合格的防护用具。应加强劳动者的职业卫生培训，告知职业危害以及危害性质及其防护方法，提高劳动者的自我防护能力。对不适合对应岗位工作的劳动者及时调离，妥善安排工作；对于职业病人，及时安排治疗与康复。

6.4 自然环境本质安全

我国是世界上突发性自然灾害最严重的国家之一。频繁发生的自然灾害极大地影响了我们的生产与生活。一些行业由于自身的生产特点，决定了受自然环境因素影响程度很高，如矿山、交通、建筑等行业。

6.4.1 自然灾害对企业生产破坏性的特点

自然灾害对企业生产经营的破坏性主要有广泛性、集中性、突发性三个特点。

广泛性主要表现在三个方面。其一，企业自然灾害性破坏不分区域，均有不同程度破坏。不管平原地区、还是山川地区，只要有企业存在，均可遭受自然灾害的破坏。其二，企业自然灾害性破坏不分作业项目类别，均有不同程度破坏。从对全国各地调查资料显示来看，化工企业、煤矿企业、石油企业等，均有遭受自然灾害破坏的典型案例。其三，企业自然灾害性破坏不分工程项目规模结构特点，均有不同程度破坏。

集中性主要表现在三个方面。其一，季节性集中。一般自然灾害发生主要集中在冬夏两季，这两个季节是自然灾害的频发季节。根据国家气象资料显示，发生灾害频率占全年70%以上，相对而言所造成的损失程度占全年80%上。其二，区域性集中。自然灾害对企业破坏主要集中在山、川、沿海区域。其三，要素性集中。所谓要素性集中，主要特指自然灾害每一类型，比如说台风或寒潮等等，对企业破坏同样具有相对集中性。要素性集中，主要是相对集中区域和集中季节。例如，台风雷暴雨相对集中在夏秋两个季节和沿海区域对企业的安全生产构成破坏。

突发性也主要表现在三个方面。其一，时间突发性。天气变化无常，瞬息万变，这是自古以来的必然规律。尽管近年来随着气象事业的发展，预报能力有所提高，但人类仍然不能完全掌控天气变化。据气象部门资料显示，目前国内自然灾害预报准确率仅能达到60%以上，其余为不可预发性，由于不可预见的突发性给企业造成很大的破坏。其二，灾害等级突发性。某种意义上讲，预测同样是相对的，亦有些特大灾害是不可预见的，造成极大破坏。其三，特殊灾害突发性。诸如龙卷风、海啸、泥石流、地震等更是无法预测，造成的破坏程度更大。

6.4.2 企业生产设施的防灾

企业要想达到自然环境的本质安全，最重要的是要在生产作业场所的选址和生产流程方面进行灾害的预防。因此，企业可从以下几个方面采取一定措施加以解决。

(1) 选址建造

建筑企业在面临选址及建造时主要考虑的问题有以下四个方面。

① 地表破坏直接造成如地裂、滑坡、地陷、塌方等；

② 地基失效或沉陷而造成的，如软弱地基沉陷、沙土液化等；

③ 建筑物各部位连接的破坏，造成结构丧失整体稳定、整体倒塌等；

④ 主要承重构件的强度、延性不足造成局部破坏或局部倒塌。根据《建筑抗震设计规范》（GB 50011—2010）第3.3.1条明确规定："选择建筑场地时，应根据工程需要和地震活动情况、工程地质和地震地质的有关资料，对抗震有利、一般、不利和危险地段做出综合评价。对不利地段，应提出避开要求；当无法避开时应采取有效的措施。对危险地段，严禁建造甲、乙类的建筑，不应建造丙类的建筑。"项目相关的地基的处理、加固，选择合理的基础方案及进行必要的地基抗震验算来解决。在设计中应该选择合理的结构方案、布置设计、抗震措施，并且要解决结构的地震反应分析、结构抗震承载力及延性计算，构造措施保证强度、延性、构造等问题。

(2) 生产区、仓储区选址合理

按照企业生产品种、生产特征、危险程度进行分区规划，分别设置非危险产品生产区、危险产品生产区、仓库区及行政区。其工厂布局应充分考虑生产、生活、运输、管理和气象等因素，用以确定各区位置。若涉及危化品企业，则可以将危险产品生产区和仓库区设在安全地带。山体的存在往往使得厂区遭雷击的几率大大增加，并导致厂区防雷接地装置的接地电阻偏大，难以达到理想的泄流效果，所以，应该根据地形合理地进行布置。生产厂区、仓储区、行政区等分区布置，一旦发生事故，能得到有效地控制和及时进行人员疏散、物资抢险，以降低事故的损失，以防事故扩大。

(3) 夯实本质安全“三基础”

某些高危企业，例如石油、化工等，由于其生产原料或者成品易燃、易爆、有毒等特点，加上生产工艺的复杂性、条件的苛刻性，因此，时时、处处都有可能发生事故，而发生概率最高、后果最严重的事故，往往是生产工艺落后、生产设备质量差、管理操作不当引起的。可以说，工艺、设备、人才是企业本质安全最基础的三个方面，必须予以夯实。具体要求包括以下两个方面。

① 选择成熟可靠的生产与安全联锁工艺。成熟、安全的生产工艺是“三基础”中的根本，是安全生产的源头。只有选择成熟可靠的生产工艺，才能有效防止事故的发生。但是，我们不但要重视安全的生产工艺，也要重视安全联锁工艺的使用。安全联锁工艺和生产工艺应紧密联系，相互关联，为安全生产加上双保险。例如，必须设置自动调节控制与信号报警、安全联锁系统，必须设置防火防爆装置与火星熄灭器、防静电设施等。

② 确保机电仪器、锅炉等设备完整可靠。机电仪器、锅炉等设备设施在企业生产中占有举足轻重的地位，遍布生产区域，相互连成一体，既是高温高压物料的承载体，又是温度、压力等生产条件的调控体，必须确保完整可靠。首先，根据其生产工艺特性，必须严格落实生产装置的常态化检查、维修保养。其次，必须严格落实安全、环保、消防等配套设施的常态化检查和维保，确保事故发生时都能正常发挥其效能。

6.4.3 自然灾害预控对策和应急措施

企业要想减少或避免自然灾害破坏程度，必须采取强有力的“本安”预控措施，并从组织机构、预控经费、救援设施、预控制度等项目上配置，予以保证。

预控组织机构的人员配置，是按照预控综合等级进行设置和配置相应人员。综合级预控应设立预控领导组，并下设各专业预控小组，按自然灾害类型设置，同时，设置后勤保障组和抢险救援队，专兼职预控人员为 60 人以上。综合级预控应设置预控领导组和后勤保障组、抢险救援组等组织机构，专兼职预控人员 40 人以上。综合 3 级预控应设置预控领导组，配置专兼职预控人员 20 人以上。

综合 4 级预控应设置专职预控项目经理，配置专兼职预控救援人员 10 人以上。企业实施自然灾害预控必须要有一定的经费进行保障，并且确保预控措施基本到位。所有企业均应配置自然灾害预警设施，其预警设施主要包括专用气象信息接收台、广播、对讲机、警报装置等设施。

企业自然灾害预控不仅要有组织、预防、进行保证，同时，还需要有比较完善的制度体系进行保证。在企业自然灾害预控制度上必须制订会议制度、经费使用制度、预警设施管理制度、设备管理制度、抢险制度、检查制度等等。会议制度中重点要明确每月召开一次施工现场自然灾害预测分析例会，研究制订本月预控措施。经费使用制度需要明确专款专用以及支付使用程序等。预警设施管理制度，重点规定专人管理、专人启用等。设备管理制度，重点规定专人保管、专人使用，严禁外借和损坏等。抢险制度重点规定抢险程序、抢险方法等。检查制度重点规定每月检查一次，灾前、灾后均实施检查，并明确检查内容等具体制度体系，从制度上保证减少自然灾害造成的企业财产损失和人身伤亡。

企业应急响应的“四期”是指生产前期的事故预案与演练期、事故发生时的企业初期处置期、社会力量参与事故处置中的协同期及事故处置后的清理检修复产期。从某种意义上来说，若发生事故，企业的“四期”行为是否到位直接关乎企业存亡，关乎职工及救援人员乃至社会人员的生命安全。但很多企业“四期”把控意识不强、落实不力，尤其民企、国企与一些优秀外企差距很大，必须予以进一步强化落实。

(1) 做好前期准备，做到熟能生巧

首先，要制订科学预案并组织演练。凡事预则立，不预则废，临时抱佛脚，往往弄巧成拙。因此，企业必须打好基础，做好应急准备，要建立一支基于内控、外操人员的应急处置队伍，同时，要从最不利的情形出发，科学制订总体事故处置预案与各单元事故处置预案，并且定期进行实战化演练。在演练中完善预案，提升应急实战能力。其次，要进行安全与应急操作培训。如果应对措施不全、不当都有可能产生严重后果。因此，必须要对所有员工进行安全与应急操作培训。

(2) 要做好初期控制，做到临阵不慌、不乱、不错

首先，要组织人员疏散。发生灾害事故后要根据事故的性质，迅速地引导无关的人员疏散至预定的安全区域或进入安全岛，把受伤的人员移送到安全区或医院进行救治，全力避免人员伤亡。其次，要进行消防处置。事故发生后，企业当班应急人员必须迅速启动单元应急预案或企业总体预案，并充分运用现场各类消防设施，在第一时间进行消防处置，避免事故进一步扩大。再次，要启动工艺或者操作控制。事故发生后，企业当班的内控、外操人员必须及时进行生产工艺与安全联锁工艺调控，视情况采取相应的措施，防止次生事故的发生。

(3) 要密切中期配合，做到全面把控

若初期灾害事故不能消灭，事故就有可能进入猛烈发展期，这也是最危险、处置难度最大的时期。此时，各社会救援力量也通常已经基本到位。只有统一指挥、各司其职、密切协同，才能防止人员伤亡、控制事态发展、科学有效处置。而企业是指挥协同体系中的桥梁、纽带，大型化工企业灾害事故的处置，如果没有企业工程技术人员的协同参与是不可想象的。

(4) 要重视后期恢复，做到检修复工安全

经过消防处置，发生灾害事故的企业往往会余烟缭绕，现场一片狼藉。相比检维修、改扩建，灾害事故现场的后期恢复难度更高、更危险，很可能发生人员伤害及复燃复爆事故，必须高度重视，周密计划，全程监控。

6.5 作业现场本质安全

作业现场是企业本质安全化管理的基础。企业安全管理主要是规划、指导、检查、决策；作业现场安全管理主要是组织实施，保证生产处于最佳安全状态。主要工作是人员的调配以及监督管理，其本质安全要求管理层与操作人员具备足够的安全知识、安全意识以及责任感，坚决执行“四到位”原则，即“人员到位，措施到位，执行到位，监督到位”。

6.5.1 作业现场安全生产事故的规律

要保证企业作业现场的安全管理，首先应该认识到安全生产事故的生产规律。作业现场事故规律主要有偶然性、因果性以及潜伏性。

① 偶然性是指事故发生是随机的，具有偶然性，事故后果也具有偶然性，但偶然之中存在着必然的规律。这种偶然性实质上是各种不安全因素综合作用导致的必然结果。

② 因果性是指事故发生必然存在导致其发生的原因，即存在危险因素。施工中的不安全因素主要来自人的不安全行为、物的不安全状态以及环境不良。造成人的不安全行为、物的不安全状态以及环境不良的原因可以归结为四个方面，即技术的原因，教育的原因，身体、态度和精神的原因，管理的原因。

③ 潜伏性。危险因素在导致事故发生之前是处于潜伏状态的，人们不能确定事故是否会发生，这种潜伏正如多米诺骨牌理论所论证的那样，一旦某一环节出现问题，潜伏的危险因素就会立即演变成事故。

6.5.2 作业现场的本质化安全管理

(1) 统一认识，落实责任

在社会和谐发展过程中，企业作业现场的安全标准化一直以来都是重点所在，与此同时，还是保障整个社会安定发展的必然性要求。作业现场的安全文明标准化可为监管部门的监督工作的高效开展提供助力。所以，需注意在工程安全管理中，加强安全文明的标准化建设，增强企业工作人员的安全标准化意识。在现场作业过程中，还需注意落实相关的安全文明法规、标准，应用作业安全标准化来帮助提升现场的安全管理水平，建立好优良的作业安全整体形象，进一步增强企业的市场竞争力。

(2) 强化现场作业人员安全培训

对于刚入职或者本身安全素质较低的人员，要进行上岗前的安全培训，使其对自身的工作环境有深刻的认识，使他们认识到只要是在作业过程中，自身就暴露于危险环境，心中要时刻绷紧一根安全的弦，及时对机械设备与环境的可靠性进行分析判断，对动态工作中的安全进行情况能够进行预测，以防事故发生。

(3) 建立值班制度

为了加强安全管理，消除生产过程中人的不安全行为、物的不安状态、环境的不利因素，把安全工作落实到位，则以相关监督管理部门领导层为核心，监督管理部门全体成员轮流值班对安全生产进行监督和管理。在值班期间，尽职尽责做好安全管理工作，详细检查各作业面的安全生产情况，若发现安全隐患，应立即要求整改，对不服从者直接进行上报。值班期内发生的伤亡事故应立即进行安全事故上报，保护好现场，调查分析原因，做好善后工作。

(4) 提高企业领导层对作业现场安全管控的认识

在企业，有些领导对安全生产的认识不足，一心只想提高生产质量，获取经济效益，殊不知安全生产和效益是相辅相成的。企业要想获得预期的经济效益必须以安全生产为前提，安全是为质量服务的，而作业现场的质量又以安全做保证，因此，在进行质量控制的同时，必须加强安全的控制。在作业过程中安全和质量是两大永恒的主题，任何厚此薄彼的做法都是错误的，因此，作为一名企业的领导，要从宏观上把握大局，将作业现场的安全生产与质量管理相结合，也只有这样，才能保证企业长期的经济利益。

(5) 运用文化载体，转变观念营造氛围

人的观念并非先天形成，它是人们在长期的物质生活实践中，由感性到理性不断磨合后逐渐形成的，具有相对的稳定性。以正确的观念指导安全工作势必事半功倍，反则将使安全工作多走弯路，甚至给国家、企业、个人带来灭顶之灾。虽然许多人都知道，正确的安全通过反复不断的正面灌输引导、侧面鞭策促动等过程来塑造，可在现实工作中，宣传教育流于形式的、搞形象应付检查而不求实效、内容千篇一律，没新意，无针对性的现象随处可见。归根结底，就是安全宣传教育活动等载体潜移默化的功效被一些人忽视所致。

第7章　本质安全绩效的测量

安全生产绩效是组织或企业基于国家安全生产法规要求和安全生产工作目标和发展愿景，通过安全工程技术、安全科学管理和安全文化建设实践，所造就的安全生产现实可测量的成绩和效果。传统安全绩效通过事故指标进行测评，显然以事故后果为依据的测评不是本质安全的。本质安全绩效测量则改变传统安全绩效的测评方式，既注重安全作为的结果，更重视安全作为的过程；既体现安全定性特征，更反映安全定量特征；既要求评定组织的安全方法和能力，也要求评定组织的安全成效和成果。本质安全绩效测评是对企业安全生产综合能力和水平状况进行全面系统的量化和分级评价，测评的依据主要是系统或企业的本质安全效能，测评的目的主要是对系统安全的水平、企业安全的能力进行测量，以对其起到促进、提升和激励的作用。

7.1　安全绩效测量的理论基础

7.1.1　安全生产绩效的概念及意义

对安全生产工作进行考核评估，传统的方式方法通常采用事故指标、事故考核的办法，显然这是一种经验、传统的方法，没有体现超前预防、科学全面、本质安全的原则。要体现本质安全，需要应用安全生产综合绩效测评的方式。基于本质安全的思想，对安全生产进行过程的、能力的、本质的效能测量，首先是安全生产科学管理发展的需要，同时，对提高安全生产工作测评的科学合理性，对提升安全生产管理效能都具有理论和方法的意义。绩效既注重行为的结果，更重视行为的过程；既体现事物定性的特征，更反映事物定量的特征；既要求测量组织的工作条件和方法，也要求测定组织的工作成效和成果。

基于上述认知和理解，安全生产绩效是组织或企业基于国家安全生产法规要求、安全生产工作目标和发展愿景，通过安全工程技术、安全科学管理和安全文化建设实践所造就的安全生产现实可测量的成绩和效果。

绩效测评就是指测评主体根据工作目标、绩效标准、规章制度等，采用的科学的评价方法，对组织、企业或者员工、部门的工作业绩、工作行为等进行全面系统测评的过程。绩效测评一般包括两个层次：一是对组织（或企业、部门）绩效的测评；二是对员工绩效的测评。绩效测评是以实现组织目标为目的的绩效管理过程的一个重要环节，是绩效管理的核心和方法体现。显然，安全绩效测评是安全生产科学管理的体现，是安全生产科学管理的重要方法。

安全评价与安全绩效测评具有区别，也有一定的联系。区别在于前者偏重于技术系统，后者注重管理系统；前者注重安全状态和条件，后者注重安全成果和成效；前者遵循线思维方式（从危险到安全），后者遵循面思维方式（人机环管全面性）；前者属于具体、微观的评价，后者注重综合、全面性的评价；前者评价的结果是单一和分散的，后者评价结果既可单一也可综合。安全评价和安全绩效测评担负着不同的任务和目标，对安全生产工作发挥着不同的功能和作用。

7.1.2 绩效测评的基本方法

(1) 绩效评价方法综述

绩效测评的方法分为系统绩效测评方法与基本绩效测评方法。

① 系统绩效测评方法。是指基于战略的系统绩效测评方法，它主要与组织的战略目标等的目的相关，关注内容紧紧地围绕着组织战略的实施。此类方法目前常常使用的主要包括以下几种。

- 目标管理法（MBO）：与组织年度发展计划相联系；
- 关键绩效指标法（KPI）：以提高组织核心竞争力为目的；
- 平衡计分卡法（BSC）：以全面平衡组织发展能力为目的。

由于系统化的绩效测评方法强调组织的战略整体性发展，绩效测评的重点在组织绩效和部门绩效。

② 基本绩效测评方法。是指基于员工的基本绩效测评方法，这种绩效测评方法主要与员工的岗位特点等的目的相关，关注内容主要是围绕员工的特征要求、工作行为、工作成果。目前常常使用的此类方法主要有：以员工具体特征要求为对象的特征法（特征评价法），以员工行为为对象的行为法（行为导向法），以员工工作成果为对象的结果法（结果导向法）。

- 特征评价法：主要包括排序评价法、配对比较法、人物比较法、书面评价法等；
- 行为导向法：主要包括行为等级评定法、行为对照表法、组织行为修正法、评价中心法等；
- 结果导向法：主要包括直接指标衡量法、绩效标准法和成绩记录法等。

(2) 行为导向评价法

行为导向的评价方式通过建立工作中的行为标准或规范，强调在完成工作目标过程中的行为必须符合这种标准或规范。通过对员工行为与组织行为标准或规范的比较和评估，推断出员工的工作业绩。行为导向评价法包括行为锚定等级评定法、行为对照表法、组织行为修正法、评价中心法等。

① 行为锚定等级评定法。行为锚定等级评定法是由美国学者史密斯和肯德尔于 1963 年在美国“全国护士联合会”的资助下研究提出的。它是一种以某一职务工作可能发生的各种典型行为进行评分度量，建立一个锚定评分表并以此为依据，对员工工作中的实际行为进行测评给分的评价方法。行为锚定评价法比使用其他的工作绩效评价法要花费更多的时间。它的缺陷主要在于评价人员在尝试从量表中选择一种员工绩效水平的行为时所遇到的困难，有时一个员工会表现出处在量表两端的行为，因此，评定者不知应为其分配哪种评分。但是许多人认为，行为锚定等级评定法亦有以下一些十分重要的优点：一是工作绩效的尺度更为准确。二是工作绩效评价标准更为明确。三是具有良好的反馈功能。四是评价指标之间的独立性较高。五是具有较好的连贯性。

② 行为对照表法。行为对照表法又称普洛夫斯特法，是由美国圣保罗人事局的普洛夫斯特在 1920 年创立的一种评价方法。运行这种方法时，评价者只要根据人力资源部门提供的描述员工行为的量表，将员工的实际工作行为与表中的描述进行对照，找出准确描述了员工行为的陈述，评价者选定的项目不论多少都不会影响评价的结果。这种方法能够在很大程度上避免因评价者对评价指标的理解不同而出现偏差。行为对照表的制作是一项十分复杂的工作，由熟悉评价对象工作内容的人逐项进行核定。行为对照表法具有以下优点：一是评价方法简单，只需对项目和事实进行一一核实，并且可以回避评价者不清楚的情况。二是不容易发生晕轮效应等评价者误差。三是可以进行员工之间的横向比较，较好地为发放奖金提供依据。四是评价标准与工作内容高度相关，评价误差小，有利于进行行为引导。五是执行成本很小。同时，行为对照表法也存在着以下缺点，影响了该方法的普及程度：一是评价因素或评价项目所列举的都是员工日常工作中的具体行为，不能涵盖工作中的所有行为。二是设计难度大，成本高。三是由于评价者无法对最终结果做出预测，因而可能降低评价者的评价意愿。四是能够发现一般性问题，但无法对今后员工工作绩效的改进提供具体明确的指导，不太适合用于对员工提供建议、反馈和指导。

(3) 结果导向评价法

结果导向是强调结果，即干出了什么成绩。许多组织是以员工的工作效果而不是特征或表现来对员工进行考评的。支持结果考评法的人士认为这种方法更客观，也更容易为员工所接受。结果导向评价法是一种普遍接受的绩效评价方式，尤其是对业绩的考评，更是广泛地采用这样的方式。但在使用过程中应确定以下因素以确保成功：一是被评价人员完整的工作描述。二是目标必须加以详细说明，使上下级都对目标完成的标准达成一致。三是日常的工作反馈和辅导必不可少。目前结果导向评价法主要包括直接指标衡量法、绩效标准法和成绩记录法几种。

(4) 相对绩效评价理论

① 相对绩效评价理论的基本含义。相对绩效评价（Relative Performance Evaluation，简称 RPE）是在委托代理框架下基于多代理人情形的一种特殊的激励机制。其基本含义是，当代理人的产出信号不仅受到自身努力的影响，也受到其他代理人努力的影响时，或者当代理人受到共同因素冲击时，其他代理人的产出也可能包含有关该代理人努力水平的有价值的信息，因此，给予代理人的补偿不仅基于代理人的绝对绩效，还要考虑到相对绩效，这样，就可以部分消除代理人受到共同冲击的影响，更精确推断代理人的努力程度，从而更有效地激励代理人。

② 相对绩效评价的内涵与外延。激励理论又被称作契约理论、信息经济学，是近 30 年迅速发展起来的经济理论。这一理论能够更好地解释企业黑箱的运作，在这一点上它超越了新古典经济理论，因此，又常常被称作企业理论，但实际上激励模型的构建仅仅依赖于信息与策略，其分析框架不只局限于企业组织，从薪酬设计、企业管理到行业规制、国际合作，激励理论在各个领域应用广泛，并且其独特的视角使得分析具有深刻的洞察力。相对绩效评价作为激励理论的一部分，同样有着严密的逻辑性和广泛的适用性。相对绩效评价的基本意义在于，当其他代理人的工作绩效能够提供关于该代理人行为的有价值的额外信息时，通过将其他代理人的绩效指标引入对该代理人的激励合同，可以剔除更多的外部不确定因素的影响，使该代理人的报酬与其个人的可控变量的关系更为密切，从而更为有效地激励代理人努力工作。由激励理论的基本框架得出的相对绩效评价，简单地说，其内涵就是将其他代理人的产出等相关信息加入到对本代理人的收入合同中来。

7.1.3 安全绩效测评的理论基础

(1) 政府绩效管理理论

① 政府绩效评价的内涵。政府绩效在西方又称“公共生产力”“国家生产力”“公共组织绩效”“政府业绩”等，是指政府在社会经济管理活动中的结果、效益及其管理工作的效率、效能，是政府在行使其功能、实现其意志过程中体现出的管理能力。政府绩效包括政治绩效、经济绩效、文化绩效和社会绩效四个方面。政府绩效评价就是评价主体根据一定的标准，通过多种方法对政府的管理行为和工作效果进行全面系统评价的过程。具体地说，就是评价主体采用自我评价、专家评价、公众评价、舆论评价等多重评价体系，运用科学的绩效评价方法、标准和程序，对政府及部门的工作业绩、工作作为及其所产生的影响做出客观、公正的综合评价，目的在于通过政府工作的绩效信息来诊断政府的问题，推动政府工作效率和服务质量的提高。

② 政府绩效管理的基础理论。作为一种科学管理方法，政府绩效管理是在西方发达国家理论不断创新的基础上形成发展起来的。政府绩效管理理论的形成，主要是建立在政府再造理论、目标管理理论和政府全面质量管理理论基础之上的。

“政府再造大师”戴维·奥斯本认为：“政府再造是用企业化体制来取代官僚体制，即创造具有创新惯性和质量持续改进的公共组织和公共体制，而不靠外力驱使。”要有效地进行政府再造，就要运用一切可能的杠杆作用。这些杠杆作用影响着政府的思维和行为模式。《摒弃官僚制》一书中，戴维·奥斯本将政府改革战略归纳为“五C战略”，即核心战略、后果战略、顾客战略、控制战略、文化战略。另外，杠杆作用离不开元工具的运用。所谓元工具，是指综合多种战略的方法。在“五C战略”中，核心战略是确定目标，具有掌舵的功能，其余的四个战略具有划桨的功能。如何处理好掌舵与划桨之间的关系，使政府更有效地发挥其职能是政府再造过程中需要关注的问题。政府再造理论的五项战略的核心管理价值就是绩效管理。

（2）KPI——关键绩效指标理论

① KPI的基本思想。关键绩效指标方法（Key Performance Indicators，简称KPI）是一种重要的绩效考核工具，是通过对组织内部某一流程的输入端、输出端的关键参数进行设置、取样、计算、分析，衡量流程绩效的一种目标式量化管理指标，是把企业的战略目标分解为可运作的远景目标的工具，是企业绩效管理系统的基础。它结合了目标管理和量化考核的思想，通过对目标层层分解的方法使得各级目标（包括团队目标和个人目标）不会偏离组织战略目标，可以很好地衡量团队绩效以及团队中个体的贡献，起到很好的价值评价和行为导向的作用。该方法的核心是从众多的绩效考评指标体系中提取重要性和关键性指标。

② KPI的理论基础。KPI方法之所以可行，是因为它符合一个重要的管理原理，即“二八原理”，这是意大利经济学家帕累托提出的，又称冰山原理，是“重要的少数”与“琐碎的多数”的简称。帕累托认为，在任何特定的群体中，重要的因子通常只占少数，而不重要的因子则常占多数。只要控制重要的少数，即能控制全局。反映在数量比例上，大体就是2∶8。在企业的价值创造中，就存在着“20/80”的规律，即20%的骨干员工创造企业80%的价值。而对每一个员工来说，80%的工作任务是由20%的关键行为完成的。那么，对于政府的安全监察绩效来说，同样符合这个规律，即80%的安全监察绩效是由政府20%的关键行为实现的。因此，只要抓住政府20%的关键行为，对之进行分析和衡量，也就抓住了绩效评估的重心。

③ KPI的SMART原则。关键绩效指标的设立原则即是SMART原则。绩效测评指标体系中每一个指标的选取都要遵从SMART的五条基本原则。

S（Specific）原则：指标是明确具体的，即各关键绩效指标要明确描述出员工与上级在每一工作职责下所需完成的行动方案；

M（Measurable）原则：指标是可衡量的，即各关键绩效指标应尽可能地量化，要有定量数据，比如数量、质量、时间等，从而可以客观地衡量；

A（Attainable）原则：指标是可达成或可实现的，包含两方面的含义：一是任务量适度、合理，并且是在上下级之间协商一致同意的前提下，在员工可控制的范围之内下达的任务目标；二是必须是“要经过一定努力”才可实现，而不能仅仅是以前目标的重复；

R（Relevant）原则：指标与关键职责有相关性，也有两层含义：一是上级目标必须在下级目标之前制订，上下级目标保持一致性，避免目标重复或断层；二是员工的 KPI 目标需与所在团队尤其是与个人的主要工作职责相联系；

T（Time-bound）原则：指标是有时间限制的，没有时限要求的目标与没有制订目标没什么区别。

(3) BSC——平衡计分卡理论

① 平衡计分卡的基本思想。平衡计分卡是一个多维度的业绩评价指标体系。平衡计分卡的核心思想是通过财务、客户、流程和学习与成长四个维度指标之间的相互驱动的因果关系来展现组织的战略轨迹。其特点和优势体现在其中蕴含的平衡思想和因果关系链。

图 7-1 为平衡计分卡的基本框架。

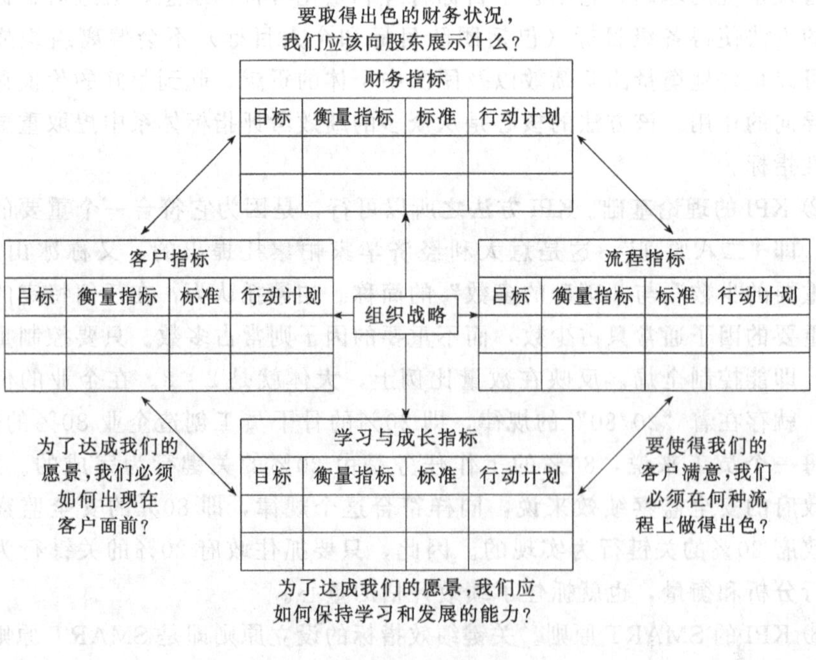

图 7-1 平衡计分卡的基本框架

② 平衡计分卡的四个维度。平衡计分卡作为一种战略绩效管理及评价工具，主要从四个重要方面来衡量组织。

a. 财务维度。在营利组织中，其目标是解决“股东如何看待我们”这一类问题。这个维度的评价指标告诉我们，战略实施是否导致最终结果的改善，是否为股东创造了价值。在非营利组织中，财务指标确保我们以高效的方式获得成果。

b. 客户维度。维度回答的是“客户如何看待我们”的问题。如何向客户提供所需的产品和服务，从而满足客户需要，提高企业竞争力。客户是企业之本，是现代企业的利润来源，客户应当成为企业关注的焦点。

c. 企业内部流程维度。运营维度着眼于企业的核心竞争力，回答的是“我们的优势是什么”的问题。在平衡计分卡的内部业务流程上，必须识别为持续增加顾客和股东价值所必须擅长的关键流程。

d. 学习与成长维度。维度的目标是解决“我们是否能继续提高并创造价值”这一类问题。在平衡计分卡中，学习与成长维度的评价指标是实现其他三个维度目标的“强化剂”。从根本上说，这一维度是平衡计分卡的根基。

③ 平衡计分卡的因果关系。组织战略是无法独立的，必须与其他管理程序结为一体，才以达到战略性的好结果，因此，建立平衡计分卡中维度与指标的因果关系是最重要的。建立平衡计分卡中维度与指标的因果关系，应当遵循下列要点（Kaplan&Norton，1996b，2000）。

a. 水平因果关系。水平因果关系是指组织战略、绩效管理、行动计划在同一维度内的因果关系。水平因果关系可以看出组织愿景及竞争战略对绩效管理及行动计划的影响情况如何。进一步，从因果关系的影响情况，可以看出绩效得不到提升的原因在哪里。

b. 垂直因果关系。垂直因果关系是四大维度之间的因果关系。这四个方面存在着深层的内在联系：企业良好的财务效益将更多来源于客户的满意程度，而企业只有提高内部管理能力才能为客户提供更大的价值，内部管理能力的提升则要以学习与成长为基础。从垂直因果关系中，即可清楚地了解财务、客户、内部流程、学习与成长等各个维度的价值动因是什么。

c. 结果与驱动动因。活动的执行与结果之间会存在时间的先后关系，因此，学者将衡量指标分为领先指标与落后指标两种。

④ 平衡计分卡的平衡理念。平衡计分卡最具开拓性的地方就是均衡的思想，打破了财务指标一统的局面。平衡计分卡之所以叫“平衡”（也有学者说应该将其译为均衡），是因为它从四个角度，即财务、客户、流程和学习与成长来帮助管理层对所有具有战略重要性的领域做全方位的思考。它的平衡思想体现在以下几方面。

a. 短期和长期目标之间的平衡。平衡计分卡作为一种战略管理工具，如果以系统理论的观点来考虑其实施过程，战略是输入口，财务是输出口。由此可以看出，平衡计分卡是从企业的战略开始，也就是从企业的长期目标开始，逐步分解到企业的短期目标。在关注企业长期发展的同时，平衡计分卡也关注了企业近期目标的完成，使企业的战略规划和年度计划很好地结合起来，解决了企业的战略规划可操作性差的缺点。

b. 组织外部和组织内部的平衡。在平衡计分卡中，股东与客户为外部群体，员工和内部流程是内部群体。平衡计分卡认识到在有效实施战略的过程中平衡这些群体之间时而发生的矛盾的重要性。平衡计分卡将评价的视线范围由传统上的注重企业内部财务评价扩大到企业外部，包括股东、顾客；同时，也以全新的目光重新认识企业内部，将以往只看内部结果，扩展到既看结果，还注意企业内部流程和企业的学习和成长这种无形资产。

7.2 政府安全监管绩效测量方法技术

政府安全监管绩效测评方法技术研究为政府安全监察绩效测评提供科学的理论依据和方法，为安全生产监督管理提供合理、有效的管理工具和手段，将政府安全监察工作推向更高的层次。

7.2.1 政府安全监管绩效测评指标体系设计原则

为了更科学、准确地建立测评指标体系，在指标的选择上遵循以下原则。

基础性原则：基础性原则是指所选取的指标应是基础指标，是各级、各地区普遍采用的能够反映政府监察绩效的基本评价指标。

全面性原则：全面性原则是指业绩测评指标体系应能够全面反映评价对象的各有关要素和有关环节，揭示出评价对象的全貌。但全面性并不等于面面俱到，应抓住关键性问题和关联性强的综合指标对政府安全监察绩效进行评价，对那些与政府安全监管关系不是十分密切的，予以简化或省略。

稳定性原则：稳定性原则是指所选取的指标要具有一定的稳定性，即在一段时期内不会发生变化。

常规性原则：常规性原则是指指标的选取要符合常规，要合情合理，是人们普遍熟知的、能够获得相关数据的指标。

定位性原则：定位性原则是指所选取的评价指标是能够反映被测机构内部业绩情况的指标。

客观性原则：客观、公正是业绩的基本准则和要求，否则就失去评价的意义。客观是指能够真实地反映参评机构业绩的好坏。公正是指对被评价的政府安监部门采取统一标准，按照统一的方法进行评价。

可操作性原则：可操作性是指政府安监部门业绩测评在实践上应是可行的，主要包括指标体系建立的可行性和测评工具设计的可行性。

7.2.2 政府安全监管绩效测评指标体系设计思路

根据安全监察体系的结构、职能和功能，以及客观的现实性和发展的科学性要求，设计构建省级（兼顾国家级）和地市级（兼顾县级）的两个层级的测评体系，即省（市）自治区政府安全监察绩效测评指标体系和地（市）县政府安全监察绩效测评指标体系。

测评指标体系设计的思路是：

- 省（市）级：强调宏观、综合监察职能；突出基础建设和内部管理；重视监察效能和效果。
- 地（市）县：强调微观、现场监察职能；突出执行能力和管理成本；重视监察效率和效果。

以特种设备安全监察领域为例，可设计出两个层级的安全监管绩效测评指标体系，其结构如图 7-2 和图 7-3 所示。

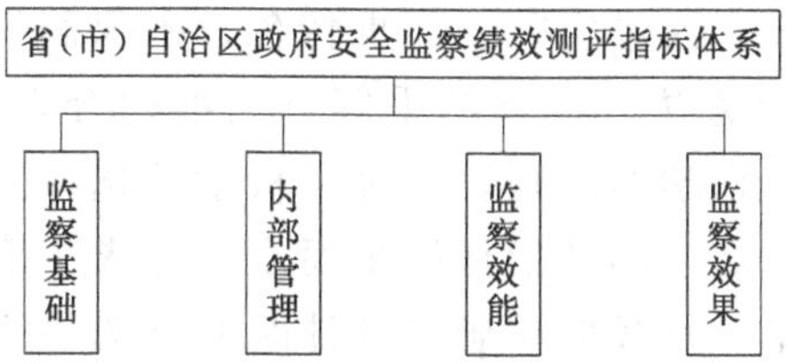

图 7-2 省（市）自治区政府安全监察绩效测评指标体系框图

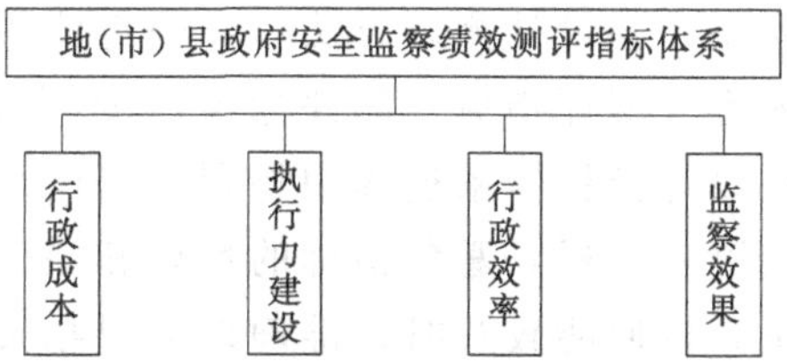

图 7-3 地（市）县政府安全监察绩效测评指标体系框图

从测试方法和准确性的角度，将所有指标分为两类属性类型：

查证型（查阅证实型）：通过查阅相关文件、记录而确定指标得分情况的指标；

抽查型（抽样调查型）：需要抽查一定数量的记录来确定得分的指标。

7.3 企业安全生产综合绩效测量方法技术

安全生产综合绩效测评是对企业特定时期安全生产风险综合管理状况的综合测评，为提高企业人员安全素质、改善企业安全管理、创新安全文化、发展生产环境和条件，提供了定量与定性的测评技术和方法。此方法基于综合评价技术，实现对企业安全生产风险综合管理状况的评价和考核，对企业安全生产综合状况进行科学、系统、全面分析评价，以及安全生产动态综合管理的测评，从而为企业的安全生产管理提供科学、合理的决策依据。此方法对企业安全生产风险进行综合评估，是安全生产的目标管理、定量化管理的重要体现，因此，此方法对提高企业安全生产科学管理具有积极的意义。

运用安全生产综合绩效测评技术，对促进企业安全生产基础建设、系统建设和标准化建设，提升企业安全生产保障水平和事故预防能力，实现稳定、持续、高效的安全生产，有效地预防生产事故，提高企业全员安全素质并为今后改善安全管理工作指明方向，为企业的自我安全评价提供依据，将发挥动力性作用。

7.3.1 企业安全生产综合绩效测评指标体系的设计

(1) 指标体系的设计原则

为了更科学、准确地建立测评指标体系，在指标的选择上遵循以下原则。

① 系统性和科学性的原则。首先，要在工业安全原理和事故预防原理的指导下，研究企业安全系统涉及的人因、设备、环境、管理等基本要素，设计的测评体系能够全面反映企业安全要素；二是应用管理学、文化学的理论，在安全管理体系、企业安全文化理论的基础上，建立安全风险测评指标体系。在设计测评方法时，坚持注重建设、注重实效、注重特色，确保测评内容、测评指标、测评标准、测评程序及方法、测评结果等方面准确合理。在设计指标体系过程中将利用安全系统工程学的原理，系统、科学地选择安全测评指标，避免指标的重叠和缺失。总之，不求指标的多而全，力求少而精，以便能较及时、准确地取得相关数据，是我们在研究设计时遵循的一个基本原则。

② 定性与定量相结合的原则。企业安全生产系统的要素，既涉及技术、设备、环境、事故频率等可定量因素，同时也受人因、管理、文化等定性因素的影响，因此，设计企业安全生产绩效测评体系，应遵循定量和定性相结合的原则。根据评价对象和因素的特性，对于不易定量的评价因子和指标，采用定性的方法来评价，对于易于定量的因子和指标可采用定量方法评价。对于定性的因子和指标可通过半定量打分的方法和技术进行量化分析和评价。

③ 实用性与可操作性原则。可操作性原则是我们在进行研究设计时的一个指导原则。任何考评工作最终都是由人来完成的，人的工作能力以及投入的物力和财力都是有限的，因此，研究设计时，我们考虑测评指标的科学性的同时，还应该考虑到该指标的考评成本和可行性。一个好的测评指标既要能科学地表现出企业安全管理工作的水平，又要操作简便。

④ 比较性原则。在设计安全生产综合绩效测评体系过程中，在吸收与引进国内外先进的安全管理体系和安全评价模式及方法的同时，还以相关行业和企业现有的安全生产业绩测评技术作为参照，在对行业自身特点分析基础之上，结合企业实际，考虑建设方案的可行性和现实性。

⑤ 持续改进的原则。安全生产综合绩效测评是企业安全管理体系中的一部分，所以，也必须要坚持 PDCA 循环，新的事务必定会带来新的问题。同

时，生产情况复杂，客观条件的变化也会带来新的问题。另外，随着时间的推移，管理的重心也不会一成不变，部分安全绩效测评指标的分值和考核标准也会发生变化。这就要求我们必须依据 PDCA 循环，坚持持续改进的原则。

⑥ 以发现问题为目的的原则。安全生产综合绩效测评体系，以发现问题、改进问题为主要目的，不与考核、奖惩、评比挂钩，即遵循“三不挂钩”原则，减少测评结果带来的压力，做到对测评对象的安全生产绩效真实、可靠地进行评价。测评的任务是发现问题和解决问题，降低安全生产风险。

(2) 指标体系的设计思路

① 以安全科学理论为支撑。以安全科学基本理论包括系统安全工程、安全风险管理、安全行为科学、安全文化学以及事故预防原理等理论为指标的设计理论依据。

② 紧扣两大思路和部署。指标的设计必须围绕国家安全生产监督管理总局和企业安全生产工作的总体思路和部署。

③ 借鉴三大体系。借鉴国内外先进的生产安全管理体系和方法，吸收现代企业安全管理中的 OHSMS 管理体系、HSE 管理体系和南非 NOSA 五星管理系统的先进管理方法，体现持续改进的内在要求。

④ 符合企业实际情况。通过对调查测评对象的调查研究，掌握企业目前的安全生产综合绩效管理的现状，设计合理的测评指标和判定标准。

(3) 指标体系的建立

① 指标体系。在确定的设计原则和设计思路的基础上，设计了人员素质、安全管理、安全文化、设备设施、环境条件及事故状况六大测评系统，每个系统又分一级指标、二级指标和三级指标。

② 指标属性。根据得分方式的不同，分为以下五种类型。

a. 问卷调查型：通过组织测评组进行问卷调查打分，综合统计获得所需结果；

b. 个人测试型：通过对本人的问题测试，运用数学分析模型求得测评所需结果；

c. 统计型：通过对测评对象的实际数据统计获得所需结果；

d. 检查型：通过对测评对象的现场检查获得所需结果；

e. 查阅型：通过查阅测评对象相关的工作记录、文件确认方式获得所需结果。

依据指标体系的设计原则和设计思路，设计六大测评系统的指标，此处简单给出两类测评系统指标体系的参考模型。人员素质（A）指标体系见表 7-1，安全管理（B）指标体系见表 7-2。

表 7-1　安全生产综合绩效测评人员素质（A）指标体系

一级指标	二级指标	三级指标	指标属性
A1 安全知识	A1.1 领导及决策人员	A1.1.1 安全知识考试	统计型
		A1.1.2 国家安全生产法律、法规、政策知识	问卷调查型
		A1.1.3 行业安全生产标准以及规范等相关知识	问卷调查型
		A1.1.4 安全生产管理知识	问卷调查型
	A1.2 各级各部门管理人员	A1.2.1 安全知识考试	统计型
		A1.2.2 部门安全管理方法和措施	问卷调查型
		A1.2.3 行业安全生产标准以及规范等相关知识	问卷调查型
		A1.2.4 部门安全生产规范及职责	问卷调查型
		A1.2.5 部门安全管理方法和措施	问卷调查型
	A1.3 作业人员	A1.3.1 安全生产操作规程掌握程度	问卷调查型
		A1.3.2 事故应急及逃生知识	问卷调查型
		……	……
A2 安全能力	……	……	……
……	……	……	……

表 7-2　安全生产综合绩效测评安全管理（B）指标体系

一级指标	二级指标	三级指标	指标属性
B1 基础管理	B1.1 安全责任制	B1.1.1 各级领导的安全生产责任制是否建立健全，职责内容符合《安全生产法》《安全生产工作规定》和本单位实际	查阅型
		B1.1.2 各职能部门、生产单位、班组的安全生产责任制是否建立健全，职责内容符合上级规定和本部门特点	查阅型
		……	……
	B1.2 规章制度与执行	B1.2.1 建立安全生产管理全员控制机制并执行	查阅型
		B1.2.2 建立安全生产作业全过程控制机制，包括具备开工条件的工作前许可、工作中的监督控制、工作结束的验收控制。执行认真并有检查、考核记录，且能发现问题，总结经验，及时整改	查阅型
		……	……
B2 组织保障	……	……	……
……	……	……	……

7.3.2　企业安全生产综合绩效指标权重设计

（1）设计原则

确定各级评估项目的权重的原则如下：

① 客观性原则。即要根据分解出来的各项内容在整体中的地位与作用的重要性来确定权重大小。

② 导向性原则。即针对安全工作中某些薄弱的环节，要加以重视，可适当增大该项内容的权重。

③ 可测性原则。某些内容由于可测性较差，可以降低权重，以免造成评估中过大的误差。

(2) 设计方法

如何确定各指标的权重，关系到最后考核结果的正确性。权重的最终分配将结合多方面因素，其中包括前面对事故统计分析和组合分析的结果，即对一些具有代表性或发生频次多的事故总结引申出的指标应适当加大权重，最后再利用德尔菲法和层次分析法确定各指标最终权重。

(3) 设计结果

应用层次分析法，对各测评系统、一级指标和二级指标的重要度进行专家问卷调查。调查表将每个指标权重（重要程度）分为三级，分别为高权重、中权重和低权重，通过对专家问卷调查表进行分析可最终得出权重，六大系统的权重见表 7-3。

表 7-3 各测评系统的权重设计

测评系统	人员素质	安全管理	安全文化	设备设施	环境条件	事故状况
权重	0.2	0.3	0.1	0.15	0.15	0.1

7.3.3 企业安全生产综合绩效测评工具与标准

(1) 测评工具

全部指标最终得分情况分为 5 分-3 分-0 分和 5 分-0 分两种情况，通过设计的测评工具或指标打分标准得到全部指标的最终分数，然后利用数学模型得出测评结果。

根据指标的不同类型设计测评工具，针对问卷调查型指标、个人测试型指标和设备设施系统中的检查型指标设计测评工具。统计型指标和查阅型指标企业可根据实际情况制订打分标准，此处对于测评工具不再详述。

① 问卷调查型指标测评工具。专家组利用测评工具给各项指标打分，分值经过数学处理后得到各个指标的分值。

- 测评工具计算方法：专家组对各项指标打分，按优秀、优良、一般、较差、很差五个等级划分，各等级得分分别为 5 分、4 分、3 分、2 分和 1 分；如果平均分大于等于 4.2 分，则在测评体系中该项指标即为“较好”，得 5 分；如果平均分大于等于 2.6 分却小于 4.2 分，则在测评体系中该项指标即为“一般”，得 3 分；如果平均分小于 2.6 分，则在测评体系中该项指标即为“较差”，得 0 分。
- 专家人数要求：不少于 10 人。

企业根据自身需求设计问卷调查型指标测评工具，此处略。

② 设备设施系统检查型指标测评工具。针对设备设施系统中的检查型指标，

分别设计专门的检查工具表。如果检查得分大于等于 4.2 分，则在测评体系中该项指标即为“较好”，得 5 分；如果检查得分大于等于 2.6 分却小于 4.2 分，则在测评体系中该项指标即为“一般”，得 3 分；如果检查得分小于 2.6 分，则在测评体系中该项指标即为“较差”，得 0 分。

企业根据自身需求设计设备设施系统检查型指标测评工具，此处略。

③ 个人测试型指标测评工具。个人测试型指标包括安全社会心理、安全个性心理和部分安全文化指标，共三个测评工具。个人测试型指标用抽样调查的方式进行测试，将测试问卷进行数学处理后得到相关指标分值。

调查测评对象为员工，包括决策层、管理层和操作层。当测评对象总员工数在 100～1000 人范围内时，每个个人测试工具抽样数量＞总员工数×10%，且大于 30 人；员工比例为决策层：管理层：操作层＝1：4：15。

测评工具包括安全文化指标测评工具、安全社会心理指标测评工具和个性安全心理指标测评工具。

a. 安全文化指标测评工具

• 分值全为 5 或者全为 1 的调查问卷总数若大于总调查问卷总数的 20%（含 20%），则指标 C_{112} 安全态度、指标 C_{113} 安全情感、指标 C_{121} 安全价值观、指标 C_{123} 安全科学观念、C_{231} 活动普及效果的测定输出结果为“较差”；

• 若分值全为 5 或者全为 1 的调查问卷总数小于总调查问卷数的 20%，则视为无效调查问卷，得分为“0”，不参与指标判定计算。

判定标准如表 7-4 所示。

表 7-4　安全文化指标判定标准

判定公式	判定标准	
$X=\left(\sum_{i=1}^{n}\sum_{k=1}^{N}x_k^i\right)/(nN)$	$X\geqslant 4$	较好
	$X\geqslant 3.5$	一般
	其他值	较差

注：x_k^i 为第 k 个人对第 i 题所打分数；i 为对应题号数目；N 为总人数，n 为对应题目总数。

b. 安全社会心理指标测评工具

• A 为 2 分；C 为 1 分；B 为 0 分；

• 按题号将各题分为六类，计算每类题的得分总和。

c. 个性安全心理指标测评工具。此类数学模型考虑以下 7 种因素：稳定性（C 表示）、有恒性（G 表示）、敏感性（I 表示）、幻想性（M 表示）、忧虑性（O 表示）、自律性（Q_3 表示）、紧张性（Q_4 表示）。

• 每个题目都是 0、1、2 三级记分。

• 根据标准答案，B（选项 2）为 1 分，另一标准答案为 2 分，则第三个选项得 0 分；例如，稳定性（C）对应的题目 ab3，3 代表稳定性（C）对应题目的第

3 题，ab 代表第 3 题的标准答案，b（选项 2）为 1 分，另一标准答案为 2 分，则第三个选项得 0 分。我们便可得出，如果该答案选择 1（a），则得 2 分；选 2（b），则得 1 分；选 3（c），则得 0 分。

- 得到每一个因素的原始分后，根据通用常模表转换成标准 10 分制的相应分数。

- 根据公式 $c=40+I+M+O+Q_4-Q_3-C-G$，得出 c 值，再根据取值范围确定个性安全心理程度。c 值越高，安全性越低；c 值越低，安全性越高。

(2) 指标分析数学模型

① 总得分：$Z=\sum_{i=1}^{6}Kz_i$（满分 100 分）。

② 总风险度：$F=100-Z$（满分 0）。

Z 为安全生产风险总得分；F 为安全生产风险度；K 为各测评系统的权重；z_i 为各测评系统得分。

③ 各系统得分：$z=100\times\dfrac{\sum_{i=1}^{n}km_{1i}}{m'}$（满分 100）。

④ 各系统风险度：$f=100-z$（满分 0）。

z 为各测评系统得分；f 为各测评系统风险度；k 为各测评系统一级指标的权重；m_{1i} 为各测评系统一级指标的得分；m' 为各测评系统的原始满分（A 为 21.35，B 为 14.76，C 为 13.2，D 为 13.2，E 为 16.775，F 为 32）。

⑤ 一级指标得分计算方法：$m=\sum_{i=1}^{n}km_{2i}$。

式中，k 为二级指标的权重；m_{2i} 为各二级指标的得分。

⑥ 二级指标得分计算方法（ABC 系统为二级指标；DEF 系统为一级指标）：$m_2=\sum_{i=1}^{n}m_{3i}$。

式中，m_{3i} 为各三级指标得分。

(3) 否决项指标的设计

否决项指标即是该单位安全生产工作必须避免发生的，一旦发生就意味着安全生产风险综合管理水平较低，则该单位的测评得分应当大大降低，因此，这些否决项的选择就应遵循相应的客观性、严谨性、全面性。否决项指标的扣分规则是如果测评对象出现否决项指标非 0 的情况，则该单位在事故状况测评系统的得分中减去 40 分。

否决项指标为重、特大事故，即包括人身死亡事故、电网事故、设备事故、火灾事故、同等以上责任交通事故、恶性误操作事故。发生其中任何一起否决项指标非 0，实施否决项指标扣分规则。

7.4　企业安全文化测量方法技术

对企业安全文化的发展状况进行定期测评和动态评估，一方面，可以诊断企业安全文化的优势和劣势，揭示企业安全管理不善的内在原因，为创新企业安全文化、发展企业先进安全文化提供科学的依据；另一方面，也是促进企业安全文化不断提升和进步的重要动力和手段。

企业安全文化综合测评方法技术研究通过建立企业安全文化测评指标体系和开发测评工具，从文化和管理的视角对企业安全文化的发展状况进行定期测评和动态评估，以定期了解和把握企业安全文化发展和变化状况，为创新、发展、优化企业安全文化明确目标和方向，对企业安全文化的持续进步发挥作用。

7.4.1　企业安全文化测量指标体系的建立

企业安全文化测评体系是在文化学的基础性原则和安全学的专业性原则的指导下，根据安全文化学的形态体系设计而成的。测评指标体系分为 4 个子系统和 12 个维度，即安全观念文化指标、安全行为文化指标、安全管理文化指标和安全文化建设与审计指标四个子系统，是测评的一级指标，在一级指标子系统基础上，设计了 12 个测评维度。具体的指标体系结构图如图 7-4 所示。

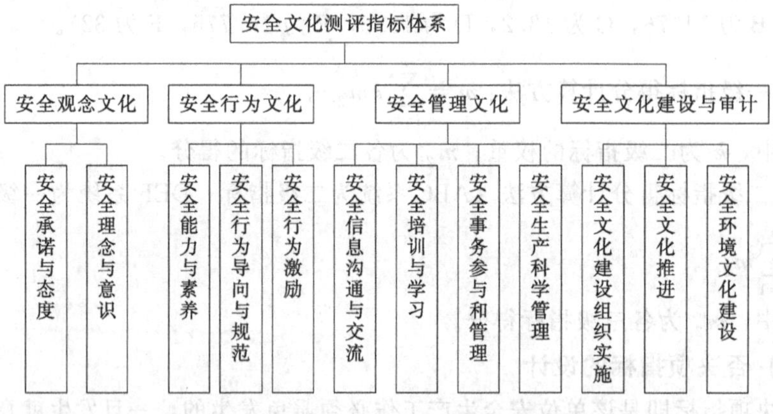

图 7-4　企业安全文化测评指标体系结构图

(1) 测量指标的属性

从测定方式的角度，企业安全文化测评指标体系的所有指标共分为三种属性类型。

① 统计确认型。由安全专管人员对测评对象的实际数据进行统计确认得出所需结果的指标类型。统计确认型指标通过对客观的现实进行数理统计即可得到结果，因此，指标是客观的。

② 专家评定型。通过组织专家测评小组，进行问卷调查打分，综合统计获

得所需结果的指标类型。专家评定型指标需要设计专家评定表作为测评工具之一，并且需要相应的组织程序和一定专家数量的主观测评结果（表）进行统计后获得相应指标的结果。

③ 抽样问卷型。通过对抽样员工提出问题测试，运用数学分析模型求得测评所需结果的指标类型。员工抽样评定型指标需要设计员工测评表作为测评工具之二，并要求通过培训和相应的组织程序，以及一定量的、具有各层次员工代表面的员工数量样本抽样，对主观测评结果（表）进行统计后获得相应指标的结果。

（2）测量指标的体系及权重

在确定的设计原则和设计思路的基础上，按照安全文化学的形态体系，设计出 82 个三级指标。

考虑各指标在整个指标体系中的重要程度，对指标设计三个等级的权重，即重要指标得 2 分，比较重要的指标得 1.5 分，一般指标得 1 分。企业安全文化测评指标体系如表 7-5 所示。

表 7-5　企业安全文化测评指标体系表

一级指标	二级指标	三级指标	指标属性	分值
A 安全观念文化	A.1 安全承诺与态度	A.1.1 公司安全志愿与发展前景	专家评定型	1.5
		A.1.2 公司安全使命和任务	抽样问卷型	1.5
		A.1.3 公司安全发展目标	专家评定型	1.5
		……		
	A.2 安全理念与意识	A.2.1 公司安全理念	专家评定型	1.5
		A.2.2 领导者安全情感	抽样问卷型	1.5
		A.2.3 领导者与管理者安全科学观念	抽样问卷型	1.0
		……		
B 安全行为文化	B.1 安全能力与素养	B.1.1 领导者安全生产法规政策知识水平	专家评定型	1.0
		B.1.2 管理者安全法规标准知识水平	专家评定型	1.5
		B.1.3 安全专管队伍专业能力及素质	统计确认型	2.0
		B.1.4 执行者安全生产规章制度掌握程度	专家评定型	1.5
		B.1.5 执行者安全生产知识水平	专家评定型	1.0
	B.2 安全行为导向与规范	B.2.1 领导者与管理者安全职责	专家评定型	1.0
		B.2.2 安全专管人员安全职责	专家评定型	2.0
		B.2.3 员工岗位安全职责	抽样问卷型	1.5
		B.2.4 安全生产监督机构设立与作用发挥	专家评定型	1.0
		……		
	B.3 安全行为激励	B.3.1 员工安全行为与事故报告主动性	抽样问卷型	1.5
		B.3.2 员工参与安全活动的积极性	专家评定型	1.0
		B.3.3 安全生产先进典型引领作用	专家评定型	1.0
		……		

续表

一级指标	二级指标	三级指标	指标属性	分值
C 安全管理文化	C.1 安全信息沟通与交流	C.1.1 领导者与管理者安全信息交流	抽样问卷型	1.0
		C.1.2 管理者与执行者安全信息沟通	抽样问卷型	2.0
		C.1.3 公司内部安全信息交流与开放	抽样问卷型	1.0
		……		
	C.2 安全培训与学习	C.2.1 公司学习型组织的建设	抽样问卷型	1.5
		C.2.2 领导者安全培训考试成绩	统计确认型	1.0
		C.2.3 管理者安全培训考试成绩	统计确认型	1.0
		C.2.4 员工安全培训考试成绩	统计确认型	1.0
		……		
	C.3 安全事务参与和管理	C.3.1 员工事故隐患和“三违”报告机制	专家评定型	1.5
		C.3.2 员工和班组安全自查、自评活动	抽样问卷型	1.0
		C.3.3 安全监管全员参与度	统计确认型	1.0
		C.3.4 安全文化与监督的家庭参与度	统计确认型	1.0
		……		
	C.4 安全生产科学管理	C.4.1 安全专职人员配备率	统计确认型	1.0
		C.4.2 工伤保险参保率	统计确认型	1.0
		C.4.3 消防管理制度建立与效能	专家评定型	1.0
		C.4.4 交通管理制度建立与效能	专家评定型	1.0
		C.4.5 特种设备安全管理制度建立与效能	专家评定型	1.0
		C.4.6 HSE 管理体系持续改进效果	专家评定型	2.0
		C.4.7 安全生产现状评价工作实施与效果	专家评定型	1.0
D 安全文化建设与审计	D.1 安全文化建设组织实施	D.1.1 安全文化建设规划的制订与落实	专家评定型	1.5
		D.1.2 公司安全文化活动的频度	统计确认型	1.0
		D.1.3 安全文化活动的多样性与生动性	抽样问卷型	1.0
	D.2 安全文化推进	D.2.1 安全文化测评制度的建立	专家评定型	1.5
		D.2.2 安全文化的创新与改进	专家评定型	1.5
		D.2.3 安全文化建设奖励机制与效果	专家评定型	1.0
		D.2.4 安全生产先进性表现	统计确认型	1.0
	D.3 安全环境文化建设	D.3.1 现场安全目视系统设计	专家评定型	1.0
		D.3.2 厂区与现场安全文化氛围	专家评定型	1.0
		D.3.3 安全生产信息平台建设与作用	专家评定型	1.5

7.4.2 企业安全文化测量方法

(1) 测量指标的分析数学模型

① 专家评定型指标的数学模型。单个指标平均分的计算公式如下：

$$\overline{X}=\frac{3N_1+2N_2+N_3}{N_1+N_2+N_3+N_4}$$

其中，N_1、N_2、N_3、N_4分别为将指标评为A、B、C、D的专家数。为A的指标得3分，为B的指标得2分，为C的指标得1分，为D的指标得0分。

② 抽样问卷型指标数学模型。抽样问卷型指标共有25个，见表7-6。抽样问卷型指标具体判定值的计算模型如表7-6所示。

表7-6 抽样问卷型指标数学模型

指标	指标名称	分析题号	判定值计算模型	判定标准	
A.1.2	企业安全使命和任务	2,8,36	$X=\left(\sum_{i=1}^{3}\sum_{k=1}^{N}x_k^i\right)/(3N)$	$X\geqslant4.5$	A
				$4.5>X\geqslant3.5$	B
				$3.5>X\geqslant2.5$	C
				$2.5>X$	D
A.1.4	全员安全价值观	2,13,21,24	$X=\left(\sum_{i=1}^{4}\sum_{k=1}^{N}x_k^i\right)/(4N)$	$X\geqslant4.5$	A
				$4.5>X\geqslant3.5$	B
				$3.5>X\geqslant2.5$	C
				$2.5>X$	D
…	…	…	…	…	…

其中，x_k^i为第k个人对第i题所打分数；i为对应题号数目；N为总人数；若与一个指标对应的问题数为M，则判定值的计算通式为$X=\left(\sum_{i=1}^{M}\sum_{k=1}^{N}x_k^i\right)/(MN)$。

评定结果的分级：A为优秀（总结经验，保持）；B为良好（注意，需努力与提升）；C为中等（警告，需改善与加强）；D为较差（警醒，须反思与整改）。

③ 综合测评结果数学模型

二级指标的总得分：$X_2=100\times\dfrac{\sum_{i=1}^{n_2}x_ik_i}{3\sum_{i=1}^{n_2}k_i}$

一级指标的总得分：$X_1=100\times\dfrac{\sum_{i=1}^{n_1}x_ik_i}{3\sum_{i=1}^{n_1}k_i}$

全部指标的总得分为：$X=\sum_{i=1}^{82}\dfrac{k_i}{3}X_i$

式中，k_i为该指标的权重分值；X_i为第i个指标的得分；n_1为一级指标中所含的三级指标个数；n_2为二级指标所含的三级指标个数。

(2) 测评工具的开发

企业安全文化测评体系根据指标的属性共设计三个测评工具，即统计确认型指标测评分级标准表、专家评定型指标专家调查表和抽样问卷型指标员工问卷表。

① 统计确认型指标测量工具。安全管理人员根据统计确认型指标测评分级标准对测评对象的实际数据进行评分，具体测评分级标准表如表 7-7 所示。

表 7-7 统计确认型指标测评分级标准表

评定年度： 评定时间： 年 月 日

评定人：安全管理人员

指标编号	三级指标	评分标准	得分
B. 1. 3	安全专管队伍专业能力及素质	A 注册安全工程师或安全专业大专以上学历人员配备率 30‰以上	
		B 注册安全工程师或安全专业大专以上学历人员配备率 15‰～30‰	
		C 注册安全工程师或安全专业大专以上学历人员配备率 5‰～15‰	
		D 注册安全工程师或安全专业大专以上学历人员配备率小于 5‰	
C. 2. 2	领导者安全培训考试成绩	A 平均考试成绩为 90 分以上	
		B 平均考试成绩为 80～90 分	
		C 平均考试成绩为 70～80 分	
		D 平均考试成绩为 70 分以下	
…	……	……	

② 专家评定型指标测量工具。专家组利用专家评定型指标专家调查表给各项指标打分，经过数学处理后得到各项指标的分值，具体的专家评定型指标专家调查表如表 7-8 所示。

表 7-8 专家评定型指标专家调查表

评定年度： 评定时间： 年 月 日

评定人：公司领导□；部门管理人员□；安全管理人员□

指标	测 评 指 标	评 定 项 目 及 要 求	得分
A. 1. 1	公司安全志愿与发展前景	1. 公司明确了未来若干年的安全生产志愿 2. 公司制订了中长期安全发展前景	
A. 1. 3	公司安全发展目标	1. 公司编制了安全生产和安全文化发展规划 2. 公司明确了未来安全生产发展目标 3. 公司明确了未来安全文化发展目标	
…	……	……	

③ 抽样问卷型指标测评工具。抽样问卷型指标用抽样调查的方式进行测试，将测试问卷进行数学处理后得到相关指标分值。问卷表共设计了 38 个问题，具体的问题模式如表 7-9 所示。

表 7-9　抽样问卷型指标员工问卷表

被测单位：　　　　　　　　　　　　　　　　　　测评年度：　　年

填表人：决策层□；管理层□；基层员工□　　　　填表时间：　　年　　月　　日

题号	回答问题	答案
1	你对公司组织的各种安全会议和安全活动有效性的看法？ A. 非常有效　B. 多数有效　C. 少数有效　D. 基本无效	
…	……	
38	公司对安全规范和制度存在问题纠正的及时性及有效性？ A. 非常及时和有效　B. 及时和基本有效　C. 及时但效果差　D. 不及时	

(3) 测量结果的分级

利用测评系统对参评企业的安全文化进行测评，其得分的高低直接反映参评企业测评年度安全文化的现实水平。根据得分将测评结果分为优秀（＞90 分）、良好（75～90 分）、中等（60～75 分）、较差（45～60 分）和很差（＜45 分）五个等级。对于每一个等级都有相应的文字描述，如表 7-10 所示。

表 7-10　安全文化测评结果分级表

等级	得分	等级分析描述
优秀 五星 卓越优势型	＞90	总体分析结论：安全文化整体优秀，需要保持和坚守 具体分析结论：领导和管理层安全承诺明确与合理，全员安全态度端正；安全理念先进而系统，全员安全意识强；员工安全能力与素养优秀；组织的安全行为导向正确与明晰，行为规范实绩好；安全行为激励的方法得当和成功；公司内外安全信息沟通与交流通畅与充分，并有实效；组织的安全培训与学习方式多样化和效果佳；员工安全事务参与度高、活动管理的效能好；安全文化建设的组织方式丰富和多样化，员工主动积极参与性高；安全文化推进工作全面、系统、有成效；安全环境文化建设方式生动、引导性好
……	…	……

7.4.3　企业安全文化测量的实施

(1) 测评实施步骤

第一阶段：准备阶段；第二阶段：实施阶段；第三阶段：分析阶段；第四阶段：总结阶段；第五阶段：改进阶段。

(2) 测评相关人员要求

为了使企业文化测评工作顺利进行，在实施测评前要组建工作小组、专家组以及抽样问卷人员。对于各部分成员的职责与要求如下所述。

① 工作小组。开展测评工作前，工作小组要协助测评专家组做好材料准备、数据统计等工作，特别是统计确认型指标的数据收集工作；测评过程中根据进度情况调整任务分工，及时研究汇总评价情况；整理测评专家组提出须整改的问题和建议；填写测评记录，撰写测评小结。

② 专家组。专家组人员配置一般为 5～20 人，设组长 1～2 人。成员组成有两种方案：一是由企业负责人或分管领导、安全专管人员、人事、工会、宣传等处室管理人员组成，测评单位要考虑回避制；二是由机关各部门代表三分之一、

中层干部代表三分之一、被测评单位代表三分之一组成。

③ 抽样问卷人员。抽样问卷人员的数量一般为测评单位总员工数的5%～10%，当测评单位员工数在小于500人时，抽样员工数量可大于总员工数×10%，且大于20人。选择抽样人员时要具有代表面，要按随机原则确定样本人员；抽样人员的比例分配为决策层：管理层：执行层=1：4：15。

(3) 测评报告编写系统

对于测评结果的输出，采用测评报告的形式。报告的编写主要包括以下五个方面：测评工作的目的及意义；测评工作的要求及标准；测评工作组织程序及实施过程；测评结果及分析；改进指标及改进方案。

7.4.4 企业安全文化测量实例

应用“企业安全文化测评系统（ESCAS-P）”对某石化公司进行模拟测评，可获得如下测量报告。

(1) 综合测评结论

单位名称：某石化公司；测评年度：20＊＊（年）；专家打分样本：15（份）；员工抽样问卷：174（份）；A（优）项个数：24；B（良）项个数：57；C（中）项个数：1；D（差）项个数：0；未参与指标个数：0；总成绩：76（分）；业绩等级：良好-四星-持续发展型；测评等级描述：公司领导和管理层安全承诺明确，全员安全态度端正；安全理念比较先进，全员安全意识较强；员工安全能力与素养良好；组织的安全行为导向正确与明晰，行为规范实绩良好；安全行为激励的方法得当和具有一定成效；公司内外安全信息沟通与交流通畅与良好，并有一定实效；组织的安全培训与学习方式多样化和效果良好；员工安全事务参与度较高、活动管理的效能良好；安全文化建设的组织方式多样化，员工主动积极参与性较高；安全文化推进工作较为全面、系统，具有一定成效；安全环境文化建设方式生动、引导性良好。

总体结论：公司安全文化整体良好，需要推进和持续改进。

(2) 安全文化测评指标综合等级统计

① 指标等级统计。对2012年度某石化公司安全文化的4个层面、12个维度和82个指标的全面测评，其各指标测评的等级统计结果如表7-11所示。

表7-11 某石化公司年度安全文化各指标等级统计表

指标等级 / 一级指标	优		良		中		差	
	个数	比例/%	个数	比例/%	个数	比例/%	个数	比例/%
安全观念文化	3	25.00	9	75.00	0	0.00	0	0.00
安全行为文化	3	15.00	17	85.00	0	0.00	0	0.00
安全管理文化	15	41.67	21	58.33	0	0.00	0	0.00
安全文化建设	3	21.43	10	71.43	1	7.14	0	0.00
合计	24	29.27	57	69.51	1	1.22	0	0.00

② 指标等级比例分布图。对年度某石化公司安全文化等级的统计分析，可得到比例分布图。

③ 二级指标维度雷达图。对年度某石化公司安全文化 12 个维度统计分析，得到图 7-5 的雷达图。

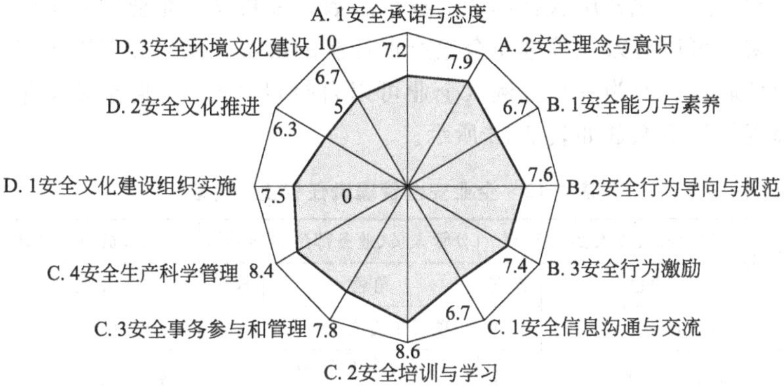

图 7-5　测评二级指标维度雷达图

7.5　企业管理部门及岗位人员责任权重定量管理

7.5.1　安全责任权重定量化研究

责任制是企业实现本质安全的最基本制度，我国安全生产推行“党政同责、一岗双责、失职追责”的安全责任制度，遵循“管行业必须管安全”“管业务必须管安全”“管生产经营必须管安全”“谁主管，谁负责”“谁审批，谁负责”等基本原则。应用责任权重的概念及方法，对定性的安全责任（职责）转变为可测量的权重（用系数或比例的方式），其意义在于：一是系统地识别企业各层级管理部门和管理人员的安全管理职责范围，全面分析考虑其中每一个工作环节，用细致、明确的规范文件确定所有管理者的安全管理权重系数，并由相关部门加以全程监督和指导，以保证各项安全管理工作按照有关要求得到落实；二是在安排具体安全管理工作时，注重分析判断相关部门和工作人员的工作职责，合理配置人力资源，明确各项活动的职责和权限，做到职责合理化、效力最大化、考核科学化；三是对企业各职能部门和岗位人员的重要程度作出量化表述，使各部门之间和岗位人员之间的协作关系更为明确，对加强分工协作，构建完整、严密的安全责任体系发挥重要作用；四是把安全管理责任权重体系与奖惩机制及目标管理紧密结合起来，实行安全绩效与生产绩效整体的捆绑式考核机制，把考核工作具体到各层管理者的每一项工作过程环节中去，使不同层次管理部门和管理人员在奖惩权重上合理地区别，以此激发安全责任体系中的每一个角色和人员在其安全管理工作中的积极性和创造性。

7.5.2 企业管理层级和管理角色权重矩阵应用

在贯彻和落实安全生产责任制的过程中，不同层次管理者承担各自不同安全管理责任。因此，各层次管理者在安全生产管理责任体系中所发挥的作用和权重也各不相同。定量化各层次管理者的权重系数，并将其与企业的安全生产奖惩制度结合起来，可以有效地推进安全生产责任制的落实，激励和促进各层管理者履行安全管理职责。作为一个范例（企业可以自行设计），企业各层次管理者安全生产管理责任权重系数如表 7-12 所示。

表 7-12 企业安全管理责任权重矩阵表

类型系数 层次(比例)		领导或负责人 2(20%)		分管人员(业务部门)4(40%)		专职人员(安全部门)4(40%)	
		角色	权重	角色	权重	角色	权重
4	40%	班组长	0.08	项目负责人	0.16	班组兼职安全员	0.16
3	30%	车间主任或区队长	0.06	车间业务分管或值班经理	0.12	车间专职安全员	0.12
2	20%	分公司或分厂负责人	0.04	分公司或分厂副职或分管领导	0.08	安全部门负责人或主管	0.08
1	10%	总公司、总厂负责人	0.02	分管领导或部门负责人	0.04	安全副总或安全总监	0.04

安全管理权重系数有如下应用方式。

① 应用于安全奖励。将定量化的安全生产管理责任权重与物质或经济奖励相结合，如表 7-12 所示，根据不同的权重系数，对奖励进行分配，若总奖金为 100 万元，按照不同管理层的权重系数，则领导层、分管层、专职层的奖金额度按照 2∶4∶4 的比例分配。领导层中的班组长、车间主任（区队长）、分公司（分厂）负责人、总公司（总厂）负责人的奖金额度按照 4∶3∶2∶1 的比例再分配，其他层次的分配比例由此类推。

② 应用于责任追究的经济处罚。当企业发生一般事故，按照生产安全事故罚款处罚规定，企业负责人将受到上年度 30% 的工资收入的处罚，分管副职及专管副职人员则应用 1∶2∶2 权重结构计算，即分管及专管领导的处罚应是上年度工资的 60%。企业发生事故的处罚，参考不同层次管理者的安全生产管理责任权重，在对各级、各类管理责任人员处罚时，以处罚总量（标准量）或个人年收入的比例计算，即在领导层中，班组长的处罚比例为 8%，车间主任（区队长）的处罚比例为 6%，分公司（分厂）负责人的处罚比例为 4%，总公司（总厂）负责人的处罚比例为 2%；在分管层中，项目负责人的处罚比例为 16%，车间业务分管（值班经理）的处罚比例为 12%，分公司（分厂）副职的处罚比例为 8%，分管领导（部门负责人）的处罚比例为 4%；在专职层中，班组兼职安全员的处罚比例为 16%，车间专职安全员的处罚比例为 12%，安全部门负责人（主管）的处罚比例为 8%，安全副总（安全总监）的处罚比例为 4%。

7.5.3 企业管理部门及管理岗位安全责任权重研究

(1) 企业安全生产权重体系设计

根据企业体制和层次结构，设计安全生产责任权重体系。如图 7-6 是某建工集团企业安全生产责任权重体系，由 3 个维度构成。

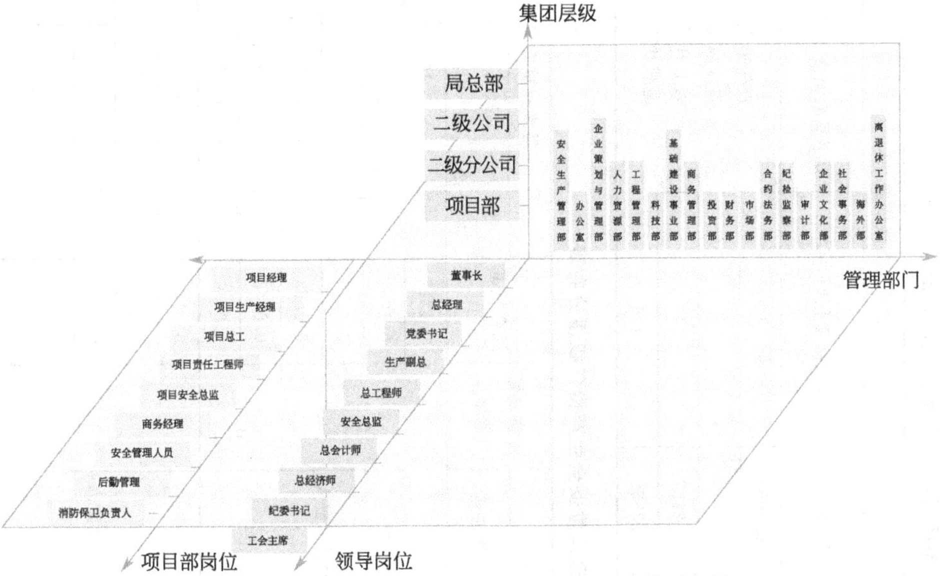

图 7-6 某建工集团企业安全生产责任权重体系架构

① 管理层级：分为局总部、二级公司、二级分公司、项目部四层；

② 管理部门：十余个管理部门；

③ 管理岗位：十余个重要管理岗位或人员。

(2) 管理层级、部门、岗位的安全生产责任权重分布研究

应用抽样问卷调查的方法，可得到某企业（集团、公司）的管理层级、管理岗位和管理部门的安全生产责任权重分布，分别见表 7-13～表 7-15。

(3) 安全生产责任权重体系的应用

① 日常考核。明确安全生产责任绩效考核在部门及岗位绩效考核中的占比，该比值应以部门（岗位）权重为依据，经安全管理部门协同企业策划与管理部门、人力资源部门共同确定。

② 奖励。依据企业安全责任追究和安全生产奖励制度，根据权重设计奖励标准。奖励分配包括精确分配及模糊分配，应根据实际情况选择。精确分配即按照各（部门）岗位的权重数值进行奖励分配，模糊分配即按照强相关、一般相关、弱相关三类部门（岗位）的模糊权重衍生出的归一化权重进行奖励分配。

③ 责任追究。与奖励办法一致，一旦发生事故，处罚标准按照权重系统设计。

表 7-13　某建工企业 4 层级安全生产责任权重分布表

编号	岗位名称	调查问卷数学分析依据					制度及实践依据		最终权重（归整化）/%
		问卷			专家问卷	组合权重	企业层级责任归一结果	历年事故调查及宣判情况	
		二级公司	二级分公司	项目部					
1	局总部	0.2128	0.1763	0.3234	0.1094	0.1662	1	责任追究强度随层级上升呈递减状态	15
2	二级公司	0.2388	0.2225	0.2745	0.2031	0.2215	1		20
3	二级分公司	0.2647	0.2746	0.2255	0.2969	0.2787	1		25
4	项目部	0.2837	0.3266	0.1766	0.3906	0.3336	1.5		40

表 7-14　某建工企业管理岗位安全生产责任权重分布表

编号	岗位名称	调查问卷层次分析依据			制度依据		头脑风暴依据	综合权重	最终权重方案选择			岗位分级
		三局权重	内部权重	组合权重	企业文件	法律法规			（一）归一法	（二）平均法	（三）平均极差法	
1	董事长	0.1458	0.1130	0.1277	2	主要负责人	0.2	0.1317	1	0.15	0.15	强相关
2	总经理	0.1340	0.1130	0.1224	2			0.1299		0.15	0.15	强相关
3	生产副总	0.1934	0.2169	0.2064	2			0.1579		0.15	0.15	强相关
4	安全总监	0.2226	0.2974	0.2639	1～1.5			0.1593		0.15	0.15	强相关
5	总工程师	0.1234	0.1130	0.1177	1		0.15	0.0942	0.7	0.08	0.10	一般相关
6	党委书记	0.0663	0.0474	0.0559	1			0.0736		0.08	0.10	一般相关
7	总会计师	0.0385	0.0219	0.0293	1	其他负责人	0.1	0.0543	0.5	0.5	0.5	弱相关
8	总经济师	0.0299	0.0219	0.0255	1			0.0531		0.5	0.5	弱相关
9	工会主席	0.0255	0.0386	0.0327	1			0.0555		0.5	0.5	弱相关
10	纪委书记	0.0205	0.0171	0.0186	1			0.0508		0.5	0.5	弱相关
11	其他岗位				0.6～1			0.0457		0.5	0.5	弱相关

表 7-15　某建工企业管理部门安全生产责任权重分布表

编号	岗位名称	调查问卷层次分析依据			头脑风暴依据	综合权重	最终权重方案选择			岗位分级
		三局权重	内部权重	组合权重			(一)归一法	(二)平均法	(三)平均极差法	
1	安全生产管理部	0.1641	0.1321	0.1728	0.2	0.1256	1	0.11	0.10	强相关
2	工程管理部	0.1465	0.1997	0.1483		0.1134		0.11	0.10	强相关
3	科技部(技术中心)	0.1243	0.0942	0.1094		0.0939		0.11	0.10	强相关
4	基础建设事业部	0.0794	0.1153	0.0972		0.0878		0.11	0.10	强相关
5	企业文化部(党委宣传部)	0.0656	0.0553	0.0605	0.15	0.0597	0.7	0.05	0.06	一般相关
6	企业策划与管理部(信息化管理部)	0.0584	0.0285	0.0466		0.0527		0.05	0.06	一般相关
7	人力资源部(党委组织部)	0.0533	0.0194	0.0449		0.0519		0.05	0.06	一般相关
8	商务管理部	0.0426	0.0148	0.0436		0.0512		0.05	0.06	一般相关
9	海外部	0.0350	0.0304	0.0365		0.0477		0.05	0.06	一般相关
10	社会事务部(工会工作部、团委)	0.0350	0.0304	0.0327		0.0458		0.05	0.06	一般相关
11	财务部	0.0300	0.0148	0.0327		0.0458		0.05	0.06	一般相关
12	办公室(党委办公室)	0.0256	0.0234	0.0291	0.1	0.0342	0.5	0.03	0.02	弱相关
13	合约法务部	0.0256	0.0681	0.0288		0.0340		0.03	0.02	弱相关
14	纪检监察部	0.0222	0.0681	0.0245		0.0319		0.03	0.02	弱相关
15	审计部	0.0194	0.0148	0.0225		0.0309		0.03	0.02	弱相关
16	市场部	0.0194	0.0390	0.0171		0.0282		0.03	0.02	弱相关
17	投资部	0.0169	0.0110	0.0147		0.0270		0.03	0.02	弱相关
18	离退休工作办公室	0.0147	0.0148	0.0140		0.0266		0.03	0.02	弱相关

第8章 本质安全型企业创建实践范例

8.1 本质安全型企业创建模式及实施

本节以国家电网某公司为例，其本质安全型企业的创建模式如图 8-1 所示。

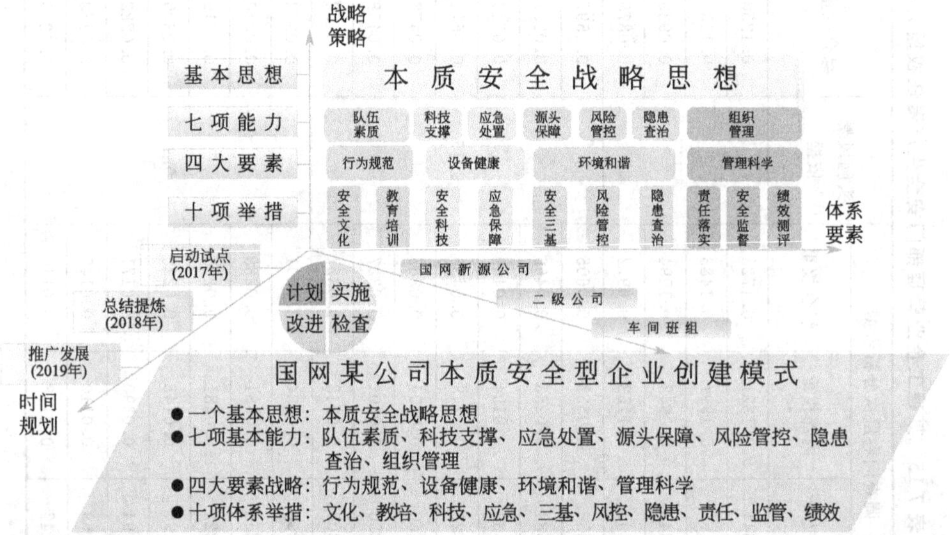

图 8-1　国家电网某公司本质安全型企业创建模式

本质安全型企业的创建模式内涵：一是实施“人本战略——文化兴安”，强化从业人员行为规范；二是推进“物本战略——科技强安”，实现生产设备健康状态；三是运行“环本战略——环保创安”，达到环境和谐；四是推行“管本战略——管理固安”，做到科学管理。

- “人本”实施两大体系工程：安全文化体系培塑工程、安全教培体系优化工程；
- “物本”实施两大体系工程：安全科技体系开发工程、事故隐患查治体系建设工程；
- “环本”实施三大体系工程：安全“三基”体系创建工程、安全绩效体系运行工程；事故应急体系提升工程；

●“管本”实施三大体系工程：安全风险管控体系深化工程、安全责任体系强化工程、安全监管体系完善工程。

8.1.1 树立“本质安全战略”思想

国家电网某公司本质安全型企业创建模式的基本思想是“本质安全战略思想”。为全面提升国家电网某公司安全生产保障水平，解决当前电力产业安全生产工作中存在的突出问题，构筑长远发展的安全基础和长效机制，创建与世界一流能源企业目标相辉映、具有国家电网某公司特色的安全生产保障体系，基于“本质安全战略”思想，结合国网公司提出的全面推进本质安全建设的“七项基本能力”，设计“以文化引领”为思路，按照“行为规范、设备健康、环境和谐、管理科学”全面提升的本质安全型企业建设模式，规划“安全文化、安全教培、安全信息、事故应急、安全三基、隐患查治、风险管控、绩效测评、安全责任、安全制度”等十项体系提升和优化举措。

8.1.2 构建“四大关键战略”

国家电网某公司本质安全型企业创建模式包括“行为规范、设备健康、环境和谐、管理科学”四大战略策略。

一是实施“行为规范策略”，推进安全文化培塑工程，实施安全教培优化工程；

二是实施“设备健康策略”，强化安全科技信息工程，完善事故应急保障工程；

三是实施“环境和谐策略”，夯实安全“三基”体系基础工程，创新风险管控深化工程，完善事故隐患查治建设工程。

四是实施“管理科学策略”，落实安全责任强化工程，促进安全监管完备工程，深化安全生产绩效科学评价工程。

最后，以“安全发展、持续提升”为目标，建立“闭环管理”模式，完善安全生产长效机制，夯实稳定发展基础。

8.1.3 规划“十大体系”建设工程

依据上述“本安战略”思想和“四大关键策略”，提出如下十项本质安全化工程体系。

(1) 推进安全文化体系建设，提升全员安全素质与能力

工作目标：以“本质安全战略”思想为引导，创建“党政统一领导、齐抓共管；部门分工协作、形成合力；公司全体职工广泛参与、积极实践”的安全文化建设格局。以打造国家电网某公司安全文化“四个一”工程为主线，通过构建形式多样、高密度、多角度的安全文化建设体系，着力强化员工安全意识，创新安全生产价值观念，积极营造持久的安全人文环境，形成具有行业领先水平的本质安全型企业模式。

重点工作：以习近平总书记“要牢固树立安全发展理念，坚持人民利益至上，始终把安全生产放在首要位置，切实维护人民群众生命财产安全”指示精神为核心，坚持“安全第一、预防为主、综合治理”方针，树立文化引领的安全理念共识，构建安全文化理念体系；加速安全文化落地，创新安全文化建设模式；落实安全行为文化，提升员工总体安全素质；发扬安全管理文化，促进安全制度文化建设；强化安全物态文化创新，丰富安全文化建设载体。从根本上提升全体员工“三种意识”，即以人为本、安全发展的红线意识；敢于担当、迎难而上的责任意识；如履薄冰、如临深渊的忧患意识。营造人人讲安全、人人会安全、人人享安全的安全文化氛围，建设国家电网某公司本质安全型企业模式。

具体措施：

① 编写公司全员安全文化手册。编制具有企业针对性和行业特色的《公司企业安全理念文化宣传手册》，使其成为展示某公司安全文化的纲领性文件，作为宣传企业安全理念、安全价值观、安全行为准则的指导性文件。

② 编制安全文化发展规划。根据公司现状，有针对性地制订企业安全文化建设发展规划，结合《国家电网某公司本质安全型企业创建实施规划》等，提出企业安全文化深度推进的发展目标，制订公司安全文化的发展规划。

③ 开发公司各层级安全文化载体。运用专题培训、背诵默写、新旧观念大辩论等多种手段，围绕“安全某公司”主题，对全体员工进行安全理念的宣贯、认同和固化，全面提升员工的安全生产意识，解决“我要安全”的思想意识问题。开展安全文化示范团队创建活动。

④ 建立公司安全文化测评体系。针对某公司安全文化的现状，设计实用的安全文化测评方法，构建针对公司本部、二级公司、部门、班组“四级联动”评估体系，推行定期的安全文化年度评估机制，以全面提升企业安全文化的持续改进。

(2) 优化安全教培体系，提升全员安全知识与行为规范水平

工作目标：强化教育培训，全面提升全员安全思想与行为能力。健全完善安全培训体系，做好顶层设计并有针对性地开展安全培训。提高全员安全素质、安全技能，规范安全行为，形成良好安全思维习惯和安全行为习惯，实现“我会安全”。构建安全培训网络平台，扩大员工培训覆盖面，提升安全培训工作的效率、质量和水平。

重点工作：健全完善“分级分类、全员参与”的安全培训体系，做好安全培训的顶层设计。针对决策层、管理层、操作层的职责和角色，设计不同的培训计划、培训内容、培训形式和考核标准，提高培训的质量和效果，促进全体员工对安全理念、安全制度、安全规程、安全标准的广泛认同，提高全员安全素质、安全技能。规范安全行为，加强员工行为安全管理、促进企业安全文化建设，严格控制人的不安全行为，强化现场监管，形成决策层带头敬畏安全、管理层主动投身安全、操作层自觉守护安全的良好安全思维习惯和安全行为习惯。全体员工做到安全诚信、知行合一。深化安全生产教育培训体制、机制、法制建设，进一步明确相关部门、企业和培训机构职责，全面落实安全生产教育培训责任。

具体措施：

① 调研、诊断公司安全培训状况。一是调研各级人员对于安全培训的需求(包括安全技能、安全知识、培训方式、培训课程等)；二是调研各单位安全培训开展情况（包括机构设置、人员配置、管理流程、经费保障、课程安排、师资力量、效果评估、绩效考核等)；三是调研总公司下属各二级单位内教育培训先进资源，通过科学整合形成符合各产业实际需求的教培基础资源。

② 做好公司各层级安全教育培训顶层设计。根据调研与诊断情况，做好安全培训顶层设计。修订完善《公司安全教育培训管理手册》和《工程建设安全教育培训管理标准》，完善制订生产和基建产业各级人员岗位安全知识和安全技能应知应会标准、培训计划，明确考核标准、考核周期、考核形式等，按照“分级分类、全员参与”原则，通过集中培训、干部员工双向培训、实操培训等方式全面落实培训计划。

③ 启动“安全内训师培养工程”。每个二级单位选拔 1～2 名优秀员工作为内部安全培训师，通过对他们的培养训练，形成覆盖本部全公司的安全培训师团队。加强安全培训师队伍的构建，促进各级单位安全教育培训工作的有效开展。

④ 建立健全网络安全培训平台。学习借鉴先进网络培训平台建设经验，整合系统内相关单位安全培训信息资源，构建集计划安排、课程设置、在线培训与考试、效果评估等功能为一体的“公司安全培训网络平台”，在公司内进行推广实施。借助信息化手段，扩大员工培训覆盖面，提升安全培训工作的效率、质量和水平。

(3) 开发安全科技体系，提升安全控管信息化、数字化水平

工作目标：实现公司的安全信息化水平全面提升，建成各产业板块基层企业的设备设施监管物联网信息化平台，实现安全数据的支撑和共享，为安全管理提供先进、及时、准确的信息保障，实现安全生产管控能力和效率的全面提升。

重点工作：全面贯彻“科技强安”战略，加强安全管理信息化的顶层设计，逐步构建覆盖全公司的安全管理信息网络，形成全方位、全过程、可追溯的安全信息管理平台，实现对各层级各业务板块安全生产信息的高度集成、快速处理、动态查询和准确分析，辅助各级安全管理机构履行职责，提高安全管理的准确性和时效性，实现安全管控能力和效率的提升。

具体措施：

① 做好基于物联网和大数据的顶层设计。对总公司及各基层单位安全信息

管理需求进行调研，开展安全管理信息平台的顶层优化设计工作，积极采用物联网和大数据技术，整合完善平台应具有的风险预控、安全培训、自动监测、远程控制、在线分析等功能，提升设备安全管理的信息化水平。

② 建设健全四级安全信息管理平台。健全包括总公司、二级公司、部门、班组四个层面的安全信息共享、互动平台，做到数据结构统一、管理权限各异，打通全公司安全信息共享渠道，提升安全管理的效率和水平。在此基础上，集成安全基础信息、安全决策、安全培训、安全考核、风险预控、体系建设、应急管理等方面的安全管理软件，不断完善安全信息管理平台的建设和运行。

③ 推动互联网+安全管理。调动全体员工充分利用"互联网+安全管理"的安全思维，加强安全信息的采集、分析、利用，应用手机报、微信等移动互联新媒体技术加强信息的公开、公示，形成全方位、全过程的安全信息闭环管理体系。开展安全信息管理平台应用的推广，实现安全管理工作与信息化的深度结合。

④ 编制《公司安全管理信息化标准》。以安全生产信息化对标准规范的需求为基础，按照"统一指标体系、统一文件格式、统一分类编码、统一信息交换格式"的原则，先行编制公司安全管理信息化标准，并作为推动安全管理信息化建设的指导性文件。综合考虑与四级联动信息平台的对接。在出台标准规范之前，要充分考虑后续扩展和兼容升级问题。

⑤ 促进安全管理物联网建设。利用物联网感知识别技术、网络通信技术、计算服务技术和管理支撑技术，实现设备与虚拟信息系统的融合，使设施运行状态虚拟化、数字化、网络化、智能化，形成智慧的物联网环境。通过物联网平台实时监控设备运转状态参数，实现隐患智能辨识和预警，提高基层企业安全生产水平。

(4) 增强事故应急体系，提升事故应对处置能力

工作目标：全面加强国家电网某公司应急管理工作，进一步完善应急管理工作体制、机制建设，不断提高预防和处置突发事件的能力和水平。

重点工作：加强事故灾难应急预案和应急管理体制、机制、法制建设，提高监测预警、风险控制、救援队伍和应急保障水平。建立覆盖所有行业领域和所有生产经营单位的应急预案体系，加强基层应急管理工作。全方面地完善全市应急救援体制机制建设、应急预案编修与应急演练、应急救援队伍建设等，同时，推进应急救援训练基地的建设与应急救援装备产业化发展。

具体措施：

① 建设应急救援指挥平台。完善应急救援体制机制建设，建设集动态监管、监测预警、应急培训与演练、应急救援指挥四大功能于一体的应急管理信息平台，并利用平台定期或不定期开展应急救援知识培训和演练。

② 编修应急预案和应急演练。进一步对照相关法规进行应急预案编制、修

订、评审、备案的规范化管理工作，健全应急预案体系。强制定期开展应急演练，并根据演练情况及时对应急预案进行修订和完善，推动应急管理示范单位建设，积极寻求其他社会力量参与应急救援，提高应急演练效果。

③ 建立完善的应急救援队伍。成立由企业主要领导和分管领导为正副组长、相关部门主要负责人为成员的应急救援指挥队伍，并明确各部门在应急救援过程中的职责。充分整合公司各种资源，组建以安质部、运检部、基建部人员为基础的兼职应急救援队伍，并配备必要的应急救援装备，定期对队伍人员进行专业培训、训练，确保具备相关的专业技能，能够熟练使用抢险救援装备。

④ 建设抽水蓄能电站应急救援实训基地。坚持“经济、适用、高效”原则，高度关注和大力支持建设综合应急救援基地，实现应急演练常态化，提高事故应急处置能力。同时，可使应急救援基地建设产业化，承接各相关单位应急救援训练培训工作，逐步完成教学办公楼、综合体验馆、学员公寓、食堂、室内训练馆、器械训练区、模拟设施训练区、水电设备火灾事故训练区、停电事故处置训练平台、基建工程项目建筑倒塌事故处置训练区、公路交通事故处置训练区、水域救助训练区、心理训练区等设施的建设。

(5) 夯实安全三基体系，提升生产基本基础基层保障水平

工作目标：充分发挥安全科技的先导作用，通过开展电厂基础管理、基层建设、基本规范的“三基”系统工程，夯实作业与工艺、班组与岗位、设备与设施与人员行为“六要素”的安全保障根基，推进过程化管理和精细化管理，提升公司安全保障条件及能力，提高安全生产管理水平和减少事故的发生概率，实现安全生产持续、健康发展。

重点工作：全面梳理安全生产现状，从基本规范、基础管理和基层建设管理方法入手，通过“抓过程、抓管理、抓培训”，具体包括对人员行为规范和设备管理规范、作业过程和工艺过程管理、班组基层和岗位基层等方面进行深入剖析，找到亟待解决与提高的问题所在。结合企业安全生产“三基”建设的先进模式与方法，强化安全生产各方面基础保障能力。对于过程管理和精细化管理两大环节，广泛吸取国内外先进的企业安全管理经验，在承包工程方面，坚持“四个一样”原则，督促承包单位狠抓安全基础管理，推动承包单位自身建设；在设备设施、生产环境、工艺流程等精细化管理方面，密切结合生产实际，通过推广精细管理技术和全员参与，把精细化管理融入安全生产的每一流程、节点、岗位之中，实施精致细化管理，全面提升基础保障能力和本质安全水平。

具体措施：

① 提升基层班组安全管理水平。组织基层企业进一步强化现场管理，加大班组安全管理、规程执行力度。重点加强班组的制度建设，在班组内部建立严格的规章制度。具体包括班组建设的组织领导；积极发挥各级工会组织在全厂班组建设中的作用；完善班组考评办法，实现班组管理的标准化；加强培训工作，提

高班组长素质。

② 强化生产设备基础保障。提升设备设施、工艺流程、现场环境的本质化安全水平。进行设备可视化和全寿命周期管理等，具体包括开展设备设施管理台账建立完善工作，并按照技术规范和厂家要求，制订设备巡检技术要点，完善实时监测预警机制，及时维修或者更换不安全或不具备安全条件的设备，引进国内外新设备、新仪器，采用高性能设备，达到本质安全目的。

③ 营造人、机、环匹配的安全生产环境。组织基层企业继续按照标准化要求开展设备设施的安全隔离防护、工作环境定置管理（6S管理）和安全三区划分、安全警示信息可视化，将“精细化”渗透到现场安全管理的每一个环节、每一个因素，确保“人、机、环”和谐匹配。编制《公司安全设施配置标准》，全面推广，提升设备、环境的本质安全水平。

(6) 创建风险管控体系，提升安全管控科学水平与效能

工作目标：基于现代安全风险防控理论，以各产业板块基层企业的安全风险管控为重点，围绕设备（点）、作业（线）和岗位（面）构建安全风险防控体系，应用风险分级管控方法，细化分级管理措施，创新风险预警模式，建设“科学适用、管理匹配、高效便捷”的全面安全风险防控体系，提升班组、现场、作业岗位的风险管控能力，实现对基层企业安全风险的实时监测预报、适时预警预告、及时预防预控。

重点工作：围绕设备（点）、作业（线）和岗位（面），对人的不安全行为、物的不安全状态、环境的不安全因素和管理的不安全环节进行全方位的风险辨识与分析，制订有针对性、可操作强的预控措施，形成各专业、各岗位的风险预控动态管理数据库，为“两票三制”提供科学、全面的依据。重点做好工作票、操作票的风险预控工作，确保风险“零失控”，保障现场作业安全。结合隐患排查、反违章工作，培养各级人员的风险超前预防意识，鼓励全体员工自查、互查、自报隐患，做到关口前移，以“零违章、零隐患”保“零死亡、零事故”。强化安全生产的应急救援保障，健全应急管理组织机构、完善应急预案，做到责任明确、预案科学、针对性强，对各级应急预案的演练全覆盖，提升各级员工的应急处置能力。

具体措施：

① 完善安全风险管控制度办法。编制《公司事故风险辨识与评估管理办法》，在此基础上针对各行业特色，分别编制与完善生产和基建行业《安全生产事故隐患排查治理管理办法》，进一步实现公司安全生产风险管控的制度化、规范化、实用化。

② 开展风险管控技术基础建设。组织基层企业进一步完善基于岗位的风险预控数据库。在各行业，以专业、关键岗位、工艺流程、设备设施等为重点，组织专门队伍进行风险辨识，确认风险等级，制订防范措施，逐一录入岗位风险数

据库，将风险数据库与现场风险管控制度措施相关联，定期做好风险数据库的更新与维护，确保岗位风险“零失控”。

③ 全面落实作业风险管控措施。实施过程中采用“菜单式序列安全确认法”，即菜单式班前安全确认、菜单式交接班安全确认、菜单式危险源排查、菜单式安全节点确认等，从细节上保证安全确认的可靠性和真实性。强化过程管理和动态考核，促进设计、制造、安装、调试、生产等环节有针对性地开展风险管控，根除事故风险。

④ 研发风险管控关键支撑技术。开发完善适于公司对各基层企业监管需求的《公司安全生产风险预警信息系统》，对重点工程、重大危险源、关键设备设施、典型事故等重大风险因素实施动态风险预警监控，重点解决基建工程项目施工风险防控。

(7) 完善隐患查治体系，提升事故超前预防控制水平

工作目标：深入开展安全生产事故隐患排查治理体系的完善与优化，基于现代安全管理理论和方法并结合公司各专业板块的隐患查治工作现实，进行事故隐患分类、认定、分级、排查、报告、治理等方面的优化提升，同时，建立健全事故隐患排查治理常态机制，实现安全生产的源头治理、关口前移、标本兼治。从根本上消除生产过程的事故隐患，有效防止和减少各类事故，做到安全生产的超前预防和本质安全，提高基层企业安全生产保障水平。

重点工作：遵循科学性、合理性、合规性、实用性和有效性五项原则，依据国家安全生产相关法规和行业规范，制订符合核心产业特点的查治规范和标准，保证事故隐患排查治理切实有效；依据电力安全生产相关技术标准，科学辨识事故隐患，编制全面事故隐患排查基础清单（目录）；结合各类系统生产实际情况制订重大事故隐患认定标准；编制科学隐患查治工具，优化提升排查治理工作；明确划分行业的专业事故隐患类别，理清查治对象，科学认定事故隐患，构建动态隐患数据库，从而形成系统全面的企业事故隐患排查治理体系，并与安全风险分级管控有机结合、无缝对接，组成双重预防性体系，从根本上提升事故防范能力。

具体措施：

① 夯实事故隐患查治技术基础。修订《国家电网某公司生产设备设施隐患排查治理管理办法》；完善制订适于基层企业的《生产作业事故隐患查治认定基本规范（清单）》；完善制订《生产作业重大事故隐患认定标准》；开发适于生产和基建企业的事故隐患辨识分类分级方法；开发和设计《生产作业事故隐患查治报告及统计分析工具》等规范性文件。

② 创新事故隐患查治机制。组织专门队伍进行安全检查，确认事故隐患类型，制订事故防范措施，实施常态化事故隐患查治工作模式；推行事故隐患查治“从下到上”报告机制常态化；提升企业基层班组事故隐患查治能力，进而使

"人、机、环境"逐步达到最佳安全匹配，实现人机环境系统本质安全化。

③ 推进岗位创新助力隐患查治工作。事故隐患查治推进创新助安工作发展，鼓励和引导各级人员围绕本岗位进行隐患排查治理，通过事故隐患查治进行岗位创新，提升设备、设施、工艺的本质安全水平，积累安全创新成果，用岗位创新助力隐患查治工作的深入开展。

(8) 落实安全责任体系，提升全员安全责任意识

工作目标：扎实推进以"五落实五到位"为核心的安全生产责任体系建设，针对国家电网某公司管理体制，建立全面的安全生产三级管理责任体系，织密安全生产责任网络，细化安全生产责任权重，确保安全监督无死角、安全管理无盲区、隐患排查无遗漏，实现安全生产由"以治为主"向"以防为主"的转变，由"被动应付"向"主动监管"的转变，全面落实安全生产责任到位、安全投入到位、安全培训到位、安全管理到位、应急救援到位。

重点工作：坚持"安全第一，预防为主，综合治理"的方针。按照"党政同责、一岗双责、失职追责"和"管行业必须管安全""管业务必须管安全""管生产经营必须管安全"的要求，针对公司各层级、各部门、各班组人员构成进行划分，强化和完善决策者安全生产主体责任，健全和优化管理者安全生产主体责任，落实和细化执行者安全生产主体责任，全面建设完善安全生产责任体系。

具体措施：

① 落实主要负责人安全生产责任。落实"党政同责，一岗双责"要求，董事长、党组织书记、总经理对本企业安全生产工作共同承担领导责任，领导班子成员对分管范围内安全生产工作承担相应责任。

② 强化安全生产管理队伍建设。健全安全生产管理队伍，完善管理制度，按照法律规定设置安全生产和职业卫生管理机构，足额配备安全管理人员，并严格履行文件规定的安全生产管理机构和安全管理人员职责。推动企业积极完善安全生产管理机制，建立职业安全保障体系，规范职业病危害项目申报，安监部门定期进行检查工作，落实企业管理责任。

③ 完善安全生产责任考核机制。各级党组织、企业（机构）对下级党组织、企业（机构）贯彻执行"党政同责、一岗双责"制度情况进行考核及监督检查；对安全生产工作做出突出贡献的，在评先评优、选拔任用等方面予以优先考虑。各级党组织、企业（机构）及相关工作部门和党政领导干部执行"党政同责、一岗双责"制度不力的严重后果，依据有关规定予以问责。

(9) 改进安全监管体系，提升管理体系与标准执行力

工作目标：以国家电网某公司现行的安全生产管理体系为基础，全面构建安全生产制度体系。从横向上，修订体系三项标准，完善配套制度；纵向上，强化各专业板块制度运行机制，加强制度落实与推广力度，构建体系运行网络，推进制度保障工作，进而实现安全管理制度及标准落地，促进安全生产责任进一步落实。

重点工作：围绕制度优化、制度执行、制度落实三大建设环节，结合近几年国家电网某公司安全生产管理体系建设和运行的经验，查找分析存在的共性问题和不足之处，结合内控管理中有关安全生产管理的要求以及基层企业实际进行体系的优化升级，保证体系的生命力和适用性。坚持安全管理重心下移，强化制度和标准落地，认真梳理、整合体系标准，使体系标准更加规范、简化、统一、协调，提高体系管理的指导力、约束力、执行力和可操作性，同时推广到相关产业。

具体措施：

① 优化安全生产标准制度体系。修订完善各类企业安全生产规章制度。根据各行业基层企业安全管理工作实际需要以及近年来体系运行情况，由总公司统一组织修订公司安全生产管理体系三项标准，完善相关配套制度和运行机制，对体系标准框架进行细化、简化，实现管理流程清晰简洁、控制点精准适用、相关支持性文件完备有效，并对评价结果进行量化和标准化。

② 完善安全评价模式及机制。进一步完善安全性评价制度与模式，优化生产和基建企业安全评价定量化方法，在安全生产预评价与验收评价工作的基础上，重点强化企业安全生产现状评价机制，实现生产和基建产业板块中危险作业、岗位工种的安全定量评价分级管控，实现基层企业生产过程的现实安全评价常态化。

③ 推进安全生产问责制度建设。建立企业主体责任问责制，问责追究方式包括责令做出书面检查、通报批评、停职检查、调整工作岗位、留用察看、免职，经济处罚、法律法规规定的其他方式等。推动问责委员会的建立及发展，明确其构成及工作内容。问责制的建立应明确问责的具体程序以及问责对象。

（10）深化安全绩效测评体系，提升安全科学管理水平

工作目标：推进国家电网某公司安全生产效能测评工程，促进安全生产效能持续提升。转变安全考核评价方式，变负面约束管制为主为正面激励机制为主；变事故结果指标考核为安全生产过程指标评价；变事后追责查处为事前预防管控，建立科学、合理、定性与定量相结合的安全效能测评机制和管理模式，为创建国际一流安全管理和业绩提供技术方法支撑。

重点工作：健全完善“重视过程、量化为主、分级管理、逐级测评”的安全效能管理体系，充分发挥安全效能的正向激励和反向约束作用。将“党政同责、一岗双责、失职追责”的安全生产责任制纳入安全效能考核体系，有效督导各单位认真落实安全生产主体责任，强化各项安全管理工作，保障企业安全监督管理机制的高效运转；把安全目标、安全事故、隐患排查和反违章等工作与薪酬挂钩，激励各级人员认真履行岗位安全职责。通过严格的安全效能考核，促进各级单位决策层、管理层和操作层以及各岗位自觉落实安全生产责任制。

具体措施：

① 修订完善公司安全生产考核制度。修订《国家电网某公司安全监督工作手册》；各层级、部门安全生产责任制；编制《公司安全绩效考核实施细则》《公司企业各级人员安全生产责任制到位标准》《公司企业班组安全管理实施细则》等。

② 建立公司各层级安全生产绩效量化测评体系。在规划期内，一是建立公司各部门的安全生产“一岗双责”量化测评指标体系；二是分别建立生产和基建的安全生产绩效测评 KPI 量表体系；三是建立公司三级管理部门和管理岗位的安全生产“主体责任”KPI 量化测评指标体系，从而为推行定期的安全生产效能“分类分级”（星级制）评价提供科学方法支撑。

③ 开展岗位描述，全面推进安全责任效能考评。全面梳理并完善某公司总公司层面安全生产责任制、安全管理指标、安全效能考核制度和标准，健全规范安全生产责任效能考评体系。通过开展“个人岗位描述”，每个人都能对岗位目标、安全责任、作业标准、个人防护、风险防范、防灾路线等进行详细描述，并做出安全承诺，进一步落实全员安全生产责任，做到“我能安全”。

④ 开发网络动态适时考核信息系统。设计开发基于公司信息网络平台的安全生产效能测评考核系统模块，对公司管理各组织、管理部门和管理人员推行安全效能动态测评考核，实时显示和查询考核结果，做到安全考核公平、公开、公正，提升以安全生产责任落实和安全工作目标导向的效能评价和工作的正向激励。

8.1.4 效果评估

(1) 制订评估标准和评价指标

为保证规划实施进度和质量，实现提升本质安全的闭环管理，并为今后的本质安全管理提供科学、准确的决策依据，公司组织制订简洁、实用的规划实施评估标准和相应的评价指标体系，促进规划的实施、检查和提高。

(2) 结果与目标的符合性评估

为保证规划实施的方向性、实效性、符合性，要根据规划实施的地域范围、基层企业类别、进展程度，在规划实施中期（总结提炼阶段 2020～2022 年）进行结果与目标的符合性评估，并根据评估结果，及时对规划目标、主要任务、重点工程进行动态调整，优化政策措施和实施方案，为后续任务和工程的实施提供指导依据。

(3) 主要任务和重点工程效果评估

为检验规划实施最终效果，总结规划实施的经验和问题，发现实施本质安全管理的优秀单位和典型，形成向总公司推广的标准和案例，在规划实施后期（推广发展阶段 2022～2025 年），对主要任务和重点工程实施效果进行评估，为下一个安全管理规划制订打下坚实基础。

8.2　企业安全文化培塑体系创建

安全文化是人类为防范（预防、控制、降低或减轻）生产、生活风险，实现生命安全与健康保障、社会和谐与企业持续发展，所创造的安全精神价值和物质价值的总和。企业安全文化是企业生产活动所创造的安全观念、安全行为、安全制度和安全物态的总和。企业安全文化是企业安全生产的软实力，先进的企业安全文化是企业安全发展的动力与灵魂。下面以中国某能源集团安全文化培塑体系的创建为例，阐述企业安全文化的体系建设、主要任务、重点工程及保障措施。

8.2.1　体系建设

某能源集团为了有效地进行安全文化体系建设，需要构建安全文化建设体系结构模型。根据系统工程学的霍尔模型，某能源集团安全文化体系由三个维度构成，即建设对象、建设内容与建设流程。某能源集团安全文化体系建设模型图如图 8-2 所示。

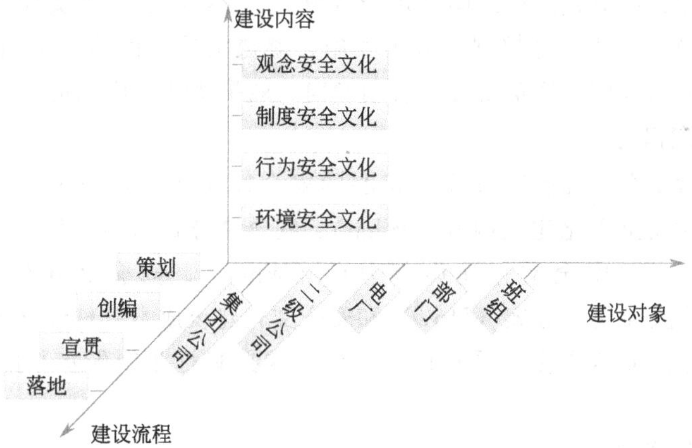

图 8-2　某能源集团安全文化体系建设模型图

(1) 五类建设主体

根据某能源集团安全文化建设主体的不同，在集团公司、二级公司、电厂、部门、班组这五个层级上，依据主体需求进行各有特色又相互融合的安全文化建设，最终构建起安全文化五级联动体系。

(2) 四大建设内容

① 观念文化的构建。构建符合某能源集团的安全核心理念、安全宗旨、安全愿景和安全价值观，让安全文化的观念内化于心，这是构建内容的重中之重。

② 行为文化的构建。通过对安全动机的分析，构建符合某能源集团安全需求的安全行为文化，从而让安全文化外化于行。

③ 制度文化的构建。通过先进的安全文化建设方式和方法，保证规章制度的适用性、科学性，强化制度与生产情况的一致性，将被动的管理变为主动的自律。

④ 环境文化的研究。将安全文化氛围以标识、警示、声光环境、人文器物等形式实体化，以此来对员工造成潜移默化的作用，达到安全生产的目的。

(3) 四步建设流程

策划构建“安全某集团”理念体系，把握公司安全文化发展现状，谋划发展，对安全文化总体策略进行设计；创编并完善安全文化体系，拟定措施，对重点、难点问题逐一制订对策，明确方案中的“5W2H”，确保建设目标落实到位；坚持基本原则，采用合理的工作方法并结合多种手段、平台对安全文化进行宣贯；以工作目标为导向，通过主要任务及重点工程的实施，加速安全文化的落地。

8.2.2 建设方式

以“安全某集团”文化核心理念为引导，创建“党政统一领导、齐抓共管；部门分工协作、形成合力；集团公司全体职工广泛参与、积极实践”的电力安全文化建设格局。以“统筹规划、分步实施、渗透引领”的策略进行安全文化建设，其建设方法采用“确定目标、规划导向、效果测评、优化提升”的模式。

(1) 确定目标

构建以“安全某集团”理念为核心的安全文化体系，采用“5W2H”分析法，即通过对安全文化建设内容（What)、安全文化原理（Why)、安全文化建设时间（When)、安全文化建设着力点（Where)、安全文化建设参与人员(Who)、安全文化建设方案（How）和安全文化建设成本（How much）的科学规划，稳步推进安全文化体系建设，最终形成具有行业领先水平的“安全某集团”文化品牌。

(2) 规划导向

以建设目标为导向、发展规划为依据、四大重点工程为主线，进行安全文化体系建设，通过构建形式多样、高密度、多角度的电力安全文化建设体系，着力强化员工安全意识，创新安全生产价值观念，积极营造持久的安全人文环境，形成具有行业领先水平的“安全某集团”文化品牌。

(3) 效果测评

根据目标规划，组建由安全专家、权威机构及专业人员组成的审核评估队伍，研究并制订《安全文化评定标准》《某能源集团安全文化定期测评制度实施办法》等文件，开发具有实用性、针对性和可操作性的安全文化测评系统，为集团公司安全文化建设提供标准流程和测评工具，从而找出安全文化建设过程中存在的优点与不足，为某能源集团安全文化的现状评估和未来改进方向提供依据和导向。

(4) 优化提升

制订《某能源集团区域产业公司安全文化评星及激励制度》《某能源集团安全文化先进单位和个人评选奖励办法》等相应制度，依据文化测评结果进行奖惩，对于优秀的安全文化建设理念、方法等及时总结，积极推广。同时，编制《某能源集团安全文化建设纲要》等文件，针对五级联动安全文化体系建设过程中存在的问题，有方向性、目的性和层次性地优化，最终达到逐步提升某能源集团安全文化体系建设的目的。

8.2.3 主要任务

(1) 渗透安全理念共识，构建安全文化理念体系

安全理念与安全共识是安全工作得以持续和有效开展的基本思想共识，在横向上应在公司每个层级上建立起以核心理念为指引、以安全共识为支柱、以安全观念为外延的科学、实效安全文化理念体系；在纵向上以企业安全理念为最高理念，依照企业组织各层级，层层构建安全理念和共识，将安全文化理念细化、深化，从而保证文化理念体系中的理念与共识能够渗透到企业的每个层级当中，让安全发展的理念扎根于企业全体员工的工作和具体实践中。

(2) 加速安全文化落地，创新安全文化建设模式

在安全文化创建过程中，要做到党政工团齐抓共管，大力推进安全文化建设。充分调动每个层级的积极性，以安全理念共识为指导，通过广泛开展安全文化先进项目、先进厂区、先进部门、先进班组、先进家庭等活动，加速安全文化落地速度。企业要着重从安全理念、管理制度、技术手段、氛围制造等方面入手，注重“人无我有、人有我优”的创新精神。

(3) 落实安全行为文化，提升员工总体安全素质

加强安全教育阵地建设，针对不同层级开展具有不同针对性的安全专项技能培训和安全知识课堂，创建安全学习型组织；为职工发放学习光盘和读本，普及安全法律法规，防灾、逃生、紧急自救、交通安全、安全防卫等安全科普知识，增强员工的安全知识储备；切实做好各类人员的安全培训取证、复训或再教育工作，严格落实新员工“三级”安全教育，抓好新工艺、新设备操作人员以及转岗人员的安全教育，确保员工具备岗位必需的安全知识和技能；开展各种形式丰富、内容创新的安全教育普及活动，提升员工的安全素质和意识，创造良好的安全文化氛围。

(4) 发扬安全管理文化，促进安全制度文化建设

将文化视为先进的安全管理手段，制订完备的安全文化建设规章制度、清晰的岗位责任书，明确安全文化体系建设过程中的责任层级，细化岗位分工。用具体的、文字性的规章制度指引安全文化发展方向、采用策略和资源配置等问题，保证安全文化建设流程清晰。通过奖罚分明的奖惩制度，科学、具体、精细的岗位责任书，权责明确、标准统一的层级管理，将安全文化“固化于制”，在发生问题后可以在第一时间找到问题症结和解决办法，让安全生产的合规性深入员工内心，保证每一条政策的落实有方。

(5) 强化文化宣传力度，丰富安全文化建设载体

策划安全文化宣传方案，设计安全理念形象，打造特有的安全宣传载体和阵地，将安全文化内容物化；充分发挥网络、报纸、广播等信息媒体的功能，宣传安全法规政策、信息态势；面向全体员工及家属传播安全知识、扩大安全文化教育面，从而动员全体员工广泛参与安全文化建设，强化安全发展理念的宣传贯彻。打造具有企业特色的安全活动品牌，通过建设安全小课堂、安全文化墙、开展各类安全自救演练、发放宣传资料等活动，以职工喜闻乐见的安全教育、安全科普、安全文艺等形式，吸引广大职工及家属积极参与，扩大活动影响力、覆盖面，提高活动的宣传教育效果，使安全理念、安全知识逐步深入人心。

8.2.4 重点工程

(1) 安全文化系统工程

某能源集团下属区域公司、电厂全面开展安全文化建设，通过编写安全文化手册、制订安全文化发展规划、构建安全文化测评系统等，创新、完善和优化集团安全文化体系，树立良好的电力安全形象，全面提升集团安全文化软实力。

① 制订并发布《某能源集团安全文化手册》。该手册是展示某能源集团安全文化的纲领性文件，是宣传集团安全生产理念、价值观、行为准则的指导性文件。通过全员对安全文化手册的学习，加强安全文化在集团范围内的推广普及，提高全员的安全文化素质。

② 编写《某能源集团安全文化建设中长期发展纲要》，提出集团安全文化建设的推进深度、发展目标和建议系统工程，为某能源集团的安全文化建设提供目标和路线，为某能源集团中长期安全文化提供指导和建设性意见，实现某能源集团安全文化建设的长效机制。

③ 根据某集团安全文化的现状，设计实用的安全文化评估体系，建立综合评价的数学模型，构建与公司、区域产业公司、电厂、部门、班组相符合的“五级联动”评估模式，推行定期的年度评估机制，以全面提升企业安全文化的持续改进。

(2) 安全文化典型示范选树工程

制订和完善《某能源集团安全文化示范点建设方案》，为电厂安全文化建设提供评估工具，为持续开展安全文化建设提供依据，也为安全文化建设薄弱的单位提供建设依据和方向。打造某能源集团电厂或班组安全文化建设示范点，为安全文化建设起到典型示范作用。制订和完善《某能源集团安全文化先进集体和个人评选方案》，定期开展安全典型选树活动，评选安全文化先进集体和先进个人，打造发电部、生产部、检修部、技术部等安全标杆基层队，打造安全教育、隐患治理、应急管理、承包商管理等方面的安全管理典型，运用先进典型的带头作用，促进集团各个层次的安全文化建设。

(3) 安全文化宣贯体系及方案优化工程

本着"文化引领""安全发展""以人为本"等原则，按照集团-区域产业公司-电厂-部门-班组的顺序逐级进行安全文化宣贯，采取灵活多样的宣贯方式以增强员工对安全文化的认同感，变"要我参与"为"我要参与"。针对集团负责人及管理层、生产管理人员、安全专业人员、操作人员、特种人员、新员工、新工艺、新设备操作人员以及转岗人员、高危岗位职工家属等不同层级，制订与之相匹配的安全文化宣贯内容、方案。通过举办安全文化成果展览、"理论技术＋实物培训"的安全培训方式、岗位练兵、技术比武、定期轮训、"理论知识＋实际操作"、事故案例教育等形式多样的安全文化活动，从思想和行为上强化职工的安全素质，使员工充分了解安全文化理念体系内容并加以运用。

(4) 安全文化创新工程

安全文化创新活动是推动全员参与安全文化建设的重要手段。通过开展"我要安全"等主题活动，以"强化意识、提升素质、落实责任、规范行为"为重点，使得安全文化建设进一步加强。开设"安全专题频道" "安全宣传专刊（栏）"等，充分运用报纸、电视、网络等媒体，广泛宣传"安全责任重于泰山""共担安全责任，共保安全发展，共享安全成果"等安全文化理念，在整个集团中营造浓厚的安全文化氛围。下属企业根据安全生产工作的重点，开展事故警示展、应急演练、安全幽默笑话大赛、安全文学作品评奖、安全绘画摄影大赛、安全诗歌朗诵比赛、安全演讲比赛、安全生产知识竞赛等活动，打造基层安全文化活动品牌。开展安全生产周（月）活动，结合全国活动主题，组织多种形式的安全宣教活动，提高各电厂的安全生产保障水平。

(5) 安全警示教育基地建设工程

建立安全警示教育基地，使广大员工在仿真环境中了解安全生产和安全文化的发展历程、感受电力安全文化氛围、知晓电力生产中的主要风险、学习各类安全事故教训，融科学性、知识性、直观性、参与性、趣味性为一体，有效提高员工的安全意识、安全知识和安全技能。以多样的形式宣传国家及企业安全生产法规、管理理念、"安全某集团"安全文化，讲授公共安全防护知识，展示并剖析事故，以"警钟长鸣""安全历程""风险控制""文化领航"等主题为内容，采用声、光、电效果，使员工身临其境地感受、学习安全知识，树立良好的某能源集团安全形象，提升集团全员安全文化素质。

(6) 某能源集团安全文化测评系统工程

编制《某能源集团安全文化测评技术及方案》。该文件提供二级公司、电厂和班组安全文化测评工具，对电力安全文化建设状况进行定期和动态评估，明确不同阶段安全文化建设的改进方向，不断提升安全文化建设水平。开发具有实用性、针对性和可操作性的安全文化测评系统，动态测评某集团安全文化的优势和劣势，揭示其内在原因，为创新企业安全文化、发展安全文化提供科学的依据，使安全文化不断提升和进步，为电力安全文化建设提供保障，检验阶段性安全文化建设成果，最终达到提升某集团安全文化建设水平的目标。成立安全文化测评小组，负责对二级单位、电厂进行测评；基层单位成立安全文化测评小组，负责对班组进行测评。

(7) 基层安全文化落地工程

以基层职工、班组、岗位、现场为对象，进行电力安全文化建设，让基层职工都能参与到某能源集团企业安全文化建设的过程中，让安全文化在电力基层落地生根，从基层保障安全文化建设目标的实现。基层安全文化落地工程可以通过开展班组安全文化自评活动、组织职工家属参与安全文化活动、编写和发行《班组安全文化建设指南》、编制《某能源集团重要岗位“三法-三卡”》等方式来开展。

8.3 企业安全生产“三基”体系创建

“三基”建设指的是基本规范、基础管理和基层建设。基本规范指设备的使用规则、人的操作章程、环境的管理等，是进行安全生产的基本条件。基础管理指企业安全生产实际操作中的作业工艺等一系列过程管理，是进行安全生产的关键。基层建设是企业进行安全生产建设的基本单元、分支阶段，对安全生产起着最直接的决定性作用。

8.3.1 建设体系及模式

(1) 建设体系

为有效地实施安全生产“三基”体系的创建，需要构建“三基”建设的体系结构。国家某能源集团安全生产“三基”建设体系的构建借鉴了系统工程学的霍尔模型，由三个维度构成，即建设内容、建设环节与建设主体，如图 8-3 所示，其体系结构图包括以下内容。

五类建设主体：包括集团、二级公司、电厂、专业部门、班组。

三大建设内容：从基本规范、基础管理、基层建设三个方面着手，细化到人员、设备、作业、工艺、班组、岗位六个要素的建设。

四个建设环节：主要包括策划、实施、检查、改进四个管理环节。

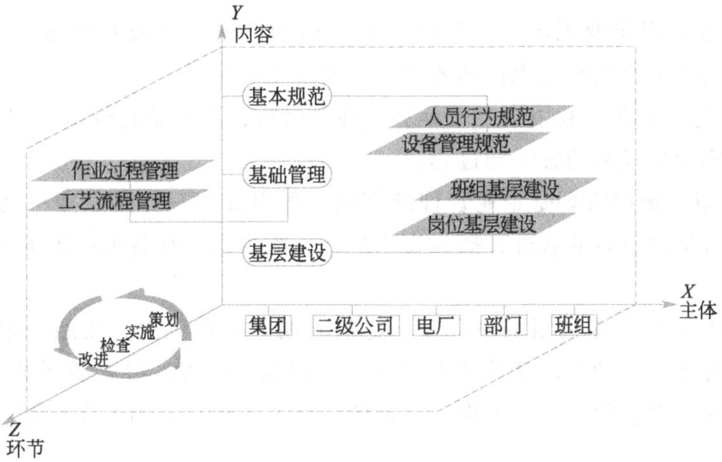

图 8-3　某能源集团安全生产“三基”体系优化工程结构图

（2）建设模式

国家某能源集团安全生产应急救援体系的建设理论，需要遵循“策划、实施、检查、改进”动态运行模式，即“PDCA”循环。

（3）建设要素

国家某能源集团的安全生产，关键是做好基本规范、基础管理、基层建设这三方面的建设，主要包括六要素，如图 8-4 所示。

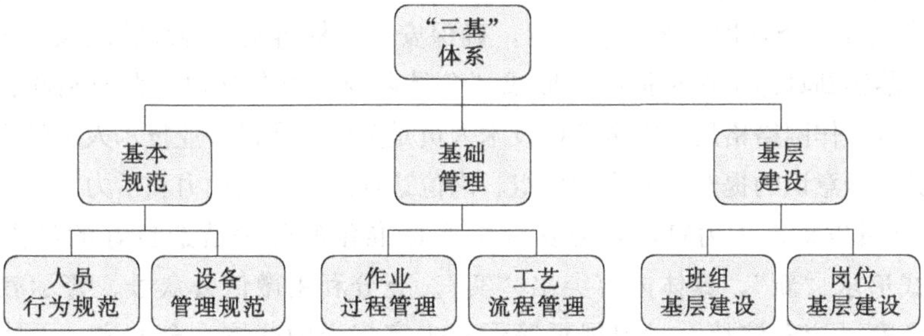

图 8-4　集团公司“三基”结构要素图

① 人员。安全生产取决于人员、设备、环境、管理等综合因素。公司的安全生产归根结底还是看员工的操作安全情况，每一个员工的现场工作情况都是安全生产系统的重要环节。因此，要建立和维持员工对安全工作的兴趣，严格执行作业标准化和岗位安全操作规程，进行系统的安全教育与训练，提升员工的安全操作意识和技能。

② 设备。员工在生产过程中使用的仪器，是进行生产的基本物质保障。生产设备的质量决定着安全生产的质量，保障生产设备的完好，能够在一定程度上

减少生产事故的发生，保证员工的生命安全，因此，生产设备在安全生产中起着重要的作用。

③ 作业。以企业现场安全生产、技术活动的全过程及其要素为主要内容，按照企业安全生产的客观规律和要求进行安全生产活动。

④ 工艺。劳动者利用生产工具对各种原材料、半成品进行增值加工或处理，最终使之成为制成品的方法与过程。

⑤ 班组。班组管理是企业管理的基础，班组安全工作是企业一切工作的落脚点。班组是加强企业管理、搞好安全生产、减少伤亡和各类灾害事故的基础和关键。

⑥ 岗位。在特定的组织中，在一定的时间空间范围内，按照一定的技术要求或操作规范，劳动者从事某种有目的、承担相关职责、并被赋予相关权限的，具有相对独立内容的生产（工作）活动的一名或一组员工的工作位置或区域。

8.3.2 建设任务

某能源集团通过开展电厂基本规范、基础管理、基层建设的“三基”系统工程，提升安全生产标准化运行水平，夯实人员与设备、作业与工艺、班组与岗位“六要素”的安全保障根基。

(1) 提升安全生产标准运行水平

① 自上而下、由点到面，让安全生产标准化成为各级人员的工作准绳。首先，领导干部要真正领会开展安全生产标准化的意义及作用；其次，各级管理人员要真正弄懂吃透安全生产标准化的相关条款。具体包括：以安全生产标准化规范为依据，强化三级安全管理网络有效运行，确保安全目标落实到各级管理层、班组、岗位作业，落实到具体工作举措中，形成“全员参与、横向到边、纵向到底、责任到人”的安全工作网络格局；安全管理技术人员是关键，通过专业技术人员的安全行为带动全员安全意识的提升，为推进班组、岗位达标工作注入动力和活力。

② 全员发动、大力宣传，为安全生产标准化的开展营造良好的氛围。达标宣传形式追求“新”，具体内容突出“实”。充分利用微信公众号、警示教育、网络知识竞赛、应急演练、学习展板等形式丰富多样的载体，全方位、立体化宣传企业安全文化理念，积极营造班组、岗位等达标的浓厚氛围。另外，加强现场安全要素可视化管理。通过进一步完善现场班组和岗位操作规程、现场处置方案、更新维护安全标识，实现重点部位、重要岗位现场安全技术符合安全生产标准化规范要求。

(2) 健全人员行为规范

①“每日一题”安全问答。对员工应具备的安全法律法规知识、生产技术知识、职业技能、岗位操作水平及电气安全常识等内容开展“每日一题”形式的提问和回答式教育。

② 安全专业技能培训。各单位围绕安全工作规程、危险点预控分析等内容，重点开展心肺复苏法、电气作业安全常识、高空作业安全常识、起重作业安全常识、受限空间作业常识等安全技能培训，确保100%人员参加培训、100%人员通过考试。

③ 基层安全日活动。开展默画系统图、背写标准操作票和工作票、技术问答等基础性工作；观看电力系统事故案例警示片，吸取本单位和兄弟单位的事故教训，反思、讨论防止事故发生的方法措施，并结合实际有重点地学习规程。

④ 模拟事故分析会。以电力行业常发的灾害事故为主要对象，根据工作中涉及的某项操作可能引发灾害事故的异常情况，分析事故中自己所犯的错误；事故发生后，自己所应承担的责任；事故发生后，自己有可能受到的处理；自己如果处在当事人的位置，心理感受会是如何；自己日常工作或本工区日常作业中是否存在类似的问题；如何避免此类错误的发生。

⑤ 亲情教育。充分发挥亲情的力量感化人、启发人，变以往的强制性管理教育为亲情教育，使员工在人性化管理中转变观念，自觉投入安全工作之中。

⑥ 反思周安全警示教育。以企业历史重大安全事故为主线，在每年事故发生日所在的一周开展安全事故反思活动。“反思周”主要以事故案例学习和现场危险源（点）辨识为主。

⑦“五单”现场示范。在作业现场，因地制宜，采取教与练充分结合的现场上课方式对员工进行安全培训教育。“五单”指单教、单学、单练、单考、单查。

⑧ 安全互保（联保）制度。将本班全体人员按从事的工种、岗位、作业场所，以3～5人一组结成互保对子，彼此间的责任和义务以条约形式确定下来，制订联保互保制度和考核办法，使其共同承担风险、共同履行义务、共同接受安全考核。

⑨ 危险预知训练。危险预知训练简称KYT，是日本企业普遍采用的一种预防性安全教育方式，包括现场安全管理分析、制作危险预知训练资料、实施危险预知训练。

(3) 健全设备管理规范

①“三好四会”设备管理。操作设备的“三好”：管好设备、用好设备、维护好设备。操作设备的“四会”：会使用、会维护、会检查、会排除故障。

② 电气设备年度预防性定期试验。内容包括防雷、防静电危害接地试验；继电保护及自动装置试验；电测仪表检验、电气绝缘保安用具预防性试验；移动电气及电动工具定期检查试验。

③ ABC分类控制法。ABC分类控制法就是将物资按其重要程度、消耗数量、价值大小、资金占用等情况划分为ABC三类，分别采取不同管理方法，抓住重点，照顾一般。A类物资是重要物资，B类物资是一般物资，C类物资是次要物资。

④ 点检定修制。该模式将设备管理重心下降，专业点检员既负责点检工作，

又负责设备管理工作，是现场设备的唯一直接管理者。点检员随时掌握设备技术状态，并按状态决定设备的检修内容，安排检修时间，提出备件计划。

⑤ 适时管理模式（JIT）。JIT要求以一种新的方式进行设备维修，即全面生产维修，不仅包括故障维修和预防维修，还包括全面质量控制和全员参与。

⑥ 全面规范化生产维护管理（TNPM）。TNPM是以全系统的预防维修体系为载体，以员工的行为规范为过程，全体人员参与为基础的生产和设备系统的维护、保养和维修体制。

⑦“定人定机”安全管理。设备“定人定机”管理是对使用设备严格岗位责任、规范操作秩序、落实日常维护、确保正确使用的管理办法。作业者必须严格执行设备“定人定机”管理制度，若因工作需要调换使用其他型号、类别的设备时，应先熟悉新岗位所操作的设备性能、结构、原理和操作规范、使用要求，经考试合格后才能操作。

(4) 强化作业过程管理

① 现场模拟操作培训。现场模拟操作培训是指在基层作业现场模拟安全事故的发生，由基层管理人员或者安全员在现场督察和指导，使员工在岗位安全操作、安全器材使用以及应急反应等方面进行模拟操作的培训方法。作业现场模拟操作培训的内容主要包括安全器材的使用培训和危险性设备物料的使用培训。

② 严格作业“两票三制”。严格控制工作票、操作票（执行“继电保护安全措施票”）；落实作业现场交接班制、巡回检查制、设备定期试验轮换制。

③ 现场作业“五化”系统工程。内容包括现场管理规范化、行为养成军事化、班组行动团队化、生产操作程序化、班组考核严格化。

④ 现场环境改善法。通过现场改善，可以从源头上控制职业危害，预防职业病的发生。

⑤ 手指口述确认法。将电厂某项工作的操作规范和注意事项编写成简易口语，当作业开始的时候，不是马上开始，而是用手指出并说出那个关键部位进行确认，以防止判断、操作上的失误。

⑥ 现场“三点控制”法。对生产现场的“危险点、危害点、事故多发点”挂牌，实施分级控制和分级管理。

⑦ 现场“安全正计时”活动。在生产作业现场，记录生产线安全运行时间、无事故和无伤害时间，开展班组之间安全生产正计时竞争活动，并对终止安全正计时的事故、时间、行为进行分析、展示。

⑧“三讲一落实”风险管理。班组在组织生产工作过程中，在讲工作任务的同时，要讲作业过程的安全风险，讲安全风险的控制措施，抓好安全风险控制措施的落实。

⑨ 操作确认挂牌。操作确认挂牌制，是指为了防止错误操作，在每次操作或作业前，通过挂牌提示的方式，对机器设备等操作对象在思维中做出“确实安

全可靠、确实能准确运行”的状态认定制度。操作确认挂牌制度必须要明确四项内容，即操作对象名称、操作要求、设备性能、设备危险性。

(5) 强化工艺流程管理

① 工艺安全信息管理。工艺安全信息管理是指物料的危害性、工艺设计基础和设备设计基础的完整、准确的文件化的信息资料。工艺安全管理包含以下14个要素：工艺安全信息；工艺危害分析；操作程序和安全惯例；技术变更管理；质量保证；承包商管理；启动前安全评审；设备完整性；设备变更的管理；培训及表现；事故调查；人员变更管理；应急计划及响应；审核。

② 动态违章管理。企业实施“百人违章率”考核制度，安全部门每天将查处的违章行为进行统计，可通过局域网公示，计算“百人违章率”，将其纳入基层单位月度安全绩效考核，与单位负责人的工资直接挂钩。推行“一日一报”制度，为实现违章管理的动态性，规定违章数据每日上报，由企业安全部门负责汇总。生产中心每月负责将本单位的违章现象在“安全文化展示板”公开曝光，督促违章者及时整改，警示其他员工按章作业，即“一月一公开”。

③ 闭环隐患管理。建立员工-班组-生产中心-部门-企业五级隐患排查体系，形成安全隐患从发现到整改的闭合管理。“闭环隐患管理”是一种严密有效的隐患管理办法，其主要内容包括制订隐患分级治理原则与隐患排查治理程序。将隐患排查分为员工可自行消除的、班组长或安全员安排处理的、生产中心安排处理的、部门安排处理的和企业安排处理的五个等级。

(6) 加强班组基层建设

① 班组轮值学习法。班组轮值学习法是通过班组成员轮流当主讲人对班组员工开展安全教育的方法。班组轮值学习法要求轮值主讲人自备讲课资料，授课内容可以是事故案例、专项危害预防、讲述与安全相关的故事等。

② 班组规范化无伤害管理。伤害事故的发生具有一定的偶然性，它与无伤害事故的致因、产生的机理是一致的，都是由于人的不安全行为、物的不安全状态、管理失误和环境因素导致的。通过开展班组规范化无伤害管理，从中挖掘出无伤害事故中包含的有价值的安全生产信息，并找出控制伤害事故发生的规律，从而采取有效的措施。无伤害管理的主要内容就是对班组无伤害事故进行收集、分析、查找原因并制订相应的对策。

③ 班组安全自查。根据本班组工艺与设备的事故预防控制要点，建立班组安全隐患检查表，组织员工认识并学习应检查内容，在检查中及时发现并记录查出的隐患，上报并分析处理。

④“四有”班组安全工作法。工作有计划：通过科学制订安全工作计划，有效执行计划，大大提高工作效果。行动有方案：凡是行动都制订科学、严谨的方案。事后有总结：对任何生产过程、方案的实施都要进行总结，归纳出好做法。步步有确认：对现场进行的任何一项工作，都设计确认步骤。

⑤ 班组安全科技创新活动。班组安全科技创新活动主要是指针对促进节能降耗、安全生产等问题进行的小科技攻关、提合理化建议、小改小革、小发明创造等小创新、小改革。

⑥“全优”班组长素质管理。“全优”班组长的综合素质包括安全意识、能力、责任三个方面。

⑦ 班组轮值安全监督员。班组每月或每周安排一名员工担任安全监督员，对工作现场进行督促、监控，并且要求班组中有50%的人员能得到“轮值”。

⑧“五型班组、六好生产中心”考核制度。“五型六好”考核制度是根据考核内容对生产中心、班组综合表现进行量化的考核。“五型”指“安全技能型、民主管理型、纪律严明型、团结协作型、作风顽强型”班组；“六好”指“班子素质好、队伍作风好、思想政治工作好、安全生产好、民主管理好、经济效益好”的生产中心。

(7) 加强岗位基层建设

① 岗位练兵安全培训。思想练兵：破除“要我安全”旧观念，树立“我要安全”新理念，充分发挥先进典型的示范带动作用，倡导生命高于一切的价值取向，鼓励员工为自己的生命负责的自觉自律意识；破除“安于现状”旧观念，树立“终身学习”新理念，提出“能力靠学习提升、工作靠学习推进”，倡导员工以学习为助推剂，不断提升岗位操作技能，避免因技能不过关而导致的安全生产事故。技能练兵：针对不同岗位和工种，进行有针对性的实际操作培训，开展模拟操作竞赛、应急预案演练、安全知识抢答赛、安全员竞岗考试、操作现场问答等系列练兵活动。以考促学、以学促用、以析促改，激发员工的练兵积极性，提高操作技能。

② 岗位“四标”建设。安全管理 4M 理论认为安全管理的要素是人 (Man)、机 (Machine)、环 (Media)、管 (Management)，在班组中人的关键是班组长，机的表现为员工的安全装备，环是班组生产过程中的技术环境，管则主要体现在岗位的作业规程的落实上。

③ 岗位轮换制。让员工轮换担任若干种基层岗位不同的工作。

④ 岗位安全“三法三卡”。“三法”是指职业健康保障法——H 法、职业安全保障法——S 法、环境保护法——E 法。“三卡”是指安全作业指导卡——MS 卡 (Must/Stop 卡)、岗位危害因素信息卡——HI 卡、岗位作业安全检查卡——DI 卡。

⑤ 岗位人为差错预防法。现场岗位人为差错预防法主要包括双岗制、岗前报告制和交接班制度。在一些精细度高、事故后果严重、人为控制的重要岗位，为了避免人为差错，保证施令的准确，设置一岗双人制度；对管理、指挥的对象采取提前报告、超前警示、报告重复的措施；在危险性较大的行业，严格执行岗位交接班制度，岗位交接班之间执行“接岗提前准备、离岗接续辅助”的办法，以减少交接班差错率。

8.4 企业安全责任落地体系

为指导中国国家某能源集团安全生产责任体系建设，贯彻“党政同责，一岗双责，失职追责”要求，全面落实集团各层级、各岗位安全责任，有效防范各类安全生产事故，根据《中华人民共和国安全生产法》、《国务院关于特大安全事故行政责任追究的规定》等法律、法规以及国家关于安全生产工作的重要文件，结合中国国家某能源集团风险管控实际，设计安全责任落地体系。

8.4.1 基本思路

着力提高某能源集团全员安全责任意识，规范安全行为，普及安全生产主体责任，推进安全责任体系构建，围绕某能源集团决策层、管理层、执行层三大层级，以责任落实为目标，结合“五落实五到位”要求进行安全生产责任体系设计，为完成中国国家某能源集团电力安全管理体系提升规划（2016～2018）各项任务提供思想保证、精神动力和智力支持。

8.4.2 建设目标

扎实推进“五落实五到位”安全生产责任体系建设，针对企业各层级和部门，建立健全全面的安全生产责任体系，织密安全生产责任网络，确保安全监管无死角、安全管理无盲区、隐患排查无遗漏，实现安全生产由“以治为主”向“以防为主”的转变，由“被动应付”向“主动监管”的转变，全面提升安全生产风险防控能力。

落实“党政同责”要求，明确董事长、党组织书记、总经理对本企业安全生产工作共同承担领导责任；落实安全生产“一岗双责”，明确所有领导班子成员对分管范围内安全生产工作承担相应职责；落实安全生产组织领导机构，成立安全生产委员会，由董事长或总经理担任主任；落实安全管理力量，依法设置安全生产管理机构，配齐配强注册安全工程师等专业安全管理人员；落实安全生产报告制度，定期向董事会、业绩考核部门报告安全生产情况，并向社会公示；做到安全责任到位、安全投入到位、安全培训到位、安全管理到位、应急救援到位。

8.4.3 建设体系及模式

（1）建设体系

为了有效地落实某能源集团安全生产主体责任，需要构建全面的安全生产责任体系。某能源集团安全生产责任体系的构建借鉴了系统工程学的建模理论和方法，由三个维度构成，即建设主体、建设对象、建设原则与建设过程，如图 8-5 所示，主要体系内容包括四部分。

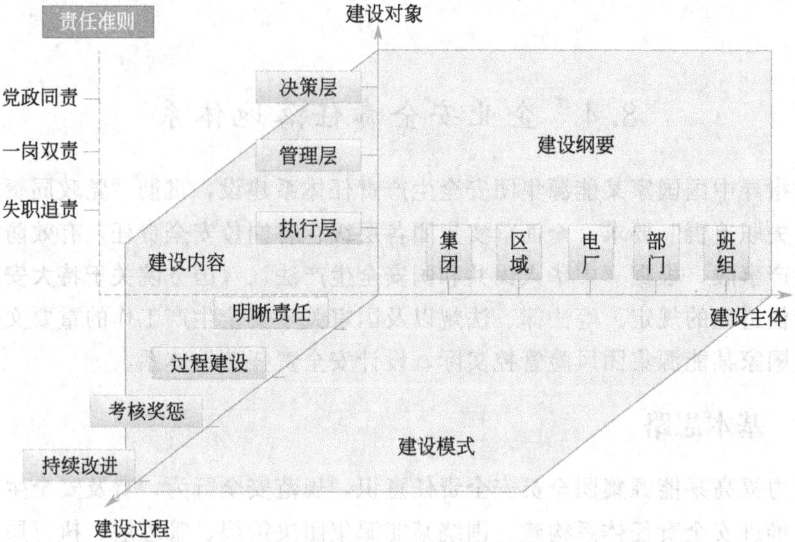

图 8-5 某能源集团安全生产责任体系优化工程结构图

五类责任主体：集团、区域产业公司、电厂、部门、班组。

① 三个建设对象：决策人员、管理人员、执行人员。

② 三个责任准则：党政同责、一岗双责、失职追责。

③ 四大建设过程：明晰责任、过程建设、考核奖惩、持续改进。

(2) 建设模式

某能源集团安全生产责任体系的建设，需要遵循“策划、实施、检查、改进”动态运行模式，即“PDCA”循环，实现不断完善、持续改进的建设过程。

(3) 建设流程

某能源集团安全生产责任体系的建设流程依照以下四步骤逐步推进。

① 明晰责任阶段：应明确四类责任主体，划分各主体责任，明晰企业各层级具体责任以及各类人员具体责任。

② 过程建设阶段：通过理论框架，结合某能源集团实际情况，针对各责任主体，建立相关子体系，明确子体系建设内容、主要任务。

③ 考核奖惩阶段：对建设内容及任务的考核，应设立相应实施方案，对建设内容进行完善，同时设立重点工程，有针对性地进行体系的制订实施。

④ 持续改进阶段：应建立保障制度，确保集团安全生产责任体系的实施。对于完成情况良好的部门、车间、班组予以奖励，未达到要求的，进行相应惩处，推动持续改进。

8.4.4 主要任务

某能源集团安全生产主体责任体系构成如图 8-5 所示。

决策层主体包括生产经营单位负责人等领导或决策者，担负本单位的安全生产领导及决策责任；

管理层主体包括企业各管理部门及其管理人员，担负本单位安全生产的业务管理和过程管理责任；

执行层主体包括集团基层的生产作业人员，担负落实和执行生产过程安全规章制度的责任。

落实企业安全生产主体责任的主要建设任务，包括三大责任主体的安全生产责任体系建设。

（1）强化和完善决策者安全生产主体责任

① 强化安全决策工作。决策人员应贯彻执行国家、省、市安全生产法律法规、政策、标准，把安全工作列入企业管理的重要议事日程，定期亲自主持重要的安全生产工作会议，批阅上级有关安全方面的文件，签发有关安全工作的重大决定。结合企业安全生产现状，围绕企业的安全生产制度建设及落实情况，确立下一步安全生产推进重点。

② 完善安全生产主体责任制度。应以加强安全生产管理为目的，确定企业所有安全生产环节负责人，明确各级领导、管理人员、工作人员安全生产责任，落实各级安全生产责任制，督促检查同级副职和所属单位行政正职抓好安全生产工作；健全安全管理机构，及时研究解决或审批有关安全生产中的重大问题；组织审定并批准企业安全规章制度、安全技术规程和重大的安全技术措施，解决安措费用；可聘请外部专家，对企业的安全生产主体责任制度进行评审，实现企业所有安全生产人员“权责一致、各司其职”。

（2）健全和优化管理者安全生产主体责任

① 落实业务管理人员责任。贯彻“五同时”的原则，监督检查分管部门对安全生产各项规章制度的执行情况，及时纠正失职和违章行为；组织制订、修订分管部门的安全生产规章制度、安全技术规程和编制安全技术措施计划，并认真组织实施；组织分管业务范围内的安全生产大检查，落实重大事故隐患的整改；组织分管部门开展安全生产竞赛活动，总结推广安全生产工作的先进经验，奖励先进单位和个人；负责分管部门的安全生产教育与考核工作；规定职责范围内的组织事故的调查处理，并及时向上级报告；定期召开分管部门安全生产工作会议，分析安全生产动态，及时解决安全生产中存在的问题。

② 落实技术管理人员责任。组织开展技术研究工作，积极采用先进技术和安全防护装置，组织研究落实重大事故隐患的整改方案；在组织新厂、新装置以及技术改造项目的设计、施工和投产时，做到安全卫生设施与主体工程同时设计、同时施工、同时投产；审查企业安全技术规程和安全技术措施项目，保证技术上切实可行；负责组织制订生产岗位尘毒等有害物质的治理方案、规划，使之达到国家标准；参加事故的调查处理，采取有效措施，防止事故重复发生。

（3）落实和细化执行者主体安全生产责任

① 强化对本岗位工作负责意识。定期组织安全生产培训，通过举办企业警

示教育“大课”、开展岗位技能培训、发放企业安全文化手册等形式，确保从业人员认真学习和严格遵守各项规章制度，明确本岗位的安全生产直接责任；做到精心操作，严格执行工艺纪律，做好各项记录，正确操作，维护设备，保持作业环境整洁，妥善保管和正确使用各种防护器具和灭火器材。

② 落实隐患报告责任。正确分析、判断和处理各种事故隐患，把事故消灭在萌芽状态，如发生事故，要正确处理，及时、如实地向上级报告，并保护现场，作好详细记录；按时认真进行巡回检查，发现异常情况及时处理和报告；有权拒绝违章作业的指令，对他人违章作业加以劝阻和制止。

8.4.5 重点工程

依据《安全生产法》等相关法律法规，严格落实企业安全生产主体责任。安全责任是保证安全行为规范的有力武器。企业安全生产的主体责任应包括企业生产经营领导班子的整体责任以及企业员工的个体责任，两个责任密不可分，必须坚持“两手抓”。进一步保障集团所有企业认真履行安全生产主体责任，做到安全责任到位、安全投入到位、安全培训到位、基础管理到位、应急救援到位。

某能源集团安全生产责任体系建设主要包括如下几项重点工程。

(1) 第一责任人责任落实工程

① 主要负责人为本单位安全生产的第一责任人，必须持证上岗；确保企业证照齐全，合法生产经营，安全生产规章制度和操作规程健全；严格执行建设项目安全设施和职业卫生“三同时”规定；签订并公布《安全生产公开承诺书》，文件规定的企业主要负责人履行安全生产职责，部署并督促检查本单位的安全生产工作；严格安全绩效考核，形成责、权、利相统一的安全生产责任体系。

② 应落实“党政同责，一岗双责”要求，董事长、党组织书记、总经理对本企业安全生产工作共同承担领导责任，领导班子成员对分管范围内安全生产工作承担相应责任。坚持“安全第一、预防为主、综合治理”理念，严格企业内部安全管理，建立安全生产管理机构，配备安全管理人员，从而建立健全由决策人员、管理人员到执行人员的安全生产责任制，实现企业安全生产人人有责。

(2) 安全生产责任考核机制构建工程

① 考核评价党政领导干部时，应当将安全生产工作履职情况作为一项约束性指标进行考核，并作为评价和使用干部的重要依据。党政领导干部参与综合性评比表彰时，组织单位应当就其履行安全生产工作职责情况征求安全生产监督管理部门意见。对安全生产工作做出突出贡献的，在评先评优、选拔任用等方面予以优先考虑。

② 各级党组织、企业（机构）及相关工作部门和党政领导干部执行“党政同责、一岗双责”制度不力、导致发生人员伤亡或重大经济损失等严重后果的，依据有关规定予以问责；应当追究党纪政纪责任的，依据有关法律法规予以党纪政纪处分；涉嫌犯罪的，移送司法机关依法处理。

③ 管理部门 KPI 绩效测评体系创建工程。对管理部门明确安全职责分工、明晰部门设置，对于公司的发展来说是至关重要的。岗位责任制要求各职能部门及其工作人员强化安全意识，明确在安全生产中应履行的职责和应承担的责任，以充分调动各级人员和各部门在安全生产方面的积极性和主观能动性，确保安全生产。全面梳理并完善公司及各二级公司的安全生产责任制、安全管理指标、安全效能测评制度和标准，健全规范安全生产责任效能考评体系。结合公司的安全生产管理体制和各部门安全生产职责，设计各部门安全生产责任绩效测评量表，如表 8-1 所示。

表 8-1 综合办公室安全生产责任效能测评 KPI 量表

<table>
<tr><td rowspan="2">部门</td><td rowspan="2">综合办公室</td><td rowspan="2">测评小组</td><td>组长：</td><td rowspan="3">测评结果</td><td rowspan="2">分数</td><td rowspan="2"></td></tr>
<tr><td>成员：</td></tr>
<tr><td>测评期限</td><td>年度测评</td><td>填表日期</td><td></td><td>等级</td><td></td></tr>
<tr><td>该部门安全生产责任</td><td colspan="6">1. 是防治各类中毒、交通安全事故及安全文件控制与处理的主责部门
2. 制订计划，开展防中毒、交通安全的教育、培训及检查
3. 开展项目办公生活区消防安全检查，并留存记录
4. 认真宣传、贯彻落实国家有关安全生产方针、政策和法律法规，负责安全文件的控制和处理
5. 配合相关部门组织职工遵纪守法教育
6. 制订计划，负责公务用车司机的交通安全教育，公务用车的行车安全管理（参与应急救援）
7. 配合落实上级部门安全生产工作会议，组织相关部门为集团董事会研究、决策重大安全生产事项提供相关资料
8. 发生生产安全事故时，协助集团公司负责人做好事故应急救援和善后处置相关工作，并提出防范措施
9. 配合安监部门做好广大内部职工的安全教育、节前安全交底，重点针对公共安全内容</td></tr>
<tr><td>一级指标</td><td>二级指标</td><td>测评内容</td><td>总分</td><td>测评标准</td><td>测评情况</td><td>评分</td></tr>
<tr><td rowspan="4">工作过程及能力指标</td><td>公务用车的行车安全管理情况</td><td>严格执行公务用车的行车安全管理制度；对公司、机关驾驶员进行安全行车教育不少于 2 次；杜绝因公务用车发生事故</td><td>30</td><td>无指定公务用车安全管理制度为 0 分，驾驶员出现一次违章现象扣 2 分，少培训一次扣 2 分，出现一起事故扣 5 分，发生较大及以上交通安全事故为 0 分，扣完为止</td><td></td><td></td></tr>
<tr><td>节假日值班安排工作情况</td><td>负责节假日值班安排</td><td>20</td><td>每缺一次扣 2 分，扣完为止</td><td></td><td></td></tr>
<tr><td>应急救援工作参与情况</td><td>参与应急救援和善后处置相关工作，根据应急领导小组要求，调配应急资源</td><td>30</td><td>协调应急救援和善后处置工作效率高、资源调配及时得 12 分
协调应急救援和善后处置工作效率一般、资源调配及时得 6 分
协调应急救援和善后处置工作效率低、资源调配不及时得 0 分</td><td></td><td></td></tr>
<tr><td>消防管理情况</td><td>定期组织开展办公场所消防安全检查，控制因管理原因导致办公区域发生火灾</td><td>20</td><td>一次未检查扣 5 分，每发生一起事故扣 5 分，扣完为止</td><td></td><td></td></tr>
<tr><td colspan="2">测评总分</td><td colspan="5">各项分数之和</td></tr>
</table>

④ 人员岗位 KPI 绩效测评体系创建工程。全面梳理并完善安全生产责任制、安全管理指标、安全效能测评制度和标准，健全规范安全生产责任效能考评体系。通过开展“个人岗位描述”，每人都能对岗位目标、安全责任、作业标准、个人防护、风险防范、防灾路线等进行详细描述，并作出安全承诺，进一步落实全员安全生产责任，做到“我能安全”。结合公司的安全生产管理体制和管理人员职责，设计管理层级、管理岗位两个维度的安全生产责任绩效测评体系（定量），如表 8-2 所示。

维度一：管理层级（二级）；

维度二：人员岗位。

表 8-2　董事长安全生产责任效能测评 KPI 量表

部门	综合办公室	测评小组	组长： 成员：	测评结果	分数	
测评期限	年度测评	填表日期			等级	
该岗位安全生产责任	1. 是企业安全生产第一责任人，对安全生产工作全面负责 2. 贯彻安全生产方针政策、法律法规，主持安委会及安全生产重要工作会议，掌握安全生产动态，提出加强安全生产工作的管理要求 3. 审定并批准安全生产责任制、安全生产规章制度、操作规程、管理标准等。督促检查同级副职和所属企业主要负责人贯彻落实 4. 按照国家相关规定健全施工安全、职业健康管理机构，充实专职安全生产管理人员。组织制订并实施本单位安全生产教育和培训计划 5. 保证企业安全生产投入的有效实施 6. 督促、检查安全生产工作，及时消除事故隐患。每季度带队开展安全生产“四不两直”暗查暗访活动 7. 组织制订并督促实施生产安全事故应急救援预案 8. 批准集团公司职业健康安全管理体系方针和总目标，任命管理者代表，组织管理评审					
一级指标	二级指标	测评内容	总分	测评标准	测评情况	评分
工作过程及能力指标	1. 安全机构和人员配备	保证安全机构和人员配备满足要求	30	每少一人扣 5 分，扣完为止		
	2. 参加联系点单位的安全生产活动	参加联系点单位的安全生产活动	10	每少一次扣 5 分，扣完为止		
	3. 听取安全生产工作汇报	定期听取安全生产工作汇报	10	每少一次扣 5 分，扣完为止		
工作效果及结果指标	4. 事故调查处理与奖罚	组织事故调查处理及安全生产奖罚	30	每少一次扣 5 分，扣完为止		
	5. 主持召开安委会会议次数	主持召开年度安委会会议次数	20	多于 2 次得 40 分，1 次得 20 分，0 次得 0 分		
测评总分			各项分数之和			

(3) 安全生产管理队伍强化工程

① 按照法律规定设置安全生产和职业卫生管理机构，足额配备安全管理人

员，并严格履行文件规定的安全生产管理机构和安全管理人员职责。安全管理人员必须持证上岗，熟悉专业知识，掌握本企业生产工艺特点和风险点，具备开展安全生产管理工作的能力。鼓励企业聘用注册安全工程师从事安全生产管理工作。

② 推动企业积极完善安全生产管理机制，依照法律、法规、政策及标准，建立健全安全生产规章制度及操作规程，完善以主要负责人为核心的安全生产责任制，建立职业安全保障体系，规范职业病危害项目申报，安监部门定期进行检查工作，落实企业管理责任。

(4) 安全生产基础管理责任落地工程

① 以完善安全基础责任为目的，细化安全管理内容。

② 严格执行安全生产（经营）许可制度，未经许可，严禁组织生产经营活动。新、改、扩建项目必须严格执行安全设施和职业病防护设施“三同时”制度。树立企业安全生产法律意识，通过定期检查集团各层级执行落实《安全生产法》以及国家安全监督管理总局《企业安全生产责任体系五落实五到位规定》《企业安全生产应急管理九条规定》《劳动密集型加工企业安全生产八条规定》《企业安全生产风险公告六条规定》等法律法规、安全标准的情况，保障安全生产法律法规及技术标准得到执行。

③ 应组织开展危险有害因素辨识工作，并制订相应管理措施，设置明显的安全标志、标识；按规定为职工发放符合国家标准、规范的劳动防护用品，确保岗位员工会用能用；应建立健全重大危险源监测体系，并加强现场动态监控。在基层推行“三表两档一书”（岗位安全职责表、岗位安全自查表、安全隐患汇总表、岗位安全履职档案、隐患排查治理档案、重大复杂作业安全技术指导确认书）管理制度。

8.5 企业安全风险管控体系

风险管控体系是指为消灭或减少风险事件发生的各种可能性，减少风险事件发生时造成的损失，提升企业整体风险管控能力，借鉴系统工程学的建模理论和方法，构建的包括管控主体、管控对象、管控过程三个维度的持续改进模式。

8.5.1 体系工程模式

(1) 体系架构

为有效地加强中国国家某能源集团风险管控能力，消灭或减少风险事件发生的各种可能性，或者减少风险事件发生时造成的损失，构建全面的风险管控体系。体系应符合系统工程学的建模理论和方法，包括管控主体、管控对象、管控过程，如图 8-6 所示。

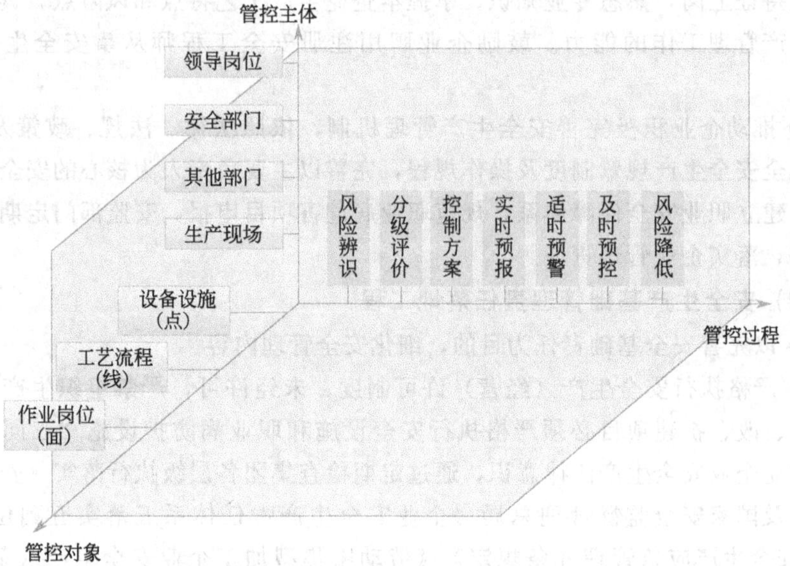

图 8-6　某能源集团电厂风险管控体系建设或优化工程结构图

- 四类管控主体：领导岗位、安全监察部门、其他部门、各厂生产现场。
- 三个管控对象：设备设施（点）、工艺流程（线）、作业岗位（面）。
- 六大管控过程：风险辨识、分级评价、控制方案、实时预报、适时预警、及时预控。

(2) 运行模式

风险管控体系建设或优化应遵循“策划、实施、检查、改进”动态运行模式，即“PDCA”循环，如图 8-7 所示。

第一阶段：计划（明晰职能）

应明确风险管控参与部门（岗位），划分各部门（岗位）职能，包括明晰领导岗位职责、安全监察部门职责、其他部门职责、各厂生产现场职责。

第二阶段：实施（过程建设）

通过理论框架，结合实际情况，构建风险管控体系六大过程，明确各过程主要工作内容及实施方案。

第三阶段：检查（考核评审）

对优化内容及任务的考核，对优化内容及实施方案进行完善，同时，设立主要任务及重点工程，有针对性地进行体系的制订实施。

第四阶段：改进（奖惩改进）

应建立保障制度，确保安全生产责任体系的实施。对于完成情况良好的班组、部门及电厂予以奖励，未达到要求的，进行相应惩处，推动持续改进。

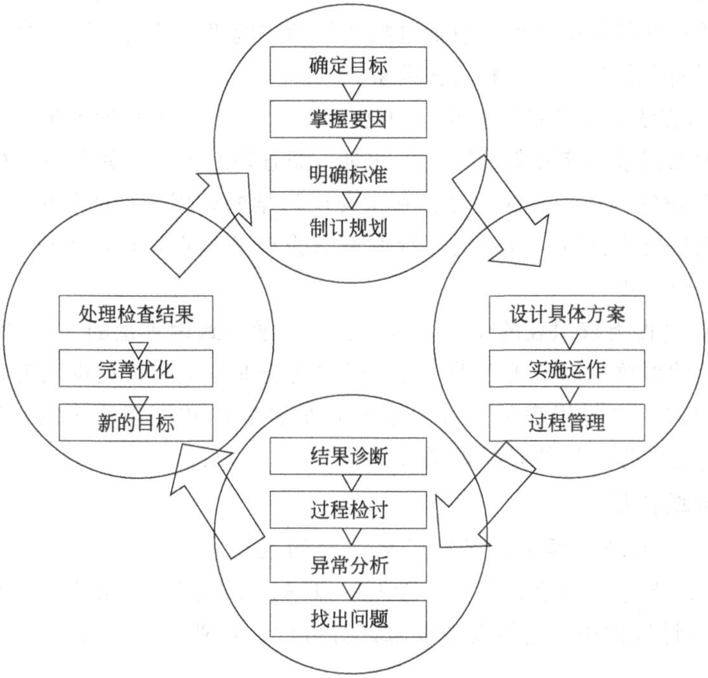

图 8-7　风险管控体系运行模式图

8.5.2　风险管控工作流程

（1）风险管控模式

风险管控模式的工作流程包括风险辨识、分级评价、控制方案、实时预报、适时预警、及时预控 6 个步骤。

（2）风险辨识

风险的辨识工作要以风险控制、强化主体抵御风险的能力为最终目的，最大限度地结合到日常管理工作中，具体见第 4 章。

① 辨识内容。按照系统、准确、充分的原则，将中国国家某能源集团各类危险点要素归纳为设备设施类危险点、作业过程类危险点、作业岗位类危险点三种类型，针对每种类型的危险点进行辨识。

② 辨识重点。查找辨识危险点的最终目的是最终消灭或控制危险点。辨识的过程要充分结合公司现有的管理制度，如设备缺陷管理制度、违章管理制度、工作票和操作票管理等日常管理制度。

③ 辨识层级。辨识层级为集团公司→若干区域产业公司→几百家电厂→电厂各部门→班组。

④ 工作思路。工作思路为各电厂划分的专业板块→三类危险点管理对象→五种危险点形式。其中，电厂专业板块包括原料准备板块、发电板块、输电板

块、配电板块、其他板块；三类危险点管理对象包括设备设施类、作业流程类、工作岗位类；五种危险点形式包括事故或故障，隐患、缺陷或不符合，危险源或危险态，不安全行为，危害和危害因素。

⑤ 辨识方法。以能量转移轮、轨迹交叉论等安全管理前沿的致因理论为指导，结合中国国家某能源集团特点，针对三类管理对象设计如下三类辨识模式。

a. 设备设施类辨识表的设计。基于安全科学的致因理论的物因的研究成果，结合故障类型模式分析，针对电力行业设备设施的特点，设计了电力行业设备、设施辨识类辨识表。

b. 作业过程类辨识表的设计。基于安全科学的致因理论的人因的研究成果，从电力行业的事故原因分析入手，设计了电力行业作业过程类辨识表。

c. 作业岗位类辨识表的设计。基于安全科学的致因理论中的轨迹交叉论，设计了电力行业作业岗位类辨识模板。

(3) 分级评价

① 分级评价理论模型。根据风险评价的基本定律：$R=PL$，进行分级评价。式中，R 为系统风险；P 为风险发生概率；L 为风险后果严重程度。

② 风险评价方法，包括设备设施评价方法、作业流程评价方法和工作岗位评价方法。

a. 设备设施评价方法。电力设备、设施风险分级评价应用评点法，该评价方法从风险后果程度、对系统的影响程度、防止风险的难易程度等几个方面来考虑风险对系统的影响程度，用一定的点数表示程度的大小，然后相乘，计算出总点数，进而确定风险等级。

b. 作业流程评价方法。电力作业流程风险分级评价应用JHA法，该方法将风险的可能性（P）和后果的严重性（L）按程度由高到低分级，形成风险评价矩阵，进而确定风险等级。

c. 工作岗位评价方法。电力作业岗位风险分级评价应用LEC法，该评价法用于评价操作人员在具有潜在危险性环境中作业时的危险性、危害性。用与系统风险有关的三种因素指标值的乘积来评价操作人员伤亡风险大小，这三种因素分别是 L（Likelihood，事故发生的可能性）、E（Exposure，人员暴露于危险环境中的频繁程度）和 C（Consequence，一旦发生事故可能造成的后果）。

(4) 措施制订

① 管控原则。风险分级管控的目的就是要实现基于风险等级的“匹配管控原理”。

② 管控方法，包括技术措施和管理措施。

a. 技术措施。诸如利用信息化手段控制及自动化操作与监控，设立冗余系统，采用连锁装置纠正人的误操作，建立预警系统，提高人的警觉、减少失误等。风险控制的技术措施包括以下消除、预防、减弱、隔离、警告。

b. 管理措施。诸如提高人员安全技术素质及意识，建立健全安全法规，加强设备维护管理，消除隐患，严格控制人员的不安全行为，对危险性较大的作业设置安全监护等。风险控制的管理措施包括以下几方面：健全机构，明确职责；建立健全规章制度和操作规程；全员培训、提高技能和意识；完善作业许可制度；建立监督检查和奖惩机制；制订应急预案并演练。

③ 组织实施。

a. 必须在企业醒目位置设置公告栏，在存在安全生产风险的岗位设置告知卡，分别标明本企业、本岗位主要危险危害因素、后果、事故预防及应急措施、报告电话等内容。

b. 必须在重大危险源、存在严重职业病危害的场所设置明显标志，标明风险内容、危险程度、安全距离、预控办法、应急措施等内容。

c. 必须在有重大事故隐患和较大危险的场所和设施设备上设置明显标志，标明治理责任、期限及应急措施。

d. 必须在工作岗位标明安全操作要点。

e. 必须及时向员工公开安全生产行政处罚决定、执行情况和整改结果。

f. 必须及时更新安全生产风险公告内容，建立档案。

(5) 风险预报

① 危险源（点）自动预报方式。在基本信息更新的情况下，由《风险预警预控信息管理系统》软件对数据库系统自动完成，各相关部门需要适时监察，及时调整预控。

② 管理型自下而上预报方式。主要指班组或车间现场预报操作人员（包括辅助预报人员及预报监管员）通过操作《风险预警预控信息管理系统》将生产安全生产风险因素状态实时预报给区域产业公司或集团安全监察部门等上级部门。

③ 管理型自上而下预报方式。主要指集团层、区域产业公司等安全监察部等上级部门通过掌握生产安全生产状况及趋势，及时发布进行生产及预警预控调整的安全指令，发布对象为能够接收安全指令并及时做出调整的相应下级部门。

(6) 风险预警

① 环境异常预警。安全监察部发布的针对异常天气（雷电、暴雨、大风、冰雹、雪灾、地震等）的预警信息，面向对象为生产预警预控管理的各相关部门（岗位）。

② 危险源风险预警。安全监察部基于危险源（点）预报的设施设备等风险信息隐患情况而发布的风险预警，主要面向对象为各厂相关部门。

③ 风险因素状态预警。安全监察部基于电厂生产现场风险报告员依托《风险预警预控信息管理系统》的预报而发布的生产风险因素风险状况预警，主要面向对象为各班组或车间现场操作人员以及各风险因素的责任部门。

④ 系统自动提示预警。《风险预警预控信息管理系统》对于即将到期或者已

经逾期未得到有效控制的风险因素、隐患状态等的自动提示型预警，主要面向对象为各风险因素、隐患的责任部门；《风险预警预控信息管理系统》对于领导或其他部门发布的安全指令，向其指令接受部门进行自动提示型预警。

⑤ 统计分析专项预警。安全监察部发布的基于一定周期内生产风险报警的历史统计分析，依托《风险预警预控信息管理系统》的自动分析功能而发布的具有一定的总结归纳、分析预测性质的预警信息，可以具体分为风险类型-频率预警、风险级别-频率预警、历史数据统计分析专项预警等方式，主要面向对象为领导或其他部门。

⑥ 专项预警。包括动态（系统实时的风险状态）和静态（一定周期内的历史记录统计分析）两大类：安全监察部发布的基于生产实时风险预报状况（动态）或基于一定周期内生产风险预报的历史统计分析（静态），依托《风险预警预控信息管理系统》的自动分析功能而发布的预警信息，可以针对风险因素的各个关键信息不同而分为角色责任预警、专业查询预警、级别查询预警、管理对象查询预警、预警要素专项预警、风险属性分析预警等方式，主要面向对象为相关的管理及领导决策部门。

(7) 风险预控

① 一级预控。集团统一指挥，组织安全监察部以及该风险所在的区域产业公司的安全管理科和其他相关部门制订具体的技术措施，由各生产部门具体实施，集团、区域产业公司及各相关职能部门做好应急准备，随时启动应急预案。

② 二级预控。区域产业公司安全监察部会同相关电厂组织技术专家评审风险现状，制订具体的技术措施，以降低风险预警等级，电厂及其他部门做好应急准备，整个区域产业公司、电厂保持正常工作、生产和生活秩序。

③ 三级预控。该风险所在的电厂组织生产现场技术员或班组长，根据具体情况采取相应控制措施，评审是否需要另外的控制措施，整个电厂保持正常工作、生产和生活秩序。

④ 四级预控。该风险所在的生产现场车间技术员或班组长组织班前教育，提醒相关操作人员要“各司其职，各控其险”，避免不必要的伤害或损失。

8.5.3 主要任务

为实现风险管控本质安全化，某能源集团须深入开展风险管控体系的完善与优化工作，进一步提高风险辨识分析能力，明确风险管控分级方法，优化风险预控措施，培养超前预防意识，最终实现风险辨识全面化，风险管控分级科学化，风险预控系统化，工作关口前移。

(1) 优化风险管控体系

具体任务是：①科学全面开展风险辨识、风险评价工作；②实现安全风险分级管控；③持续改进风险分级方法和管控清单；④创建风险管控闭环模式。

(2) 创建风险管控数据库

组织基层企业进一步完善基于岗位的风险预控数据库。在各行业，以专业、关键岗位、工艺流程、设备设施等为重点，组织专门队伍进行风险辨识，确认风险等级，制订防范措施，逐一录入岗位风险数据库，将风险数据库与现场风险管控制度措施相关联，定期做好风险数据库的更新与维护，确保岗位风险“零失控”。

(3) 实现风险预控系统化管理

基于风险预控“匹配管理”理论，风险级别与风险预控级别相适应。具体原则为：“Ⅰ”级风险采取一级管控，“Ⅱ”级风险采取二级管控，“Ⅲ”级风险采取三级管控，“Ⅳ”级风险采取四级管控；根据以上原则，制订有针对性、可操作性强的预控措施，重点做好工作票风险预控工作，确保实现“三个杜绝”，保障现场作业安全。

加强培训和现场监管，确保从业人员掌握每项作业存在的事故风险和防范措施，提高从业人员预知危险、安全操作、应急处置能力；强化过程管理和动态考核，促进设计、制造、安装、调试、生产等环节有针对性地开展风险管控，根除事故风险；采用“菜单式序列安全确认法”，即菜单式班前安全确认、菜单式交接班安全确认、菜单式危险源排查、菜单式安全节点确认等，从细节上保证安全确认的可靠性和真实性。

(4) 开发风险预警预报信息系统

依托新一代互联网、物联网、大数据、云计算和智能传感、遥感、卫星定位、地理信息系统等技术，创新安全风险防控手段，强化监测监控、预报预警，提升风险管理数字化、网络化、智能化水平。

安全生产风险预控体系创建工作是一项科学性、系统性的工作，为配合风险预控体系的有效运行，提高安全生产管理效率，应开发基于风险分类识别、科学分级、风险“三预”理论的风险管理信息系统软件。

本着“先重点、后一般”的原则，风险预控软件应针对辖区风险种类开发相应预警模型，得出具体的风险等级，实现分级管理，帮助各级安全主管部门做出合理决策，指导安全检查、隐患排查、安全监督等具体工作。

8.6 企业事故隐患查治体系

8.6.1 建设目标

安全生产事故隐患排查治理体系得到明显优化，安全生产事故隐患排查治理水平显著增强，安全生产事故隐患排查治理能力稳步提升。涉及生产和基建两大产业板块的隐患分类分级、认定、排查、报告、治理等全过程效率显著提高，努力加大基建工程设备设施隐患排查覆盖率，至2020年达到70%，至2025年实现100%；持续确保各类事故隐患整改率达到100%、各类隐患建档率、上报准确率达到100%；保证重大事故隐患治理方案编审及时、一般隐患治理管控及时、安全事件治理措施编审及时，实现事故隐患排查治理常态机制高效运转。

8.6.2 主要任务

基于现代安全管理理论和方法并结合公司生产和基建两类产业的隐患查治工作现实，进行事故隐患分类、认定、分级、排查、报告、治理等方面的优化提升。建立起全员参与、全岗位覆盖、全过程衔接的闭环管理隐患排查治理常态机制，实现安全生产的源头治理、关口前移、标本兼治。从根本上消除生产过程的事故隐患，有效防止和减少各类事故，做到安全生产的超前预防和本质安全，提高基层企业安全生产保障水平。

8.6.3 主要措施

(1) 优化隐患查治体系

① 制订全面隐患排查清单（隐患分类辨识）。参考水电运行、水电基建工程行业隐患排查治理相关检查标准，广泛征求公司全员的意见，认真筛选安全检查对象，确定必检项目，删减不必要和不存在检查项目，增加标准中没有而公司特有的检查项目；将确定的必检项目，分解到各相关部门、班组、岗位，形成既符合行业标准又符合本单位实际的检查标准，将所有检查项目、类型、依据、周期、部门、责任人等内容编制成清单（册）；组织安全技术、工程技术人员、专家对编制的隐患排查清单进行评审，将通过评审的清单转化为安全检查项目，依照清单内容开展隐患排查。

② 修订重大事故隐患认定标准，制订重大隐患认定清单（隐患认定）。根据政府出台的重大事故隐患判定标准，结合抽蓄发电生产和电站基建项目实际情况，修订、制订重大事故隐患确认办法。认定办法应由电力系统安全领域工作经验丰富的资深专家组成专家组进行研究，须涵盖抽蓄生产、基建工程两大专业板块，全面地从不同角度界定电力系统重大事故隐患，以保证重大事故隐患界定的科学性及全面性。结合认定办法，对近年生产和基建事故进行实例分析，制订出服务于公司电力系统的重大事故隐患认定清单。对国家电网某公司本部、二级单位的安质部、运检部、基建部相关安全人员进行事故隐患辨识的培训，并在工作中不断完善和修改重大事故隐患清单。

③ 开发基于风险的隐患分级方法标准（隐患分级）。应用RBS——基于风险的监管理论，开发“三维-四步”隐患分级模型，并组织培训，确保员工掌握分级指标体系及指标评价标准，对认定的重大隐患可进行快速分级，及时做出处理

并上报。其流程为：首先，根据隐患排查清单进行全面排查，然后，根据重大隐患标准确定所排查隐患属于一般隐患还是重大隐患，在确认为重大事故隐患后，针对重大事故隐患进行风险分级，根据隐患的不同等级进行不同程度的整改处理，实现科学预防。

④ 编制配套事故隐患查治工具（隐患排查）。编制与事故隐患分类、辨识、认定、分级相配套的排查治理工具，主要包括四套专项隐患查治工具和一套综合报告统计分析工具。四套专项隐患查治工具分别是人因隐患查治工具、物因隐患查治工具、环境因素隐患查治工具和管理因素隐患查治工具。每套查治工具包括3张表，即事故隐患报告表、事故隐患整改通知单、事故隐患整改反馈单。一套综合报告工具包括设备设施事故隐患报告统计分析表、人因隐患事故报告统计分析表、环境因素事故隐患报告统计分析表、管理因素隐患事故隐患报告统计分析表、事故隐患季度（年度）报告统计分析表等。

⑤ 构建隐患基础数据库。划分电站专业事故隐患类别，明确查治对象；针对电站专业的发电板块、基建板块、其他板块，分别从设备、人员、环境、管理四个方面展开事故隐患识别和分析；统计记录事故隐患辨识情况、认定分级情况、处理情况，编制事故隐患基本数据代码，构建系统全面的国家电网某公司抽蓄电站专业事故隐患基础数据库；重点优化基建工程涉及专业和岗位的隐患排查工作，组织专门队伍进行安全检查，确认隐患类型、制订防范措施，逐一录入岗位隐患数据库，将隐患数据库与“两票”相关联，定期做好隐患数据库的更新与维护，为从根本上消除抽蓄电站建设、生产的潜在隐患，提升系统本质安全水平，提供技术支持。

(2) 优化隐患查治机制

① 创建隐患查治机制（隐患报告）。包括确定事故隐患查治工作基本指导思想、基本原则以及工作目标，制订事故隐患查治工作流程、报告模式，确定本部、二级公司、部门的工作职能，落实事故隐患查治主体责任。

② 修订隐患查治相关规章制度。根据建立的隐患查治机制，修订《国家电网某公司生产设备设施隐患排查治理管理办法》，并将隐患排查内容拓展至人的不安全行为、管理的缺陷；同时，编制《管理办法》的解读文件，在全公司进行宣贯培训，纳入安全教育培训的考核内容，其目的是最大化地发挥隐患查治体系的作用，促进隐患查治工作的高效运转。

(3) 落实隐患治理措施

设计事故隐患分类分级的标准化治理措施。添加标准化治理措施至动态隐患数据库；加强隐患查治能力的培训（提高考核标准、合理延长培训时间、增加考核频率）和隐患治理的现场监管，确保从业人员掌握每项作业存在的事故隐患和防范措施，提高从业人员预知危险、安全操作、应急处置的能力；强化过程管理和动态考核，促进设计、制造、安装、调试、生产等环节有针对性地开展隐患排查治理，根除事故隐患；可采用"菜单式序列安全确认法"，即菜单式班前安全确认、菜单式交接班安全确认、菜单式危险源排查、菜单式安全节点确认等，从细节上保证安全确认的可靠性和真实性；将动态隐患数据库与本部安监信息技术平台有机关联，定期做好事故隐患动态分析和事故预警。

(4) 推进创新助安工程

鼓励和引导各级人员（全员）围绕本岗位进行风险预警预控和隐患排查治理，通过安全风险排查和事故隐患查治进行岗位创新（即全员均有资格基于对本岗位的风险和隐患排查结果进行安全创新，开发和创新适于本岗位的隐患、风险治理措施，并可在全公司推广，效果优良可得到相应的奖励），提升设备、设施、工艺的安全水平，积累安全创新成果，用岗位创新助力风险识别工作和隐患查治工作的深入开展；创新隐患查找绩效激励模式，建立积分奖励池，每月定期划拨500积分作为当月基本积分奖励来源。

(5) 隐患精细化查治

① 推行"地毯式"查找隐患方法。将隐患排查纳入设备巡视等例行工作，开展常规"勤排查"，保持排查高频度；开展事故、隐患专题和迎峰度夏等固定专题的专项"深排查"，提高排查纵深度；结合春季安全大检查等开展监督"全排查"，扩大排查覆盖面。对于一般隐患，出现一次则记录在案，出现两次则列为专项排查对象；对于重大隐患，直接列入专项排查对象，同时，密切关注国网公司相关通报、行业新闻等，举一反三，以点带面，达到"发现一个隐患、消除一类隐患"的效果。建立重点设备清单，及时收集设备相关信息，对设备状态开展实时评估、日对比分析、周趋势分析、月评估报告，强化重点设备的隐患排查，提高排查的准确及时性。以科技为引领，推进"无人飞机辅助巡视系统""覆冰在线监测系统""输电线路GPS巡线及现场监控系统""输电线路巡检智能机器人""变电站远程视频监控系统"等高科技技术的应用，提升隐患排查作业效率和专业化水平，打破地形环境限制，保障人员安全。

② 开展"源头式"分析隐患方法。建立常态化的第三方评估机制，建立隐患管理专家库。基层单位在发现疑似隐患后，组织专业技术人员进行预评估，确定需要专家评估的，在最短时间内组织专家对隐患进行"会诊"，提升隐患评估的专业化、社会化水平；按照"谁主管、谁负责"的原则建立四层次隐患管理成因分析机制，分别从个人层、班组层、公司层、本部层，逐级落实责任人，分析管理原因，提出管理对策并执行管理优化方案，完善相关管理制度和标准，使工作得到系统、本质改进。

③ 实行"闪电式"治理隐患方法。可搭建由运维检修部（基建部）和安质部联合组成的集中指挥平台，将隐患治理和月度检修、大修、技改等工作充分结合。同时，通过在线监测和监控系统应用、业务现场联系等多种手段综合应用，强化现场执行过程管理，实现隐患治理的集中指挥、快速高效；对于尚未治理的

隐患，本部建立监控预警制度，及时跟踪隐患治理和防控措施落实情况，适时预警、催办。基层单位建立跟踪巡视制度，缩短巡视、监测周期，加强隐患跟踪，分析隐患发展趋势，检查控制措施是否有效，防止隐患发展成事故。

8.7 企业安全信息化体系

信息化是指培养、发展以计算机为主的智能化工具为代表的新生产力，并使之造福于社会的历史过程。安全信息化是将日常安全管理工作通过信息技术实现安全管理网络化平台化。系统建设应以科学发展观为指导，加快发展安全管理信息化。坚持以信息化带动安全管理科学化、以科学化促进安全管理信息化，创新安全管理模式，提升安全管理水平。下面以某能源集团为例，阐述企业安全信息化体系的建设。

8.7.1 体系建设

(1) 体系建设

为了有效地进行企业安全管理信息化建设，需要构建安全管理信息化建设体系结构模型。根据系统工程学的霍尔模型，企业安全管理信息化体系由三个维度构成，即建设主体、建设内容与建设过程。企业安全管理信息化体系建设模型图如图 8-8 所示。

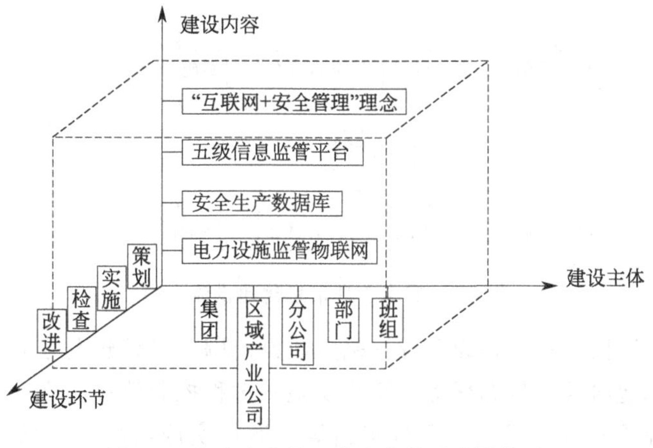

图 8-8 企业安全管理信息化体系建设模型

图 8-8 全面系统地表达了企业安全管理信息化建设的主体、内容及环节。

五个建设主体：集团、区域产业公司、分公司、部门和班组。

四个建设内容：电力设施监管物联网建设、安全生产数据库建设、五级信息监管平台建设、"互联网＋安全管理"理念建设。

三个建设环节：策划、实施、检查、改进。

（2）体系构成

① 安全管理信息化建设体系的构成：企业多层次的“综合建设体系”。

② 安全管理信息化建设的责任主体：企业各级领导、主管人员。

③ 安全管理信息化建设的领导机构：企业安全管理信息化建设领导小组与工作组。

④ 安全管理信息化建设的成员单位：安全管理信息化建设的核心试点单位与保障为主的协同部门。

（3）建设流程

企业安全管理信息化建设遵循如图 8-9 所示流程推进。整个过程是一个循环，其中每一阶段建设有各自的主要任务。

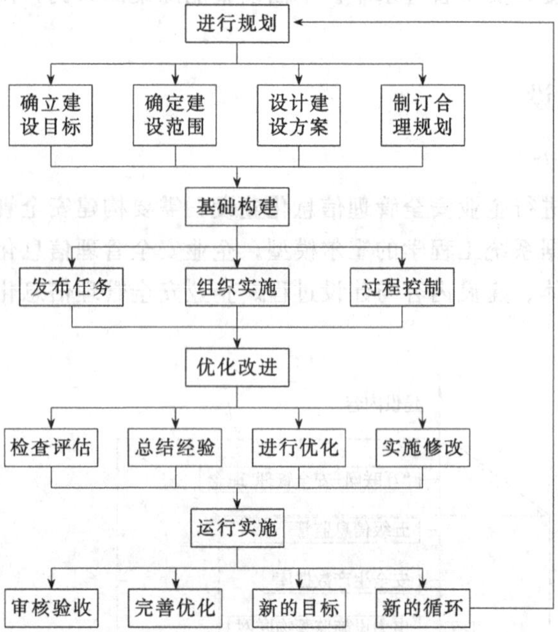

图 8-9　安全管理信息化建设流程图

进行规划阶段：确立建设目标—确定建设范围—设计建设方案—制订合理规划等；基础构建阶段：发布任务—组织实施—过程控制等；优化改进阶段：检查评估—总结经验—进行优化—运行实施等；运行实施阶段：审核验收—完善优化—新的目标—新的循环等。

（4）运行模式

安全管理信息化建设以安全生产综合监管信息化工程建设为主抓手，以信息化提升管理水平为方针，以“统筹规划、分步实施、循序渐进、逐步升级”的策略进行安全管理信息化建设，其运行模式采用“预先策划、实施落实、过程检查、持续改进”动态循环的模式，即“PDCA”循环。通过自我检查、自我纠正和自我完善，建立持续改进的安全长效机制。

① 确定目标，形成方法。构建数字化管理理念，创建安全管理工作平台，明确信息化建设目标，重点进行安全管理信息化建设，逐步实现信息化全面化发展，明确方案中的“5W2H”并作为推进企业安全管理信息化工作实施的思想指导。

② 规划导向，具体执行。以发展规划为依据，以建设目标为导向，进行安全管理信息化建设，打造信息化、网格化、全覆盖、数据共享、需求主导的信息化建设格局，结合企业安全管理现状，设定安全管理信息化体系化建设目标及规划体系，拟定措施。

③ 效果测评，原因分析。研究并制订企业《安全管理信息化评定标准》，为集团公司安全管理信息化建设提供测评工具，为持续安全管理信息化建设提供依据和导向。定期检查信息化基础设施和应用能力是否得到加强和完善，把信息化发展是否有利于整合资源、是否良好实现互联互通、是否有利于集团提高数字化安全管理来测评信息化建设的状态。对出现的问题，要从文化引领、技术引导、资金保障、人才补充查找原因。

④ 纠正措施，长效机制。根据目标规划，组建由安全专家、权威机构及专业人员组成的审核评估队伍，分阶段审核安全管理信息化建设情况，评估完成效果。对于充分节省人力、物力、财力，并且信息报送快捷，命令得以及时发送的措施和办法，应及时总结，积极推广。对于存在问题的环节，应注意积累经验，不断改进，确保以后工作效果的持续提升，保证安全管理信息化工作开展的科学性、专业性和实效性。

8.7.2 主要任务

(1) 树立安全管理信息化意识

安全管理信息化的发展不仅要在技术上形成基本支撑，更重要的是要在管理人员心中树立信息化安全管理意识，习惯性地运用信息化、网络化思维和先进设备，高效地开展分公司的安全管理工作。全面推进企业管理模式管理变革，确保企业有一个科学、规范的管理基础，并在学习、研究和应用先进管理思想和方法的基础上，逐步改变企业落后的管理模式，进而建立起新的管理模式。将信息化安全管理意识作为一种独特的安全文化纳入安全企业安全教育课程中，牢固树立并培养信息化安全管理意识，这对企业实现从一般化安全管理向信息化安全管理推进具有重大的意义。

(2) 应用信息化技术进行趋势预测，提高预警预防能力

加强对隐患危险程度的分析和研判、建立安全生产风险指标体系，对隐患的危险程度进行分级分类，敏锐地把握安全生产隐患的危险性，对安全生产状态进行趋势预测，及时预警和防控隐患是最大限度地为化解隐患、防范事故创造前提条件。预先发现隐患、排除隐患、预防事故的发生是安全管理的目标。安全管理信息化是采用信息化手段，根据设备生产运行数据对生产安全形势进行趋势预测，对可能存在的隐患实现超前辨识、预警并消除来提高风险预警的能力，从而更大程度地避免事故的发生。重点加强统计和积累历史数据，综合搜集和分析各种风险因素，智能分析预测潜在隐患，自动预警，提出重点防范的企业和区域，把安全管理工作的重心前移到预防预警上。

(3) 加强五级联动，提高信息化管理协同能力

利用现代通信、信息网络等先进技术，统一建立集团监管系统五级联动信息平台，以利于组织领导、协同管理、整合资源、信息共享、数据集中，促进集团监管系统内部之间及与外部相关系统的业务协同能力。集团公司级主要进行战略决策，明确集团的发展走向；区域产业公司级则针对集团公司决策进行规划调整与部署；分公司级以统筹分公司安全生产的引导、规范、监管、服务等工作为重点，着眼于提升决策能力；部门级以贯彻落实上级的工作部署为重点，并进行日常工作检查；班组级侧重于采集、填报、核实数据信息并保障物联网设备的正常运转。通过集团公司监管系统信息平台，形成决策层、规划层、部署层、执行层和辅助执行层五级联动体系。

(4) 实行全面监控，提高安全管理信息化效能

安全管理信息系统要进一步完善发展，在企业内部各重点位置装配高精度探测仪器，实现无死角实时地进行安全管理，全面监控企业内重大危险源、事故易发点、技术环节薄弱点的安全生产动态。集团统筹部署各种动态、实时监测技术与装备的应用，加强推广 GPS、GIS、RFID 技术、数据采集仪等对重大危险源、重大隐患的信息动态采集、推广监控的应用，实现对重大危险源、隐患的探测、定位和信息获取，并且能有效地进行数据分析并将分析结果可视化，呈现在安全管理平台上。分公司在集团的统筹安排下，结合本企业的实际情况，因地制宜采用适用的技术和装备，健全和完善基础信息获取和更新的技术管理机制，建立多层次的信息资源采集渠道，加强对日常安全生产监控监管工作的检查、重大安全生产事故和隐患信息的采集、上报、核实。重点是大面积增设信息采集点和监控设施，增加流动监控人员和监控设施，把监控摄像头、传感器等终端直接设置到重点企业和危险设备上，实现高效实用的现场信息采集和处理。

(5) 促进互联互通和系统集成，提高信息资源共享能力

加快建设全集团公司安全生产数据中心，加强各部门协调，完善共享交换平台，促进各级基础数据和管理信息的共享。加快推进统一的安全指标体系管理，加紧规划和研制安全数据共享标准、数据交换协议和数据交互规范，实现各类安全数据的上传、采集、整合，促进各业务系统的互联互通。

下级以上级信息资源中心为基础，逐步建立健全基础数据库和专题数据库，基本建成信息资源中心，制订各部门直接数据的对接机制，按照统一部署、统一标准规范的形式实现信息的传递和共享。

(6) 设备设施安全管理信息化平台建设

创建适合本企业的设备设施安全管理信息化平台，其主要功能是实现安全管理水平不断提高、全面多途径地进行安全管理工作。通过购置计算机等硬件设备以及开发相关应用系统功能模块，实现集成重大危险源管理、隐患排查治理、特种作业人员管理、教育培训等功能平台化进行，并集成安全基础信息、安全决策、安全培训、安全考核、风险预控、体系建设、应急管理等方面的安全管理软件。通过互联互通和信息共享机制，各级部门之间实现数据信息实时对接，实现安全管理部门对电力设备设施运行状况实时监管，从而建成一个信息化、智能化的综合管理平台。

8.7.3 重点工程

(1) 推动互联网＋安全管理建设

①安全信息的采集、分析、利用网络化；②加强安全管理信息的推送、公开与公示。

(2) 五级安全管理信息平台建设工程

①以平行整合为重点的安全管理信息平台；②以纵向整合为重点的五级安全管理信息平台。

(3) 安全生产数据中心建设工程

①安全生产数据交换平台建设；②基础数据库建设；③主题数据库建设。

(4) 基于物联网、大数据的顶层设计建设工程

基于企业架构的安全管理信息化顶层设计是一项综合性、系统性的工程，需要从全局角度审视与信息化相关的业务、技术和应用之间的相互作用关系以及这种关系对业务流程和功能的影响。

(5) 安全管理物联网建设工程

①电厂安全管理信息化；②电厂安全管理虚拟化；③电厂安全管理智能化；④强化安全管理物联网下的企业文化。

第9章 地区本质安全实践范例

9.1 城市安全生产科学预防体系创建

依托地区政府安全生产综合监管的平台体系优势，构建针对地方行业、企业的安全生产科学预防体系，实现企业本质安全生产目标。

9.1.1 “泰安城市本质安全模式”构建之背景

为全面实现地区安全生产规划战略目标，即到2020年，山东省安全生产事故风险防控水平和全民安全素质全面提升，重点行业领域安全生产状况明显改善，安全生产监管执法能力、技术支撑能力和事故应急救援能力显著提升，事故总量进一步下降，重特大事故得到有效遏制，职业病危害得到有效治理；为全面落实泰安市城市安全生产纲要提出的塑造和维护“平安之都、和谐泰安”的城市形象，完善安全生产监管体系，做好重点行业和领域的安全生产专项整治工作，加强安全生产监督检查，进一步修订完善各项应急救援预案，最大限度地减少事故伤亡和损失的要求，泰安市安全生产委员会基于本质安全的理念和模式方法，于2013年启动了《“安如泰山”的安全生产科学预防体系创建研究》项目。

9.1.2 “泰安本质安全模式”构建内容

“泰安本质安全模式”简称“泰安模式”，包括全面、科学、完整的安全系统工程和综合治理体系，核心内容是三大技术模型、12个体系指南、60项创建任务、12项重点工程、数百项方法举措。

(1) 三大技术模型

一是“泰安本质安全战略模型”：“安如泰山”安全生产科学预防体系的“战略模型”对体系进行了“顶层设计”，如图9-1所示。

二是“泰安本质安全理论模型”：“安如泰山”安全生产科学预防体系的“理论模型”奠定了“泰安模式”的理论基础，如图9-2所示。

三是“泰安本质安全机制模型”：“安如泰山”安全生产科学预防体系的“机制模型”给出了“泰安模式”的创建及运行的技术路线，如图9-3所示。

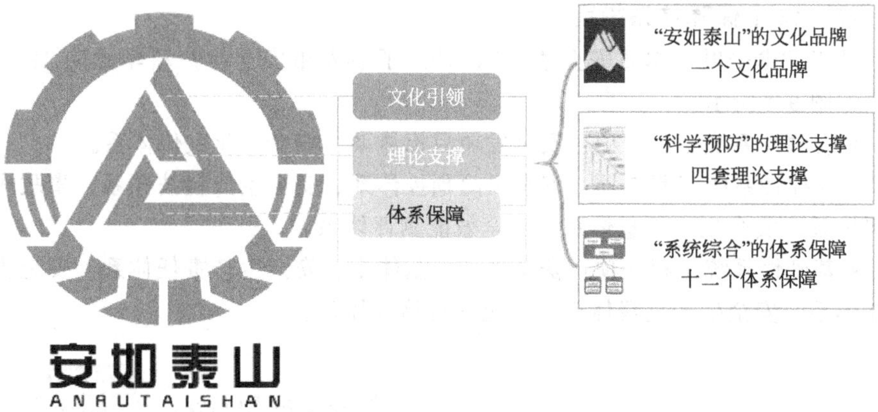

图 9-1 “泰安模式”的战略模型

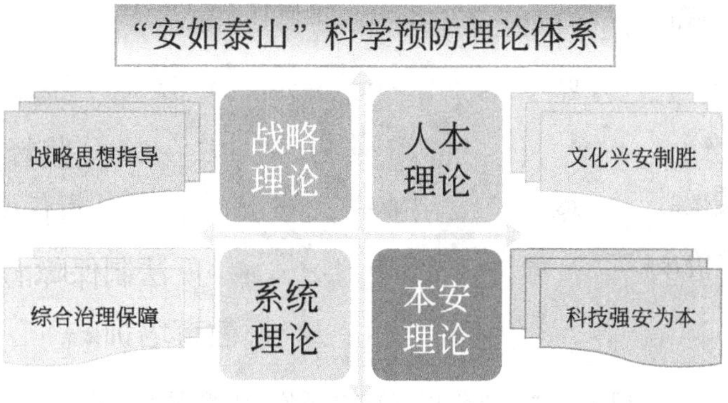

图 9-2 “泰安模式”的理论模型

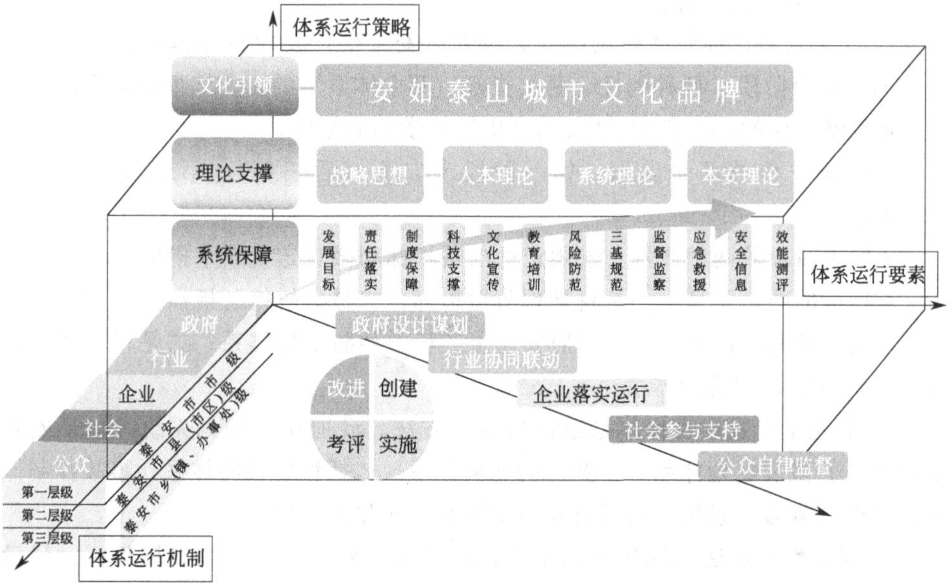

图 9-3 “泰安模式”的机制模型

(2) 12个保障体系指南

基于"泰安城市本质安全模式",设计了泰安市安全生产科学预防12个体系,如图9-4所示。

● 引领性系统工程2项:安全发展目标体系、安全文化宣传体系。

● 支撑性系统工程5项:安全风险预控体系、安全生产科技体系、事故应急救援体系、安全生产信息体系、安全效能测评体系。

● 基础性系统工程5项:安全生产三基体系、安全生产责任体系、安全生产法制体系、安全生产监督体系、安全教育培训体系。

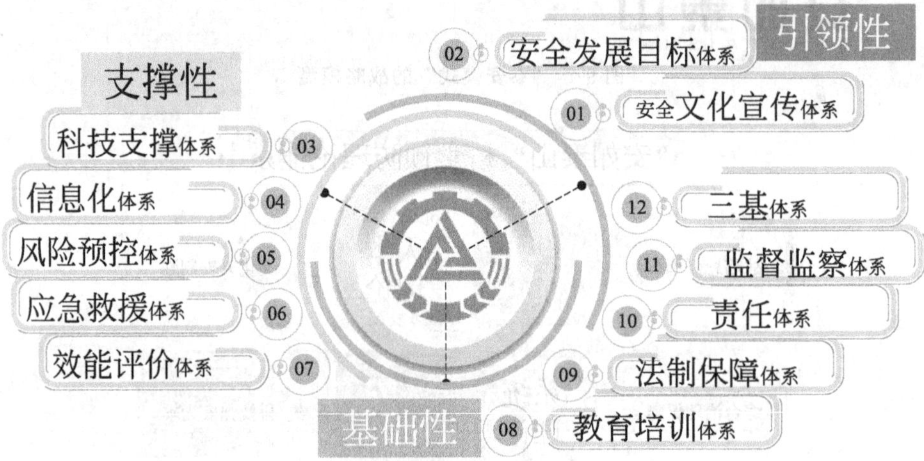

图9-4 "安如泰山"城市本质安全科学预防体系

① 安全发展目标体系

a. 安全发展目标体系建设模式。泰安市安全生产发展目标体系设计为"一个方向、两个阶段、两种属性、两类指标、两个体系"的12222框架体系。

● 战略工作的一个方向:"安如泰山"科学预防战略。

● 时间进程的两个阶段:第一阶段十二五(后三年);第二阶段十三五(2020年)。

● 发展目标的两种属性:宏观定性战略指标和微观定量战术指标。

● 指标的两个类型:一是科学预防性指标,二是事故控制指标。

● 指标的两个体系:一是政府安全生产科学预防指标体系;二是行业企业的安全生产科学预防目标体系。

b. 安全生产发展目标体系建设内容和方法。政府统筹规划系统,包括宏观统筹体系、微观规划体系;行业协同联动体系,包括科学预防体系、事故控制体系;社会监督参与系统,包括群众检举体系、科技创新体系。

c. 安全生产发展目标体系的主要创建任务。科学制订安全发展目标;科学规划布局工业园区;全面淘汰落后产能企业;推动技术工艺装备升级。

② 安全责任落实体系

a. 安全责任落实体系建设模式。泰安市安全生产责任体系建设按如下模式设计。

● 四主体的责任体系：企业落实保障责任主体；中介技术服务责任主体；政府部门依法监管主体；社会组织及工会的监督责任主体。

● 三层级的责任对象（三类责任人）：领导决策层；过程管理层；现实执行层。

● 各行业的专业责任：针对 20 个产业进行分类监管，包括煤矿、非煤矿山等。

b. 安全责任落实体系建设内容。企业责任体系，包括企业决策层、管理层、执行层责任体系；中介责任体系，包括安全培训机构责任体系、安全评价机构责任体系、技术检验机构责任体系；部门安全责任体系，包括安全专业部门责任体系、行业部门管理责任体系；政府责任体系，包括市级责任体系、区县责任体系、乡镇责任体系。

c. 安全责任落实体系的主要创建任务。强化各级政府安全监管责任；强化部门安全生产监管职责；强化企业事业单位主体责任；强化依法追究安全生产责任；强化中介机构技术保障责任。

③ 安全法制保障体系

a. 安全法制保障体系建设模式

● 目标：修订、制订本市亟须的安全生产地方法规、规章、标准及规范性文件并贯彻实施；完善本市安全生产监管监察体制，重点加强区（县）、乡镇（街道）安全监管（管理）机构和执法检查队伍建设；进一步健全、完善全市安全生产运行机制，促进企业安全生产主体责任进一步落实。

● 原则：坚持安全发展的理念，大力推进依法行政和基层基础工作的创新；坚持标本兼治、重在治本，扎实推进安全生产的综合治理；坚持尊重基层和群众的首创精神，充分调动基层政府及有关部门、生产经营单位的积极性；坚持当前建设与长远建设相结合，促进安全生产法制体制机制建设全面、协调、可持续发展。

b. 安全法制保障体系建设内容和方法包括加强安全生产法制体系建设，建立健全安全生产法制秩序，完善安全生产标准体系，大力推进安全标准化建设，落实政府安全生产监管职责，进一步完善安全生产监管监察体制，加强基层安全监管体制建设，落实基层政府安全生产监管职责。

c. 安全法制保障体系主要创建任务制订出台一系列有利于安全预防的政策和制度；整合法律法规资源和执法力量；督促企事业单位完善安全管理规章制度。

④ 安全科技支撑体系

a. 安全生产科技支撑体系建设模式

●目标：全面贯彻落实安全生产方针，依法实现安全生产监管监察，为安全生产监管监察提供科技支撑，为安全生产提供技术资源和技术导向。

●原则：紧密结合市情实际，以法律法规为基础，以规划为先导，以科技为保障，充分发挥市场经济条件下政府、事业单位、社会中介组织、企业各自的职能与作用，优化配置，全面整合安全生产科技保障资源，为实现“预防为主”“关口前移”、建立安全生产长效机制提供强有力的科技支撑保障。

b. 安全生产科技支撑体系建设内容和方法科技研发子系统，包括加强科技项目组织实施、加强产学研结合、整合科技资源、加大安全生产科技普及与宣传力度；中介服务子系统，包括充分发挥安全中介行业组织的自律作用、继续推动安全中介法制化建设、严格规范安全中介机构行政审批与监督管理；专家技术支撑子系统，包括完善安全生产专家组工作机制。

c. 安全生产科技支撑体系的主要创建任务全面提升安全生产科技支撑水平；大力加强安全生产科技创新；积极推广应用安全生产科技项目；充分利用科技资源，深化产学研结合。

⑤ 安全文化宣传体系

a. 安全文化宣传体系建设模式

●文化内涵：安全观念文化、安全制度文化、安全行为文化、安全物态文化。

●宣传程式：预先策划、实施落实、过程检查、持续改进。

●宣传对象：进机关、进企业、进社区、进学校、进家庭等。

泰安市安全文化宣传工作采用“策划、实施、检查、改进”动态循环的模式，即“PDCA”循环。通过自我检查、自我纠正和自我完善，建立安全绩效持续改进的安全文化宣传长效机制。此外，“PDCA”的方法可适用于体系要素的所有过程。

b. 安全文化宣传体系建设内容和方法。泰安市安全文化宣传体系建设任务、方法、内容如表 9-1 所示。

表 9-1 安全文化宣传体系建设任务及方法内容

序号	宣传对象	任务及方法
1	全面	1.“安如泰山”文化理念宣贯工程
		2. 安全生产科学预防体系宣贯工程
		3.“安如泰山”文化形象建设工程
		4. 安全文化典型引领工程
2	机关	1. 政府安全文化“六个一”工程 （理念、纲要、政策、榜样工程、测评工具、视觉系统）
		2. 安全预防政策建设工程
		3. 安全职业培训基地建设工程
3	企业	1. 企业安全文化“四个一”工程 （手册、规划、测评工具、建设载体）
		2. 企业安全文化品牌活动工程
		3. 企业安全科技示范工程

续表

序号	宣传对象	任务及方法
4	校园	1. 校园安全文化“六个一”工程 （理念、手册、规划、制度、测评、视觉氛围）
		2. 中小学生安全素养教育工程
		3. 校园安全制度建设工程
5	社区	1. 安全知识宣传普及工程
		2. 安全文化主题设施建设工程
6	家庭	1. 亲情安全教育工程
		2. 安全健康知识进万家工程

c. 安全文化宣传体系建设的主要任务。打造“安如泰山”文化品牌；提升全民自觉安全防范意识；积极推进安全文化示范工程建设；培育安全文化宣传活动的品牌；建设安全文化主题公园。

⑥ 安全教育培训体系

a. 安全教育培训体系建设模式

● 目标：更新教育培训理念；完善教育培训制度；强化教育培训基础建设；创新教育培训方式方法；加强教育培训监督管理。

● 原则：坚持竞争择优、改革创新；坚持联系实际、学用结合；坚持质量第一、注重实效。

b. 安全教育培训体系建设内容和方法全面提高企业从业人员安全素质，全面深化干部教育培训改革，完善安全生产教育培训法规标准体系，推进安全生产教育培训基地，师资和教材三项基础工作，全面提升安全生产教育培训质量，全面落实安全生产教育培训责任。

c. 安全教育培训体系建设的主要任务。建设安全教育培训基地；创新安全生产教育培训机制；强化安全法制教育；提高企业从业人员素质；提升安全监管人员素质；提高全民安全生产素质。

⑦ 安全风险防范体系

a. 安全风险防范体系建设模式。坚持“基础工作坚实、监控标准明确、立足预防预控、突出过程控制”的理念，按照“集中领导、逐级负责、风险优先、分类管理、条块结合、依托科技、依靠专家、动态评估、综合控制、全员参与、持续改进”的原则，结合“五级六步”安全生产风险防控实施工作标准，通过综合分析判断监管企业的安全生产状态，实现安全生产的风险识别、风险评估、风险控制的全过程管理、实现对安全生产行业、领域和企业安全的预防预控，最终实现“监管匹配、高效节能、科学适用”的新型分类分级监管目标。

b. 安全风险防范体系建设内容和方法（见表 9-2）。

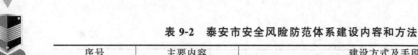

表 9-2　泰安市安全风险防范体系建设内容和方法

序号	主要内容	建设方式及手段
1	规范“五级六步”风险防控标准	1.1 建立全市安全生产风险评估机制
2	完善控制标准	2.1 完善风险防范相关的法规、标准、规章制度及措施 2.2 建立企业生产安全预警指标体系 2.3 建立政府部门生产安全预报指标体系
3	定性定量结合	3.1 企业安全生产风险分级标准和模型 3.2 泰安市安全生产风险预警软件 3.3 单项预警和综合预警相结合 3.4 监测预警和巡视预警相结合
4	完善专家系统	4.1 行业协会督导制度 4.2 风险评价机构服务制度 4.3 安全生产专家介入排查隐患制度
5	细化安全责任	5.1 企业安全生产主体责任落实 5.2 企业事业单位隐患排查整改责任
6	强调全员参与	6.1 安全风险全员预告 6.2 人人参与安全生产

c. 安全风险防范体系建设创建的主要任务。建立重大风险预警监管实施办法；开发风险预警预报系统软件；落实企业事业单位隐患排查整改责任；完善行业主管部门隐患排查工作机制；建立安全生产专家介入排查隐患制度；建立“五级六步”安全生产风险防控规范。

⑧ 安全“三基”规范体系

a. 安全“三基”规范体系建设模式

• 基本构成要素：基层——强化基层建设；基础——落实基础管理；基本——健全基本规范。

• 实施过程：颁布、实施、监管、审核评估、改进。

• 涉及范围：泰安市的市、县、镇监管监察机构以及企业的班组、车间等。

b. 安全“三基”规范体系建设任务和方法。政府“三基”建设的方法主要从基本职能、人员机构、法规规范、信息资源、过程监管、项目管理这 6 个方面进行，见表 9-3。

表 9-3　泰安市安全生产“三基”建设方法

序号	目标子系统	主要内容
	政府“三基”建设体系	
1	基层建设系列	1.1 基本职能体系 1.2 人员队伍体系
2	基础建设系列	2.1 法规规范体系 2.2 信息资源体系
3	基本管理系列	3.1 过程监管体系 3.2 项目监控体系

续表

序号	目标子系统	主要内容
企业“三基”建设体系		
1	基本规范系列	1.1 设备规范体系 1.2 人员规范体系
2	基础管理系列	2.1 工艺管理体系 2.2 作业管理体系
3	基层建设系列	3.1 班组建设体系 3.2 岗位建设体系

c. 安全“三基”规范体系建设创建的主要任务。安全“三基”规范体系主要设计创建7项任务：落实安全生产基层监管责任；强化安全生产基础能力建设；提升全民安全生产基本素质；严格安全准入条件；加强企业安全生产标准化建设；严格企业全员安全培训；加强职业病危害防治工作。

⑨ 安全监督监察体系

a. 安全监督监察体系建设模式

- 四层级监察网络：市级、区县、乡镇、村社四级监管网络。
- 全产业分类监管：针对安全生产行业监管对象进行分类监管，包括化工、非煤矿山等。
- 多方面参与监督：政府、社会、企业三方监督监察体系。

b. 安全监督监察体系建设内容和方法（见表9-4）。

表9-4 安全生产监督监察体系建设内容和方法

序号	监管子系统	主要内容
1	政府监管系统	1.1 事前监管体系 1.2 事中监管体系 1.3 事后监管体系
2	社会监督系统	2.1 媒体监督体系 2.2 社会监督体系 2.3 市民监督体系
3	企业检查系统	3.1 自律规管体系 3.2 人因管理体系 3.3 技术检查体系

c. 安全生产监督监察体系主要创建任务。构建“党政统一领导、部门依法监管、企业全面负责、群众参与监督、全社会广泛支持”的安全生产工作新格局；落实安全生产监管监察责任体系；建设专业化的安全生产监管监察队伍；完善安全生产监管监察执法工作条件；构建安全生产综合监管机制。

⑩ 安全生产应急救援体系

a. 安全生产应急救援体系建设模式。泰安市安全生产事故应急体系建设基本模式主要包括预防、预备、响应、恢复四个阶段，及其危险辨识、预案编制、事态控制、影响评估等15个方面的能力建设。

b. 安全生产应急救援体系建设内容和方法。事故应急体系四个阶段需要建设的内容涉及20个子系统，主要建设的目标和内容要求如表9-5所示。

表9-5 安全生产应急体系的建设目标及内容要求

阶段	建设目标	建设子系统
预防	1. 确立主动式应急理念 2. 全面辨识事故风险 3. 合理评价风险水平 4. 建立应急基础保障	1. 应急法规系统 2. 应急组织系统 3. 应急管理系统 4. 应急队伍系统 5. 应急科技系统 6. 应急预警系统
预备	1. 制订系统全面的应急预案 2. 充分准备事故应急所需资源 3. 实施事故应急能力建设 4. 提高事故应急响应效能	7. 应急预案系统 8. 应急物质系统 9. 应急培训系统 10. 应急演练系统 11. 舆情监测系统 12. 应急信息系统
响应	1. 及时启动应急预案 2. 有效实施应急预案 3. 降低生命、财产和环境损失 4. 有利于事故灾后恢复	13. 应急报告系统 14. 应急指挥系统 15. 应急救援系统 16. 应急通报系统
恢复	1. 企业和社会事故影响最小化 2. 有效吸取事故教训 3. 具备事后重建能力 4. 反馈应急管理能力信息 5. 促进应急保障体系完善	17. 应急救助系统 18. 应急医疗系统 19. 应急评估系统 20. 应急保险系统

c. 安全生产应急救援体系的主要创建任务。应急救援指挥平台建设；应急预案编修和应急演练；应急救援队伍建设；应急救援训练基地建设；应急救援装备产业化；落实企业应急救援责任。

⑪安全生产信息体系

a. 安全生产信息体系建设基本模式

• 目标：进一步完善信息化基础设施和应用能力，加强顶层设计，统一标准规范，整合资源，互联互通，努力建成一个覆盖市、区（县）、街道（乡镇）三级安监部门及其直属机构的安全生产监管信息平台，集成预测预警、分析决策、监管执法、协同办公、公共服务、公告宣传等功能模块，实现网络互联互通、资源共享，促进安全生产监管工作的精细化、规范化、高效化，提高工作效率和科学决策水平，创建安全生产监管新模式。

• 原则：统筹规划，顶层设计；资源整合，数据共享；需求主导，分步实施；平台上移，服务下移；统一标准，上下协同。

b. 安全生产信息体系建设内容和方法（见表9-6）。

表 9-6　安全生产信息体系建设内容和方法

序号	子系统	主要功能和建设方法
1	展现服务子系统	1.1 全市安监电子政务内网门户 1.2 社会公众互联网信息门户展现
2	综合应用服务子系统	2.1 安全生产监管信息系统 2.2 安全生产行政执法管理系统 2.3 安全生产风险预警系统 2.4 安全生产应急指挥系统 2.5 安全生产领导决策指挥系统 2.6 安全生产经营许可管理系统 2.7 安全生产考试培训系统 2.8 安全生产中介服务机构监管系统 2.9 协同办公系统
3	应用支撑服务子系统	3.1 集成开发平台 3.2 门户平台
4	信息资源子系统	4.1 数据库系统 4.2 资源目录体系 4.3 数据交换平台 4.4 地理信息系统(GIS)平台
5	基础设计子系统	5.1 网络、机房、安全设备、存储与备份等
6	安全保障子系统	6.1 涉密信息保护 6.2 安全等级保护 6.3 风险评估 6.4 身份认证与授权管理 6.5 病毒防范 6.6 安全审计
7	服务保障子系统	7.1 人员培训 7.2 运维服务 7.3 制度建设

c. 安全生产信息体系的主要创建任务。安全生产信息体系主要设计创建以下 2 项任务："智慧安监"安全生产综合监管信息化平台建设；提高安全生产监管监察信息化水平。

⑫ 安全生产监管效能评价体系

a. 安全生产监管效能评价体系建设模式

● 三类测评对象：政府、行业、企业三类监管对象。

● 省（市）、自治区政府安全生产监管效能从四个方向进行测评：监察基础建设、执行力建设、行政效率、监管效能。

● 根据测评结果给出四个等级：优、良、中、差。

b. 安全生产监管效能评价体系建设内容及方法（见表 9-7）。

表 9-7　泰安市安全生产监管效能测评体系建设内容及方法

序号	子系统	主要内容
1	政府安全监管绩效测评系统	1.1 市(区)政府安全监管绩效测评体系 1.2 区(县)政府安全监管绩效测评体系

续表

序号	子系统	主要内容
2	行业安全生产效能测评体系	2.1 煤矿安全生产监管效能测评体系 2.2 非煤矿山安全生产监管效能测评体系 2.3 危化品安全生产监管效能测评体系 2.4 烟花爆竹安全生产监管效能测评体系
3	企业安全生产综合效能测评体系	3.1 人员素质测评体系 3.2 安全管理测评体系 3.3 安全文化测评体系 3.4 设备设施测评体系 3.5 环境条件测评体系 3.6 事故状况测评体系

c. 安全生产效能评价体系主要创建任务。推行安全效能定期测评制度；完善安全生产绩效考核奖惩；完善安全生产公众监督制度；编制安全生产效能评价软件。

(3) 12 项重点工程

落实企业安全生产主体责任工程、安全文化理念体系创新工程、危险化学品安全生产强化工程、重点职业病危害防控工程、矿山安全生产强化工程、工商贸重点行业安全监管工程、安全生产教育培训基地建设工程、安全监管监察队伍建设工程、安全生产监管监察装备及设施建设工程、“智慧安监”安全生产综合监管信息化平台建设工程、安全生产应急救援建设工程、安全生产“五级六步”风险防控体系建设工程。

9.1.3 关键技术创新

项目实现的关键创新性技术主要包括：21 个行业的安全发展指标体系；“安如泰山”的文化品牌和文化理念体系；地市级政府安全生产“科学预判、分级管理”的安全生产风险管控机制；针对企业和政府的安全生产“基础、基本、基层”三基模式和方法；面向“地市、区县、乡镇”三级政府的安全监管效能测评系统。

(1) 全面设计各行业安全发展指标体系

“安如泰山”的安全生产科学预防体系如图 9-5 所示，设计了“12222”体系结构的安全发展目标体系。

- 一个创建方向：“安如泰山”安全生产科学预防战略；
- 两个发展阶段：第一阶段“十二五”（后三年）；第二阶段“十三五”；
- 两种指标属性：宏观定性战略指标；微观定量战术指标；
- 两类指标体系：科学预防指标；事故控制指标；
- 两个指标系统：政府安全生产科学预防指标系统；行业企业的安全生产科学预防指标体系。

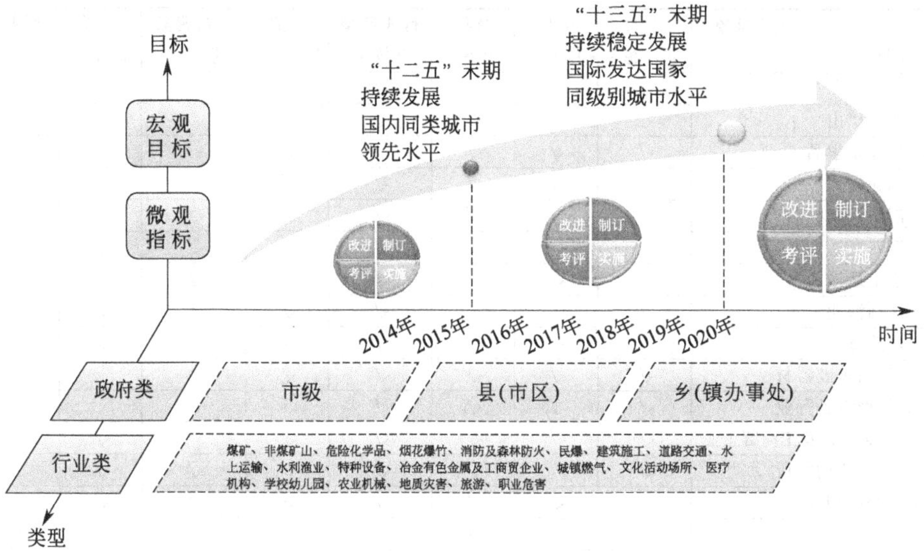

图 9-5 “12222”的安全发展目标体系

(2) 科学打造“安如泰山”的文化品牌

“安如泰山”文化品牌和文化理念体系成果如图 9-6 所示，主要创建了包括“安如泰山”logo 标识、泰安市安全文化宣传体系、泰安市安全文化手册及企业安全视觉识别 SVI 等一系列内容。

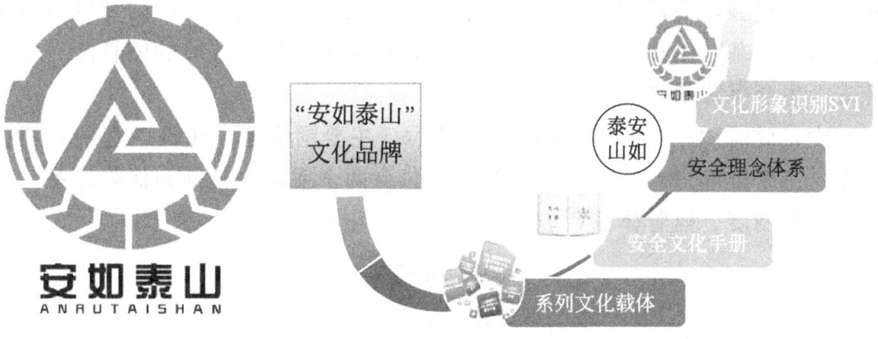

图 9-6 “安如泰山”文化品牌

(3) 深入推进地市级政府安全风险管控机制

根据“科学预判、分级管理”的原则，探索地市级政府安全生产的风险管控机制，其模式主要包括总则、安全生产风险预控体系设计、风险预控体系的主要技术方法、风险预控体系的应用和运行保障等。其中，对泰安市 20 个行业、8 大类风险对象、53 种风险分级方法进行了统计，风险预警功能分布如表 9-8 所示。

表 9-8　泰安市 20 个行业安全生产风险预警功能分布表（8 类 53 种）

风险对象 行业	重大危险源 9	高危作业 8	特种设备 8	行业典型事故 15	气象因素 10	人员密集场所 1	工程施工 1	职业危害 1
1. 煤矿	√	√	√	√	√		√	√
2. 非煤矿山	√	√	√	√	√		√	√
3. 危险化学品	√	√	√	√	√			√
4. 烟花爆竹	√	√	√	√	√			√
5. 消防及森林防火	√	√	√	√	√	√	√	√
6. 道路交通	√	√	√	√	√	√	√	√
7. 水上运输	√	√	√	√	√	√		
8. 水利渔业	√	√	√	√	√		√	√
9. 建筑施工	√	√	√	√	√		√	√
10. 民用爆破器材	√	√	√	√	√			√
11. 特种设备行业	√	√	√	√	√			√
12. 冶金有色及工商贸企业	√	√	√	√	√		√	√
13. 文化活动场所	√	√	√	√	√	√	√	
14. 学校幼儿园	√	√	√	√	√	√	√	
15. 农业机械	√	√	√	√	√			√
16. 城镇燃气	√	√	√	√	√		√	√
17. 地质灾害					√			
18. 旅游	√	√	√	√	√	√	√	
19. 职业危害	√		√	√	√		√	√
20. 医疗机构	√	√	√	√	√	√	√	√

(4) 系统建立企业和政府的安全“三基”模式方法

安全生产“三基”体系创建工作模式，分别从政府和企业两个主体出发，根据建设体系模型，提出操作的具体方法，在强化政府各级监管部门和全市各类行业企业对“三基”工作重要性认识的同时，从根本上提高政府的监管能力和提升企业安全生产保障水平。

其中，政府“三基”体系如图 9-7 所示，主要围绕基层建设、基础管理和基本素质这三个维度进行展开，每一维度都包含两个要素，分别为保障体系、责任落实；规章制度、监管体系；教育培训、文化建设。

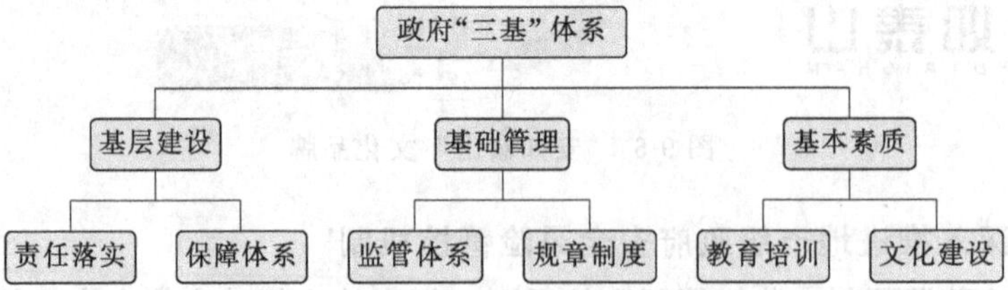

图 9-7　泰安市政府安全生产“三基”体系

企业“三基”体系如图 9-8 所示，从基层建设、基础管理和基本素质出发，利用霍尔模型的三维立体角度，从三个层面进行建设，具体包括责任落实、机制保障；人员行为、工艺设备；教育培训、文化建设。

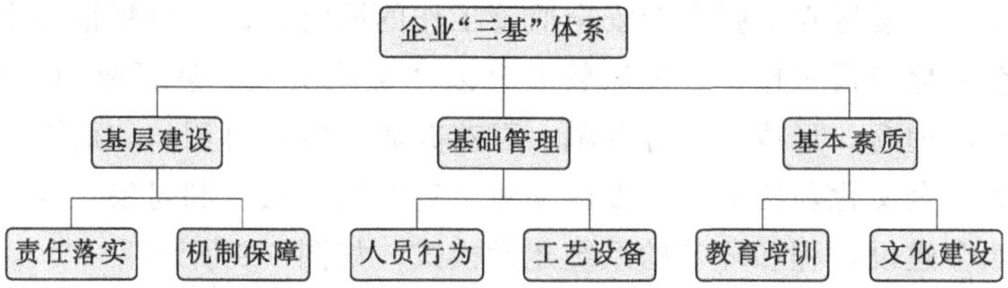

图 9-8　泰安市企业安全生产“三基”体系

(5) 有效开发面向政府的安全监管效能测评系统

开发泰安市安全生产监察效能测评系统，实现了政府地市级、区县级和乡镇级三级安全生产监管效能测评。该系统基于 BSC 平衡积分卡理论方法，根据系统性原则、灵活性原则、可靠性原则和经济性原则设计而成，以提高安全监管效能为目的，对政府安全监管组织履行的安全职责、行为、能力、成效进行测评，实现政府安全监管过程和效果的持续改进和优化。

9.2　经济开发区安全文化体系创建

安全文化建设是政府文化建设的重要组成部分，它包括安全宣传、文艺、法制、管理、教育、文化、经济等方面的建设和组织措施，是预防企业事故的基础性工程，对保障安全生产具有战略性意义。本节介绍某经济开发区安全文化体系创建。

9.2.1　某经济开发区安全文化建设模型

某经济开发区母区总面积约 $40km^2$，是 1984 年经国务院批准建立的首批国家级开发区之一。开发区下辖 9 个社区、93 个小区。

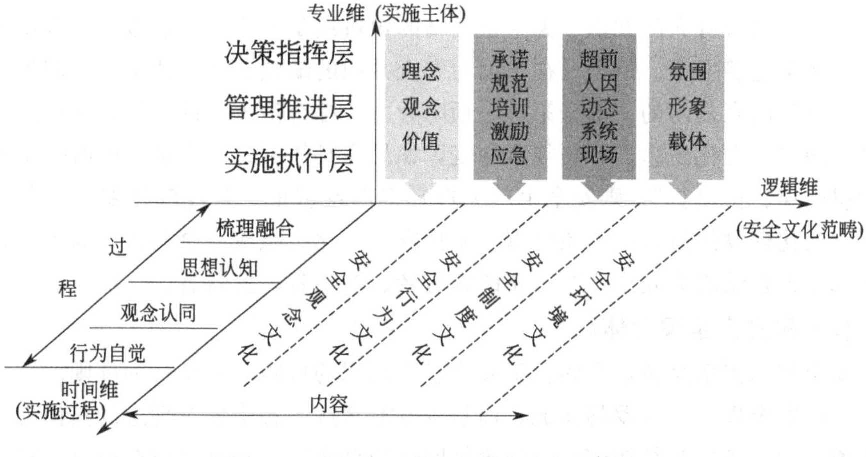

图 9-9　某经济开发区企业安全文化体系

近年来，开发区在加强企业安全监管工作的同时，高度重视推动全区企业大力开展安全文化建设工作。开发区管委会以“文化引领、创新驱动、以人文本、预防为先”的理念，形成“中外共融、百花齐放、特色鲜明、和而不同”的经济开发区企业安全文化新格局。开发区构建了三个建设层次和对象、四个建设维度和方面、四个建设过程和环节的系统建设模式，如图 9-9 所示。

三个建设层次和对象：决策层、管理层和执行层；

四个建设维度和方面：安全观念文化、安全行为文化、安全制度文化、安全环境文化；

四个建设过程和环节：梳理融和、思想认知、观念认同、行为自觉。

9.2.2 安全观念文化实践：理念引领、目标导向

(1) 凝练安全文化核心理念

① 先进的企业安全核心理念。安全核心理念是对企业在日常生产、生活、生存等活动中，所秉持与追求的安全理想与信念的高度凝练。安全核心理念并不是指具体的某一个生产工具、特定的某一个规章制度、悬挂的某一幅宣传标语，它往往可以由一句话概括，如“无危为安无损为全”“所有安全事故都可以预防”等。但是，理念指导行为，行为导致结果，企业的安全核心理念反映的是全体员工对待生命与财产安全的态度，因此，它必然会通过管理、行为、物态等方面反映出来。

开发区的企业在多年的发展、成长过程中，始终紧跟安全发展趋势、把握时代发展特征，结合企业自身的安全生产情况，形成了各具特色的企业安全核心理念。

② 明确的企业安全共识。统一思想、凝聚共识是推行安全生产法治建设的重要前提。所谓安全共识，是指企业全体员工对现有的安全文化观念、安全规章制度、安全操作流程等具体的制度和无形的观念所达成的共识。

安全，是所有人的共识，无论是酒驾的司机还是出事的煤老板，从本质来说他们都希望能够安全。但是，往往因为安全共识的缺失，才导致了一起起事故的发生。上至国家提出的“安全第一、预防为主、综合治理”的方针，下至企业自身具备的安全文化观念、各项规章制度，如果在具体到每一个员工的时候不能做到“识而信、信而行”，则安全生产工作必将困难重重。某经济开发区企业在推动安全文化建设的过程中，始终以“弘扬安全文化、凝聚安全共识”为己任，力求让每个人自觉成为安全生产工作的宣传者、推动者、监督者。

(2) 建立安全理念体系

安全理念体系是企业全体员工安全思想意识的保障和安全行为准则。它不是由简单的安全理念条目罗列而成，而是企业在掌握了各个安全理念的具体内容及作用原理后，搭建起结构完整、观念鲜明、切合实际的一整套被企业员工高度认

同的理念体系。打造企业的安全理念体系是为了能够在全企业进行宣贯。理念体系与管理体系相似却不同，企业所打造的理念体系应当引领性大于约束性，体系的构建需要深入了解本企业的安全文化，方能在本单位中顺利进行宣贯。某经济开发区的企业在安全理念体系构建中，始终坚持着由高层到低层、由低层到高层的双向反馈方式来进行收集、归纳、整理，提炼出了大量符合行业情况、企业情况的优秀安全文化理念体系。

(3) 明确安全价值理性导向

① 清晰的企业安全观念。观念，是认识的表现，思想的基础，行为的准则。现代的安全生产活动，必须在正确的安全观的指导下进行，只有对人类的安全态度和观念有着正确的理解和认识，才能在基础的安全生产中产生高明的安全行动艺术和技巧。某经济开发区经过不断的总结、提升，全区形成了以“安全发展的科学观”“安全第一的哲学观”“重视生命的情感观”“安全综合效益的经济观”“预防为主的科学观”“人机环管理的系统观”等安全观念为基础的安全价值理性导向，向着安全活动的文明时代不断迈进。

② 科学的企业安全工具（工作）理性。所谓“工具理性”，就是通过实践的途径确认工具的有用性，从而追求事物的最大功效，为人的某种功利的实现服务。传统的安全管理往往是亡羊补牢式的经验论管理，然而，因为事故一经发生便会造成不可逆转、无法挽救的损失与伤害，因此，当代安全文化从观念上逐渐体现出安全本质论的倾向，从行为上实现事故预防型的趋势，这就要求安全工具的选用需要具有一定的科学理性，运用科学的管理方法、管理手段来达到超前管理。

开发区政府经过不断的摸索与总结，在累积了大量安全生产经验的基础上，逐渐将安全文化的建设从问题导向转向目标导向和理论导向，以超前、预防、主动为核心，构建当代最为理性的安全行为模式。

9.2.3 安全行为文化实践：行为激励、自律自觉

(1) 全员安全承诺，倡导安全自律

① 倡导员工自律、自责、自我规管。安全自律，是指从事安全生产的个体在学习领会各项安全生产规章制度和行为规范的基础上，使之内化为自己的内心信念，并能够外化为具体的安全生产行为的主观意识。开发区政府将安全自律作为安全生产意识的基础进行建设，同时，将其视为安全文化建设的最高境界。

② 推行全员安全承诺制。安全承诺是组织领导者、管理者对实现组织安全目标所涉及的安全法律法规、安全制度规范和安全生产绩效等要约的同意，以及组织成员对自己的安全责任的履行及安全行为在思想和意志上做出的保证。安全承诺不仅仅是人们做出的口头和书面保证，它更是一种态度，是人们为了保护生命安全与健康，保障安全生产、生活与生存目标的实现，而对安全主体责任和义

务落实的“承”，对遵守安全行为的“诺”。开发区政府鼓励企业推行全员安全承诺制度，以此督促和监督承诺主体的安全思想和行为实践，通过全员安全承诺制的推行，促进安全目标和愿景的实现。

(2) 规范安全行为，强化自觉意识

① 强化“三违”控制。三违是指“违章指挥，违章操作，违反劳动纪律”。具体内容为生产经营单位的生产经营管理人员违反安全生产方针、政策、法律、条例、规程、制度和有关规定指挥生产的行为；工人违反劳动生产岗位的安全规章和制度的作业行为；工人违反生产经营单位的劳动纪律的行为。开发区的企业在反“三违”的过程中通过不断深入细致的工作，采用科学且有针对性的方法，如诺维信的“停下来，想一想”、东海理化的“选、看、勾、谈、录”的现地现物安全作业观察和指差确认工作法、摩比斯的“1234”安全信息互通行动等，都实现了对“三违”控制的不断强化。

② 推行“三能四标”建设。“三能四标”是对企业班组安全文化建设系统工程的高度概括。

“三能”：实施员工安全素质工程，提升员工安全生产三种能力，使班组中每一个工人具备事发前预防能力、事发中应急处置能力和事发后自救互救能力；

“四标”：推行岗位4M标准化，提高班组安全生产保障水平，即班组长安全素质达标、员工安全装备达标、岗位安全环境达标、现场作业程序达标。

(3) 全员安全培训，提升安全素质

安全培训，一般是指以提高安全监管监察人员、生产经营单位从业人员和从事安全生产工作的相关人员的安全素质为目的的教育培训活动。安全培训是安全生产管理工作中一项十分重要的内容，同时，也是提高全体劳动者安全生产素质的一项重要手段。通过对与安全生产相关的各类人员进行安全知识、安全意识和安全技能的职业教育和训练，使相关从业人员拥有良好的安全素质，以此来提高企业整体的安全水平，降低事故发生的概率以及降低事故一旦发生时的严重程度，从而实现安全生产的目标。

(4) 推行激励机制，实现能动文化

① 全员安全激励。现代管理学认为，激励就是激发人的动机，引发人的行为。行为学家把激励分为通过外，部推动力来引发人的行为的“外予激励”和通过人的内部力量来激发人的行为的“内滋激励”。“外予激励”最常见的是用金钱作诱因，此外，还有提高福利待遇、职务升迁、表扬、信任等手段。“内滋奖励”则更加依赖文化方面的引领，如学习新知识、获得自由、自我尊重、发挥智力潜能、解决疑难问题、实现自己的抱负等等。“外予激励”和“内滋激励”虽然都能激励人的安全行为，但后者具有更持久的推动力。前者虽然能激发人的行为，但在很多情况下并不是建立在自觉自愿基础之上的；后者对人的行为的激发则完全建立在自觉自愿的基础上，它能使人对自己的行为进行自我指导、自我监督和

自我控制。开发区的企业在安全生产管理中，始终将“物质激励和精神激励并重”作为调动职工安全生产积极性的基本激励原则，保证安全激励的有效性。

② 创建安全生产示范岗。安全生产示范岗是指通过树立的安全生产榜样使企业的安全生产目标形象化，号召组织内成员向示范岗位学习，从而提高员工安全素质和安全绩效的方法。

创建安全生产示范岗，就是要创造出安全生产榜样。“榜”在古代汉语中是指矫正弓弩的工具，“榜者，所以矫不正也。”“样”则指样式或模式。因此，创建安全生产示范岗的目标和作用也应该一分为二，以“榜”为器材，矫正安全生产中存在的种种错误的地方，以“样”为模板，来指明安全生产的正确做法。经济开发区政府始终鼓励安全生产示范岗的创立，以真实的、先进的、可模仿的榜样力量，将优秀的安全生产行为习惯、管理模式等放在聚光灯、放大镜之下，达到提升个体安全素质、弘扬主流安全文化观念的目的。

(5) 强化应急能力，培塑综合素养

安全生产应急能力是指为及时终止安全生产突发事故和降低事故损失，有效配置组织各种应急资源的综合处理能力。应急能力是对企业应急资源的综合运用，是应急管理工作的综合体现，最终体现在人应对突发事件的能力和心理特征。随着工业化进程的迅猛发展，危险化学品使用种类和数量急剧增加，生产事故的性质、企业内外部的环境以及人们的安全意识也随之发生了变化。在新的安全形势下，生产事故特点具有复杂性趋势，人们对事故有效应急的期盼值不断提高。企业通过对组织体制、应急指挥、应急预案、应急保障等多个维度内容的构建，方能获得高水平的应急能力。

9.2.4 安全制度文化实践：制度创新、管理固安

(1) 预防为先——强化超前管理

① 强化危险辨识——风险防控的基础。危险辨识是运用系统分析的方法，发现并识别生产工艺、设备设施以及作业环境中存在的各类危险因素，采用系统工程的原理对危险因素进行控制和治理，并持续提升控制手段的方法和过程。

无危为安，无损为全。安全管理是预防管理，安全管理的核心内容就是风险管理，那么一切工作都围绕危险源来进行的，危险源辨识是第一步。在日常的安全生产工作中，既要通过风险因素排查法、头脑风暴法、班前（作业前）安全确认、标准化交接班等直观性危险辨识方法来查找危险源，也要通过逻辑性分析法、能量转移分析法、作业条件危险性评价法等专业性较强的方法来分析危险源。

② 落实隐患查治——风险防控的保障。隐患排查是用分析法对人、机、料、法、环进行综合分析，将隐性的影响安全生产的管理缺陷、技术缺陷、设备缺陷等因素查找出来。排查可以根据原因分析推论结果，也可以根据结果分析查找原

因。隐患就是在某个条件、事物以及事件中所存在的不稳定并且影响到个人或者他人安全利益的因素，它是一种潜藏着的因素。隐患所具有的特性使得它很难具有一个明确的概念，在安全生产中通常根据危害和整改难度的大小将隐患分为一般隐患和重大隐患。为实现企业安全管理长效机制，达到“隐患可控，事故可防”，企业应在安全管理上实施“隐患排查及风险控制”，及时纠正人的不安全行为和物的不安全状态。

(2) 以人为本——优先人因管理

以人为本是中国传统文化的基本精神之一，它将人的地位置于物的地位之前，其理念最早可以追溯到春秋时期。在现代，以人为本是科学发展观的核心，《安全生产法》中也明确规定，将“以人为本，坚持安全发展”作为安全生产工作的基本理念。

“以人为本”首先是“一切为了人”，即安全生产的目的首先是人的生命安全，在处理安全与经济、安全与生产、安全与速度、安全与成本、安全与效益的关系时，以及面对重大险情和灾害事故应急时，必须安全优先、生命为大、安全第一；第二是“一切依靠人”，人的因素是安全的决定性因素，人的不安全行为是事故的最大致因，再好的规章制度、再完备的安全设备，也都要由人去执行、去操作，安全生产工作离开了人，就有如无根之萍。

某经济开发区政府在追求经济快速发展的同时，始终坚持以人为本的科学发展观，杜绝“见物不见人”的“以物为本”思想的滋生，将人视为发展的根本目的和根本动力。

(3) 科学保障——推行动态管理

滚动式区域安全巡检是指将企业的生产经营场所分为大小不同的区域，根据每个区域的不同生产情况进行安全生产风险分析，每个区域指派不同的监管人轮流监管，各级领导要定期带队巡查。传统的安全巡检方法往往是组织专业人员对高危目标进行定时巡检，而忽略了安全生产负责人的参与，很难保证巡检的全面性。通过滚动式区域的安全巡检，可以保证了解现场安全生产情况，保证巡检的时效性、高效性，同时，虽然将生产场所划分为不同的区域，但是通过检查轮换制度确保了检查的全面性，从而使得巡检人员对整体的安全生产状况有一个明确的把握，有效杜绝了安全监管漏洞。

(4) 综合对策——运行系统管理

① 推进安全生产标准化建设。安全生产标准化，是指通过建立安全生产责任制，制订安全管理制度和操作规程，排查治理隐患和监控重大危险源，建立预防机制，规范生产行为，使各生产环节符合有关安全生产法律法规和标准规范的要求，人、机、物、环处于良好的生产状态，并持续改进，不断加强企业安全生产规范化建设。安全生产标准化体现了“安全第一、预防为主、综合治理”的方针和“以人为本”的科学发展观，强调企业安全生产工作的规范化、科学化、系

统化和法制化，强化风险管理和过程控制，注重绩效管理和持续改进，符合安全管理的基本规律，代表了现代安全管理的发展方向，是先进安全管理思想与我国传统安全管理方法、企业具体实际的有机结合，有效提高企业安全生产水平，从而推动我国安全生产状况的根本好转。

② 促进国际接轨的安全管理体系。安全管理体系，顾名思义，就是基于安全管理的一整套体系，包括硬件、软件方面。软件方面涉及思想、制度、教育、组织、管理；硬件包括安全投入、设备、设备技术、运行维护等等。在不同的行业及企业里，安全管理体系的关键要素存在不同。但是，大部分优秀企业的安全管理，都大致具有以下几个类别的要素：a. 安全文化及理念的树立；b. 管理层的承诺、支持与垂范；c. 安全专业组织的支持；d. 可实施性好的安全管理程序或制度；e. 有效而具有针对性的安全培训；f. 员工的全员参与。

(5) 强化基础——落实现场管理

5S 现场管理法是现代企业管理模式，5S 即整理（SEIRI）、整顿（SEITON）、清扫（SEISO）、清洁（SEIKETSU）、素养（SHITSUKE），又被称为“五常法则”。5S 现场管理方法同样适用于安全管理，企业要提高员工安全素养、强化安全意识，首先应从员工遵守规章制度的“纪律”入手，制度化管理是生产型企业想要达到人本管理的必经之路。5S 管理方法的推行在降低安全生产成本、提高安全生产效率、提高安全工作质量、提升企业自身安全形象、提高员工安全素质等方面有着不可替代的作用。

9.2.5 安全物态文化实践：科技支撑、本质安全

(1) 安全氛围无处不在

① 社区安全活动。社区安全是社会安全、生产安全的基石。通过建设安全社区，整合社区资源，强化社区功能，开展安全促进活动，大力推广安全文化和安全科技知识，提高全员安全意识和防范能力，是促进安全生产形势稳定好转的重要措施，也是建立安全生产长效机制的客观要求。长期以来，我国安全生产形势严峻的重要原因之一是全社会安全意识薄弱，社区安全基础差。通过安全社区建设体现了先进的社区建设理念，贯彻了公众参与、公众受益的原则，是社区改革发展的需要。安全社区建设也是我国适应全球经济一体化、满足政府和企业的社会责任要求的重要内容。开展社区安全促进活动，不但可以提升社区的服务水平，同时，还可以帮助提升社区的社会形象。

② 企业安全活动。安全活动是人类实现安全的载体和形式，是人类进行安全生产和安全发展的实践活动，是企业日常活动中的重要组成部分，是企业安全生产的实践形式，对于企业的安全生产有着极其重要的意义。安全活动是企业日常活动的重要组成部分，依据其类型，主要可以分为安全会议、安全培训教育、监督检查、日常安全活动、专项安全活动等。安全活动实质上也是一种行为，活

动主体几乎涉及企业全部人员，因此，与安全生产息息相关。实践证明，安全活动和安全文化是有着相关性的，二者会在企业的生产活动中相互影响。安全活动开展得好坏，对于企业安全绩效和安全水平有着极大的影响。

(2) 核心理念实化于物

① 安全文化形象识别（SVI）。视觉识别系统于1851年起源于美国宝洁公司，以1955年美国IBM公司导入视觉识别设计为标志，视觉识别设计作为现代企业的一种经营战略，开始被各国企业广泛采用。安全文化视觉识别系统（Safety Visual Identity）由视觉识别系统延伸而来。安全文化是企业文化一个重要组成部分，而视觉识别系统经过实践证明，它通过无比丰富的应用形式，在非常广阔的市场层面上进行着最直接的视觉传播，并取得了超乎想象的效果。那么，视觉识别系统理所当然也可以应用到安全文化建设当中来，通过简捷、清晰、明确、易懂的符号化、视觉化、标准化的安全理念传播，使受众的个人行为变成一种群体的、规范的安全行为。

② 安全理念形象化。安全理念形象化就是将企业根据自身发展过程所形成的抽象的安全理念体系，通过视觉形象的设计具体化、通俗化，真正使员工的安全思维得到提升，从而提升安全文化的引导、辐射、渗透作用。安全的意识、安全的素质、安全的行为，实质上是文明程度的体现，是文化理念的象征。根据工作场所、工作类型的不同，对办公用品、员工服装、空间环境与导向系统、广告宣传、交通运输进行安全理念形象化设计，采用或富有哲理、或亲切感人、或生动活泼、或幽默有趣、或时尚新颖、或古朴厚重的手法，往往可以收到喜闻乐见、发人深省、心旷神怡的传播效果。

(3) 安全生产宣传载体多样性

① 安全宣传多种载体。企业安全文化的建设需要通过活动方式、组织形式、物态实体和形象方法及手段来承载。安全文化需要在企业的生产经营活动和企业管理实践中表现出来。这种通过形象的、有形的、具体的方式和手段，我们称为企业安全文化的载体。安全文化载体是企业进行安全文化宣传的有效途径，通过对文化载体所承载的内容、主体和逻辑进行突出，起到传播安全文化信息的作用。随着社会的不断发展，我们获取信息的渠道也在不断拓展，安全文化载体也由安全标语、安全标识、安全条幅、安全海报、安全展板、安全板报、灯箱橱窗等传统物态载体，逐渐向纸质传媒、广播、电视、网络等环境载体拓展。除此之外，近年来不断兴起的安全文化教育、安全文化主题公园等都可视为安全宣传载体的一部分。

② 安全活动寓教于乐。企业安全文化建设除了有形的安全文化载体外，还应有生动、活泼、寓教于乐的各种活动，例如安全活动日（周、月）、安全文艺晚会、安全表彰会等等。

经济开发区的各行业企业，安全文化活动多种多样、丰富多彩。利用多种多样的文化活动形式，创造寓教于乐的氛围，使企业员工树立正确的安全意识，掌握更多的事故预防知识，提高全员安全综合素质。比如组织安全竞赛活动、开展安全生产周（月）活动、举办安全演讲比赛活动、开展安全“信得过”活动、举办安全文艺活动、开展“四不伤害”活动、开展班组安全“建小家”活动等。

9.3 政府安全监管绩效测评指标方法

对政府安全监管效能的测评，是促进政府科学监管、有效监管的需要，是监管本质安全化的具体体现。本节给出几例目前我国政府安全监管绩效测评的指标及方法范例。

9.3.1 省（市）级特种设备安全监察绩效测评

根据第 7 章本质安全绩效测评的理论和方法，设计省（市）级政府安全监察的绩效测评主要从 4 个维度出发：一是强调安全监管的基础建设；二是注重安全综合监察职能设计；三是突出政府安全监管的内部管理能力；四是重视安全监察的效能和监管的效果。省（市）级安全监管相对宏观和综合，因此，在国家“十二五”科技支撑项目支持下，课题组设计出我国省（市）级特种设备安全监察绩效测评指标体系，如表 9-9 所示。

表 9-9 省（市）级特种设备安全监管绩效测评指标体系（查证型）

一级	二级指标	指标描述	权重分值	测评标准
A. 监察基础建设指标	A.1 领导重视程度	召开工作例会;发布或上报白皮书	3 分	每缺少一次例会扣 0.5 分;没有上报或发布白皮书扣 1 分
	A.2 机构设置	安全监察机构设置情况	2 分	所属市、区县设置相应的安全监察机构，每缺少一个专设安全监察机构扣 0.5 分
	A.3 人员配备	安全监察人员配备情况	2 分	按具体情况设置基本配备率(例如，按人均监察设备配备率为基准配齐安全监察人员)，安全监察人员配备到位率每降低 5%扣 0.5 分
	A.4 安监员持证上岗率	安监持证人员/安监员总数	2 分	在岗安全监察员持证率达到 100%。在岗人员持证率每降低 5%扣 0.5 分
	A.5 队伍建设	定期对安监员进行业务培训	3 分	年人均参加业务脱产培训 40h 以上且每年度有 50%以上的在岗安全监察人员参加培训，有培训证明。年人均培训每少 5h 扣 0.5 分，年度参加培训的在岗安全监察人员低于 50%扣 1 分，低于 35%扣 2 分，低于 20%扣 3 分
	A.6 法制建设(加分项)	相关法规、制度的建立;新法规出台情况	3 分	有新地方条例、规章发布加 2 分;当年主导制订并发布地方标准加 1 分
	……	……	……	……

续表

一级	二级指标	指标描述	权重分值	测评标准
B.内部管理指标	B.1责任制落实	部门、岗位责任制建立情况	4分	有落实安全生产三方责任机制、措施得1.5分，按计划完成安全责任告知书、承诺书的发放和签订得1.5分；安全生产列入政府目标责任制考核得1分
	B.2应急救援体系建设	应急救援体系建立和完善情况；针对性应急演练的组织	3分	完善应急救援组织体系，专项应急救援预案，建立应急救援咨询专家、救援队伍和救援人员信息库，组织专项救援演练。少1项扣0.5分，未组织演练扣1分
	B.3信息网络与政务公开	建立信息网络平台，实施电子政务，并进行信息公开	3分	建立完善实用的信息网络平台得1.5分；制订并实施政务公开措施得1.5分
	……	……	……	……
C.监察效能指标	C.1年人均现场监察率	当年监察台数/当年监察人员数	2分	年人均现场监察率大于等于相应地区规定的现场监察率得满分；每少20%扣0.5分
	C.2特种设备使用登记率	登记设备/申报设备总数	2分	特种设备依法使用登记率为100%，每降低1%扣0.5分
	……	……		……
D.监察效果指标	D.1万台设备事故率	(事故次数/设备台数)$\times10^4$	4分	以当年总局万台设备事故率目标为基准，低于得满分；每高出0.1扣1分
	D.2万台设备死亡人数	(死亡人数/设备台数)$\times10^4$	4分	以当年总局万台设备死亡率目标为基准，低于得满分；每高出0.1扣1分
	D.3安全监察责任事故(调节项)	与安全监察相关的责任事故		发生与安全监察相关的一般事故扣4分，较大以上责任事故D项指标得分全扣；发生非安全监察机构责任的重大以上事故的扣D项指标得分的一半

注：每项考核指标得分最低为0分，最多为该项得分满分。

9.3.2 地（市）县级特种设备安全监察绩效测评

相对省（市）级的安全监管绩效测评，地（市）县级政府安全监察绩效测评相对微观和具体，即强调微观监管，注重现场监察职能，突出执行能力和管理成本，重视监察效率和效果。因此，国家研究课题组设计出地（市）县级特种设备安全监察绩效测评指标体系（见表9-10）以及评分细则（见表9-11）。

表9-10 地（市）县级特种设备安全监管绩效测评指标体系（抽查型）

二级指标	指标描述	权重分值	抽查样本数量	测评标准
B.7专项整治或措施	总局、当地政府布置的专项任务整治情况和效果	5分	抽查20%单位的专项整治情况	检查有无整治方案、计划、措施、结果、验收报告等，抽查的区县一个有问题，扣0.5分

续表

二级指标	指标描述	权重分值	抽查样本数量	测评标准
B.8 安全监察指令书管理	指令书封闭情况	3分	抽查指令书10份	指令书封闭率达100%，抽查记录未封闭的一份扣1分
B.9 反馈问题处理和及时率	检查系统内（含上级）机构及检验机构等反映企业生产安全及管理问题的处理情况	3分	反馈问题处理档案10份	抽查反映的需处理或答复的问题是否得到及时处理并答复，确保反馈问题处理和及时率达到100%，每一份未处理或无答复或答复不及时扣0.5分
……	……	……	……	……

表 9-11　某市特种设备政府安全监察绩效评价细则

序号	考核项目	考核内容	评分标准	评价依据
一	综合指标（21分）	1. 万台设备事故率（6分）	以万台设备事故率全国平均水平0.9为基准，得3分。万台设备事故率每上升或下降0.3，扣或加1分。可为负分	查阅上年年度统计
		2. 万台设备死亡人数（9分）	以万台设备死亡人数全国平均水平0.9为基准，得4.5分。万台设备事故率每上升或下降0.3，扣或加1.5分。可为负分	
		3. 亿元GDP事故直接经济损失（3分）	以亿元GDP事故直接经济损失全国平均水平179元为基准，得1.5分。万台设备事故率每上升或下降60，扣或加0.5分。可为负分	
		4. 万台设备重大事故率（3分）	以万台设备重大事故率全国平均水平0.04为基准，得1.5分。万台设备事故率每上升或下降0.02，扣或加0.75分。可为负分	
		5. 特大事故（10人以上）（调节项）	在发生特大事故中有过错的，扣21分；无过错的，综合指标得分减半，未发生特大事故的不扣分	
		6. 对经济社会发展有突出贡献（加分项3分）	获得市级政府表彰加1分，获得省级政府表彰加2分，获得国家总局表彰加3分	查阅表彰文件、奖牌、奖状
二	工作基础（21分）	1. 领导重视程度（2分）	市局党组会或办公会每季度召开一次例会，分析特种设备工作。每缺少一次例会扣0.5分。市政府专题协调解决特种设备工作加1分，有批示加0.5分	查阅会议记录
		2. 安全监察机构配备（2分）	市局、区县局设置相应的特种设备安全监察机构。每缺少一个专设安全监察机构扣1分	查阅有关文件
		3. 安全监察人员配备到位率（3分）	系统按人均1500台设备为基准配齐安全监察人员（专职特种设备安全监察协管员2名折算为1名安全监察人员），并有人事部门的文件。安全监察人员配备到位率每降低3%扣0.5分	查阅有关文件
		4. 特种设备安全监察员持证上岗率（3分）	在岗安全监察员持证率达到100%。持证率每降低5%，扣1分	查阅人员台账、证书
		5. 监察员年人均培训时间（3分）	年人均参加特种设备业务脱产培训40h以上，有人事部门的培训证书。年人均培训每少5h扣0.5分	查阅培训记录、证书

续表

<table>
<tr><th>序号</th><th>考核项目</th><th>考核内容</th><th>评分标准</th><th>评价依据</th></tr>
<tr><td rowspan="3">二</td><td rowspan="3">工作基础（21分）</td><td>6. 地区监察专项经费（5分）</td><td>安全监察专项经费达15元/台，专项经费每降低5%扣1分</td><td>查阅财务预算</td></tr>
<tr><td>7. 安全监察专用装备（3分）</td><td>配备适应动态监管及应急救援必需的装备</td><td>评价组现场检查专用装备</td></tr>
<tr><td>8. 地方立法（加分项4分）</td><td>有条例加4分，规章加3分</td><td>查阅有关文件</td></tr>
<tr><td rowspan="6">三</td><td rowspan="6">体系建设及内部管理（22分）</td><td>1. 信息化建设（5分）</td><td>电子政务得1分，信息公开得2分，动态管理得2分。采用专项考核结果</td><td>评价组专项考核</td></tr>
<tr><td>2. 责任制落实（5分）</td><td>有效落实安全三方责任，按计划完成特种设备安全责任告知书、承诺书的发放和签订</td><td>评价组专项考核</td></tr>
<tr><td>3. 应急救援体系建设（4分）</td><td>完善应急救援组织体系，专项应急救援预案，应急救援专家、救援队伍和救援人员信息库</td><td>评价组专项考核</td></tr>
<tr><td>4. 安全监察人员依法行政（4分）</td><td>安全监察人员依法行政，无违法违规行为，无不良行为投诉。每有1人次被投诉属实扣1分，每有1人次被有关部门处理扣4分</td><td>监察部门评价</td></tr>
<tr><td>5. 投诉举报办理率（2分）</td><td>及时处理人民来信（包括上级交办的），有结果、有记录。每有1起处理不及时或不当的扣0.5分</td><td>查阅投诉举报处理记录</td></tr>
<tr><td>6. 专项经费使用效率（2分）</td><td>安全监察经费做到专款专用，使用合理有效，有清晰的明细账</td><td>财务部门评价</td></tr>
<tr><td rowspan="6">四</td><td rowspan="6">监察效能（27分）</td><td>1. 工作覆盖面（8分）</td><td>依法设立的企业和单位的在用设备登记率达到100%，作业人员持证上岗率达到100%，特种设备定期检验率达到100%，事故结案率达到100%，前三率每降低10%扣1分。事故结案率每降低20%扣1分</td><td>评价组现场抽查10～12家企业，不少于50台设备统计结果</td></tr>
<tr><td>2. 现场监察（8分）</td><td>完成5%的使用单位、100%的气瓶充装单位的现场安全监察，有检查记录，及时发出安全监察指令，隐患处置到位。现场监察率每降低1%、缺少检查记录或指令书1份扣1分，1处隐患处置不到位扣2分</td><td>查阅阶段工作总结、工作见证及信息化系统数据统计</td></tr>
<tr><td>3. 重点监控设备监管（3分）</td><td>按规定对全市重点特种设备监管到位，对重点特种设备每年至少进行1次现场安全检查，有检查记录。缺少检查记录1份扣1分</td><td>查阅阶段工作总结、工作见证及信息化系统数据</td></tr>
<tr><td>4. 检验工作监管（3分）</td><td>对区域内检验机构的监督管理达到国家局、省局工作要求</td><td>评价组专项考核</td></tr>
<tr><td>5. 上级布置重点工作完成情况（5分）</td><td>组织完成年度工作会议要求和上级组织开展的各项专项行动</td><td>查阅阶段工作总结、工作见证及信息化系统数据统计</td></tr>
<tr><td>6. 工作创新（加分项3分）</td><td>获得上级表彰或经验推广加3分</td><td>查阅有关文件</td></tr>
<tr><td rowspan="2">五</td><td rowspan="2">各方评价（9分）</td><td>1. 当地政府满意度（3分）</td><td>请当地政府进行评价，设非常满意、满意、一般、不满意、非常不满意五项。满意（含非常满意、满意）率95%以上得3分，每降低10%扣1分</td><td>问卷调查结果统计</td></tr>
<tr><td>2. 公众满意度（3分）</td><td>随机抽查不同社会阶层20人左右进行评价，设非常满意、满意、一般、不满意、非常不满意五项。满意（含非常满意、满意）率95%以上得3分，每降低10%扣1分</td><td>问卷调查结果统计</td></tr>
</table>

续表

序号	考核项目	考核内容	评分标准	评价依据
五	各方评价（9 分）	3. 服务对象满意度（3 分）	随机抽查服务对象 20 家左右进行评价，设非常满意、满意、一般、不满意、非常不满意五项。满意（含非常满意、满意）率 95%以上得 3 分，每降低 10%扣 1 分	问卷调查结果统计

9.3.3 地（市）县级安全生产综合监管绩效测评

根据我国目前地方政府安全生产综合监管部门的职能和职责，以及安全绩效测评的理论方法，山东省泰安市构建的安全科学预防体系中，设计了政府地市级（兼顾县级）两套政府安全生产综合监管绩效的测评指标体系。其设计思想原则是：强调微观、现场的安全监察职能，突出安全监管的基础建设和监察执行力建设，重视安全行政效率和安全监察效果，如表 9-12 和表 9-13 所示。

表 9-12 政府安全生产监管效能测评统计查证型指标测评标准表

一级指标	二级指标	权重分值	指标属性
A. 监察基础建设（16 分）	A. 1 组织机构设置	2	安监统计确认型
	A. 2 专项资金设立	2	安监统计确认型
	A. 3 监管经费及装备	3	安监统计确认型
	A. 4 监管队伍建设	3	安监统计确认型
	A. 6 企业标准化情况	3	安监统计确认型
	A. 7 职业危害申报	2	安监统计确认型
	A. 8 活动创建情况	1	安监统计确认型
B. 执行力建设（34 分）	B. 1 年度活动开展情况	2	安监统计确认型
	B. 2 召开会议情况	2	安监统计确认型
	B. 3 责任制情况	4	安监统计确认型
	B. 4 干部政绩考核	2	安监统计确认型
	B. 7 重大节日及时期安排	3	安监统计确认型
	B. 9 安全生产月	4	安监统计确认型
	B. 10 安全文化宣传	2	安监统计确认型
	B. 12 应急救援指挥体系	2	安监统计确认型
	B. 14 应急救援预案管理	2	安监统计确认型
	B. 15 安全生产应急信息化建设和基础数据更新	4	安监统计确认型
	B. 17 动态监管	2	安监统计确认型
	B. 21 黄牌警告	3	安监统计确认型
C. 行政效率（2 分）	C. 4 重大危险源	2	安监统计确认型
D. 监察效果（15 分）	D. 1 工矿商贸 10 万人死亡率	3	安监统计确认型
	D. 2 亿元 GDP 死亡率	3	安监统计确认型
	D. 3 万车死亡率	3	安监统计确认型
	D. 4 百万吨煤死亡率	3	安监统计确认型
	D. 5 挂牌督办完成率	3	安监统计确认型

表 9-13　政府安全生产监管效能测评考评组测评型指标检查评分表

一级指标	二级指标	权重分值	指标属性
A. 监察基础建设（3分）	A. 5 履职尽责情况	3	考评组测评型
B. 执行力建设（21分）	B. 5 打非治违	3	考评组测评型
	B. 6 关闭企业情况	3	考评组测评型
	B. 8 专项整治	3	考评组测评型
	B. 11 全员培训	2	考评组测评型
	B. 12 负责人、管理人员培训	2	考评组测评型
	B. 16 执法计划	2	考评组测评型
	B. 18 监督企业建章	2	考评组测评型
	B. 19 监督企业机构设置和配备人员	2	考评组测评型
	B. 20 监督企业安全费用	2	考评组测评型
C. 行政效率(6分)	C. 1 安全生产许可	2	考评组测评型
	C. 2 “三同时”审查	2	考评组测评型
	C. 3 隐患整改运行机制	2	考评组测评型

参考文献

[1] [日] 井上威恭著．最新安全科学．冯翼译．南京：江苏科学技术出版社，1988.

[2] 牛清义．事故学浅说．北京：群众出版社，1987.

[3] [德] A·库尔曼著．安全科学导论．赵云胜，魏伴云，罗云等译．北京：中国地质大学出版社，1991.

[4] 吴宗之．基于本质安全的工业事故风险管理方法研究．中国工程科学，2009 (5)：46-49.

[5] 吴宗之，樊晓华，杨玉胜．论本质安全与清洁生产和绿色化学的关系．安全与环境学报，2008，8 (4)：135-138.

[6] 金龙哲，杨继星．安全学原理．北京：冶金工业出版社，2010.

[7] 孙华山，安全生产风险管理．北京：化学工业出版社，2006.

[8] 何学秋．安全工程学．徐州：中国矿业大学出版社，2000.

[9] [德] 鲁道夫．豪克著．本质安全和高频．付果译．电气防爆，2005，1：30-34.

[10] 罗云，许铭等．公共安全科学公理与定理的分析探讨．中国公共安全·学术版，2012 (3).

[11] 罗云，黄西菲．安全生产科学管理的发展与趋势探讨．中国安全生产科学技术，2016，12 (10)：5-11.

[12] 吴超．安全科学方法学．北京：中国劳动社会保障出版社，2011.

[13] 隋鹏程，陈宝智，隋旭．安全原理．北京：化学工业出版社，2005.

[14] 黄毅．要在机制创新上下功夫．现代职业安全，2001 (8)．

[15] 施卫祖．事故责任追究与安全监督管理．北京：煤炭工业出版社，2002.

[16] 陈宝智，王金波．安全管理．天津：天津大学出版社，1999.

[17] 刘铁民等．职业安全卫生管理体系入门丛书．北京：中国社会出版社，2000.

[18] 周世宁，林柏泉，沈斐敏．安全科学与工程导论．徐州：中国矿业大学出版社，2005.

[19] 吴宗之．20 世纪安全科学发展回顾与展望．劳动保护，1999 (12)：9-10.

[20] 吴宗之．中国安全科学技术发展回顾与展望．中国安全科学学报，2000，10.

[21] 刘潜．安全科学和学科的创立与实践．北京：化学工业出版社，2010.

[22] 《安全科学技术百科全书》编委会．安全科学技术百科全书．北京：中国劳动社会保障出版社，2003.

[23] 吴宗之，高进东，魏利军．危险评价方法及其应用．北京：冶金工业出版社，2001.

[24] 谢正文，周波，李薇．安全管理基础．北京：国防工业出版社，2010.

[25] 颜烨．安全社会学．北京：中国社会出版社，2007.

[26] 张景林．安全学．北京：化学工业出版社，2009.
[27] 张兴容，李世嘉．安全科学原理．北京：中国劳动社会保障出版社，2004.
[28] 刘双跃．安全评价．北京：冶金工业出版社，2010.
[29] 国家安全生产监督管理总局．安全评价．第3版．北京：煤炭工业出版社，2005.
[30] 于殿宝，廉理，王春霞．事故与灾害预兆现象和理论研究．中国安全科学学报，2009，10.
[31] 刘大义，胡建忠．工程安全监测技术．北京：水利水电出版社．2007.
[32] 中国安全生产科学研究院．全国注册安全工程师执业资格考试辅导教材——安全生产管理知识．北京：中国大百科全书出版社，2011.
[33] 计雷，池宏，陈安等编著．突发事件应急管理．北京：高等教育出版社，2006.
[34] 蒋军成．事故调查及分析技术．北京：化学工业出版社，2004.
[35] 樊运晓，罗云．系统安全工程．北京：化学工业出版社，2009.
[36] 《安全科学技术词典》编委会．安全科学技术词典．北京：中国劳动出版社，1991.
[37] 中国社会科学院语言研究所词典编辑室．现代汉语词典．第5版．北京：商务印书馆，2005.
[38] Nancy G Leveson. Applying systems thinking to analyze and learn from events. Safety Science，2011 (49)：55-64.
[39] 陈宝智．系统安全评价与预测．北京：冶金工业出版社，2011.
[40] 苑茜，周冰，沈士仓等主编．现代劳动关系辞典．北京：中国劳动社会保障出版社．2000.
[41] 中国乡镇企业管理百科全书编辑委员会编．中国乡镇企业管理百科全书．北京：农业出版社，1987.
[42] 黎益仕等．英汉灾害管理相关基本术语集．北京：中国标准出版社，2005.
[43] 《中国冶金百科全书》总编辑委员会，《安全环保》卷编辑委员会，冶金工业出版社《中国冶金百科全书》编辑部编．中国冶金百科全书·安全环保．北京：冶金工业出版社，2000.
[44] 美国安全工程师学会（ASSE）编．《英汉安全专业术语词典》翻译组译．英汉安全专业术语词典．北京：中国标准出版社，1987.
[45] 中国安全生产年鉴编辑委员会．中国安全生产年鉴（1979—1999）．北京：民族出版社，2000.
[46] 中国安全生产年鉴编辑委员会．中国安全生产年鉴（2000，2001，2002，2003，2004，2005，2006，2007，2008，2009，2010，2011）．北京：煤炭工业出版社．
[47] 国家安全生产监督管理总局政策法规司．安全文化新论．北京：煤炭工业出版社，2002.
[48] 罗云等．安全生产成本管理．北京：煤炭出版社，2007.
[49] 罗云等．安全生产指标管理．北京：煤炭出版社，2007.
[50] 罗云等．落实企业安全生产主体责任．北京：煤炭工业出版社，2011.
[51] 罗云等．班组安全建设100法．北京：煤炭工业出版社，2010.
[52] 罗云等．班组安全百问百答．北京：煤炭工业出版社，2010.

[53] 罗云等．安全文化百问百答．北京：北京理工大学出版社，1995.
[54] 罗云等．安全行为科学．北京：北京航空航天大学出版社，2012.
[55] 罗云等．员工安全行为管理．第2版．北京：化学工业出版社，2017.
[56] 罗云等．安全科学导论（国家十二五教材）．北京：中国质检出版社，2013.
[57] 罗云等．安全生产系统战略．北京：化学工业出版社，2014.
[58] 罗云等．安全生产法专家解读．北京：煤炭出版社，2014.
[59] 罗云等．安全生产法班组长读本．北京：煤炭出版社，2014.
[60] 罗云．科学构建小康社会安全指标体系．安全生产报，2003-3-1（7）．
[61] 罗云．安全生产与经济发展关系研究//国家安全生产监督管理局、国家劳工组织．中国国际安全生产论坛论文集，2002.
[62] 罗云等．安全学．北京：科学出版社，2015.
[63] 国家发展和改革委员会．基于风险的检查（RBI）推荐做法．2006.
[64] 罗云．特种设备风险管理．北京：中国质检出版社，2014.
[65] 罗云，黄毅．中国安全生产发展战略——论安全生产五要素．北京：化学工业出版社，2005.
[66] 罗云等．注册安全工程师手册．第2版．北京：化学工业出版社，2013.
[67] 罗云等．现代安全管理．第3版．北京：化学工业出版社，2016.
[68] 罗云等．企业安全管理诊断与优化技术．第3版．北京：化学工业出版社，2016.
[69] 罗云等．风险分析与安全评价．第3版．北京：化学工业出版社，2009.
[70] 罗云．安全经济学．第3版．北京：化学工业出版社，2017.
[71] 罗云等．安全生产绩效测评——理论方法范例．北京：煤炭工业出版社，2011.
[72] 徐德蜀，金磊，罗云等．中国安全文化建设——研究与探索．成都：四川科学技术出版社，1995.
[73] 罗云等．企业安全文化建设——实操·创新·优化．第2版．北京：煤炭工业出版社，2013.
[74] 罗云．安全经济学导论．北京：北京经济科学出版社，1993.
[75] 美国安全工程师学会（ASSE）编．英汉安全专业术语词典．《英汉安全专业术语词典》翻译组译．北京：中国标准出版社，1987.
[76] Luo Yun，Zhang Ying. Implementing Scientific and Effective Supervision by application of RBS/M theory and method. Beijing，PEOPLES R CHINA：9th International Symposium on Safety Science and Technology (ISSST)，2015：126-133.
[77] 劳动部职业安全卫生与锅炉压力容器监督局编．OSH职业安全卫生现行法规汇编．北京：民族出版社，1995.
[78] 劳动部职业安全卫生监察局．国内外职业安全卫生法规及监察体制研究资料汇编．北京：北京科学技术出版社，1989.
[79] 罗云．防范来自技术的风险．济南：山东画报出版社，2001.
[80] 国家安全生产监督管理局政策法规司//安全文化论文集．北京：中国工人出版社，2002.
[81] 罗云．安全生产三十六计．劳动保护文摘，1991（3）．

[82] 罗云．面向二十一世纪我国安全投资政策的思考//21世纪研讨会论文集，1996.
[83] 国际原子能机构国际核安全咨询组．安全文化．北京：原子能出版社，1992.
[84] 罗云．我国安全生产十大问题及对策//全国安全生产管理、法规研讨会论文集，1994.
[85] 罗云．ISO安全卫生新标准及其应对．安全生产报，1996-8-2.
[86] 罗云．试论安全科学原理．上海劳动保护科技，1998（2）.
[87] 罗云．安全文化的基石——安全原理．科技潮，1998（3）.
[88] 罗云．人类安全哲学及其进步．科技潮，1997（5）.
[89] 罗云．安全科学原理的体系及发展趋势探讨．兵工安全技术，1998（4）.
[90] 罗云．安全文化若干理论问题的探讨//安全文化研讨论文集．北京：中国工人出版社，2002.
[91] Charles Jeffress. United States Safety Legislation//China Safety Work Forum. 2001.
[92] Ferry T. Home Safety. Career Press，1994.
[93] Hussia A H. Progressing towards a new safety culture in Malaysia. Asian-Pacific Newsletter on Occupational Health and safety，1994（2）.
[94] David Pierce F. Rethinking Safety Rules and Enforcement. Professional Safety，1996（10）.
[95] HSE（OU）. The Costs of Accidents at Work. HSE Books，1997.
[96] Faisal I，Kban，Abbasi S A. The World's Worst Industrial Accident of the 1990s-What Happened and What Might Have Been：A Quantitive Study. Progress Safety Progress，1999，18（3）.
[97] Yasuo Otsubo. Human Safety——Question and Answer for Human Error. Journal of Coal and safety，1995（7）.
[98] He Xueqiu. General Law of Safety Science—Rbeological Safety Theory//Proceedings of The Second Asia—Pacific Workshop on Coal Mine Safety. Tokyo，Japan，1993.
[99] Kavianian H R，Wentz C A，Jr. Occupational and Environmental Safety Engineering and Management. New York：Van Nostrand Reinhold，1990.
[100] Patrick J Coleman. The Role of Total Mining Experience on Mining Injuries and Illnesses in the United States//中国国际安全生产论坛论文集，2002：331-336.
[101] Nancy G Leveson. Applying systems thinking to analyze and learn from events. Safety Science，2011（49）：55-64.
[102] McRoberts S. Risk Management of Product Safety//IEEE Sympsium on Product Safety Engineering，2005：65-71.
[103] Kletz T A. What you don't have，can't leak. Chem Ind. 1978（6）：287-292.